江苏凤凰科学技术出版社
· 南 京 ·

宇宙全书

国家地理新视觉指南

[西] 伊格纳西·里巴斯（Ignasi Ribas）著 ｜ 蒋云 陈维 译

江苏省版权局著作权合同登记 图字：10-2020-209

图书在版编目（CIP）数据

宇宙全书：国家地理新视觉指南 /（西）伊格纳西·里巴斯著；蒋云，陈维译 . — 南京：江苏凤凰科学技术出版社，2020.9（2025.1重印）

ISBN 978-7-5713-1169-8

Ⅰ.①宇… Ⅱ.①伊… ②蒋… ③陈… Ⅲ.①宇宙学—普及读物 Ⅳ.① P159-49

中国版本图书馆 CIP 数据核字 (2020) 第 090052 号

宇宙全书：国家地理新视觉指南

著　　　者	[西]伊格纳西·里巴斯（Ignasi Ribas）
译　　　者	蒋　云　陈　维
责 任 编 辑	沙玲玲
助 理 编 辑	杨嘉庚
责 任 校 对	仲　敏
责 任 监 制	刘文洋
出 版 发 行	江苏凤凰科学技术出版社
出版社地址	南京市湖南路 1 号 A 楼，邮编：210009
出版社网址	http://www.pspress.cn
印　　　刷	徐州绪权印刷有限公司
开　　　本	950 mm × 1 194 mm　1/16
印　　　张	20
字　　　数	350 000
插　　　页	7
版　　　次	2020 年 9 月第 1 版
印　　　次	2025 年 1 月第 15 次印刷
标 准 书 号	ISBN 978-7-5713-1169-8
定　　　价	198.00 元（精）

图书如有印装质量问题，可随时向我社印务部调换。

VISUAL GALAXY

The Ultimate Guide to the Milky Way and Beyond

银河系动荡的起源

　　像许多星系一样，我们的银河系也是通过与其他星系不断地碰撞和合并，才形成了现在的规模和模样。在这之后，成千上万颗新的恒星在气体和尘埃浓度较高的区域开始孕育，并照亮整个宇宙。

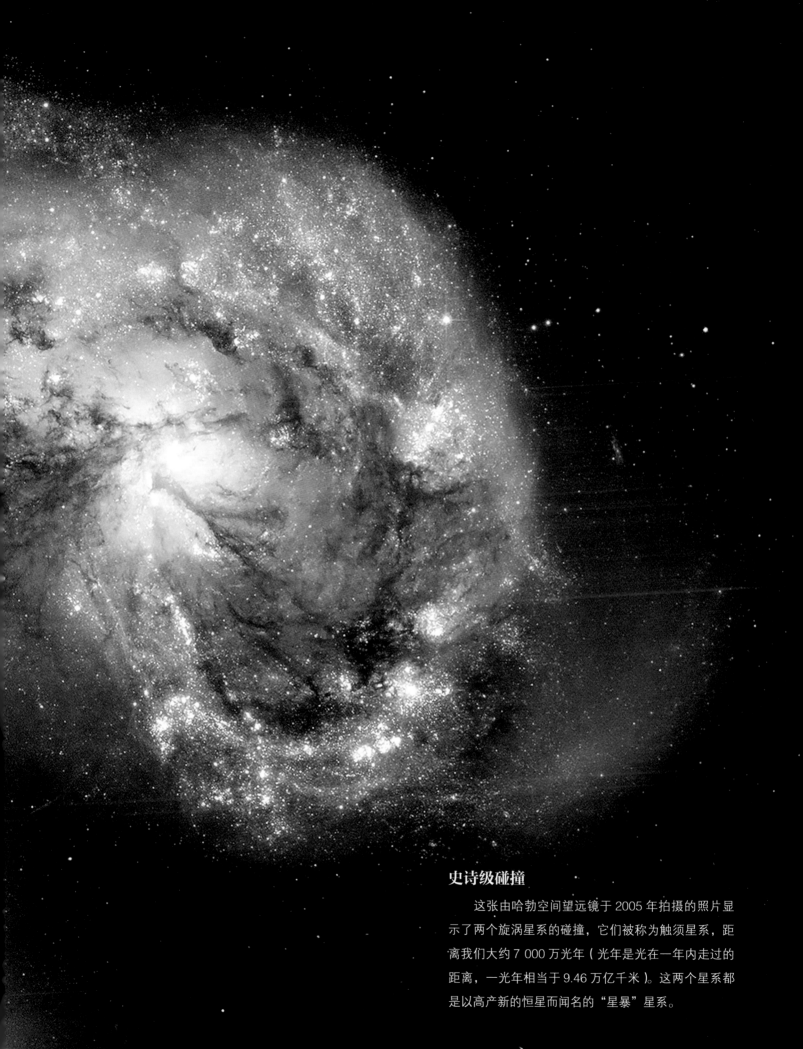

史诗级碰撞

　　这张由哈勃空间望远镜于 2005 年拍摄的照片显示了两个旋涡星系的碰撞，它们被称为触须星系，距离我们大约 7 000 万光年（光年是光在一年内走过的距离，一光年相当于 9.46 万亿千米）。这两个星系都是以高产新的恒星而闻名的"星暴"星系。

太阳的始与终

　　大约在 50 亿年前，一颗掌控着整个太阳系命运，并为我们人类提供所有能量的恒星——太阳，在银河系的猎户臂中诞生了。我们的太阳最终将转变成一颗红巨星，这将标志着我们太阳系的终结。

太阳表面湍流

　　如同在这幅瑞典太阳望远镜（SST）所拍摄的图像中看到的一样，太阳黑子的尺寸可以达到几倍地球大小，它的磁场活动异常强烈，甚至可以引发太阳风暴。

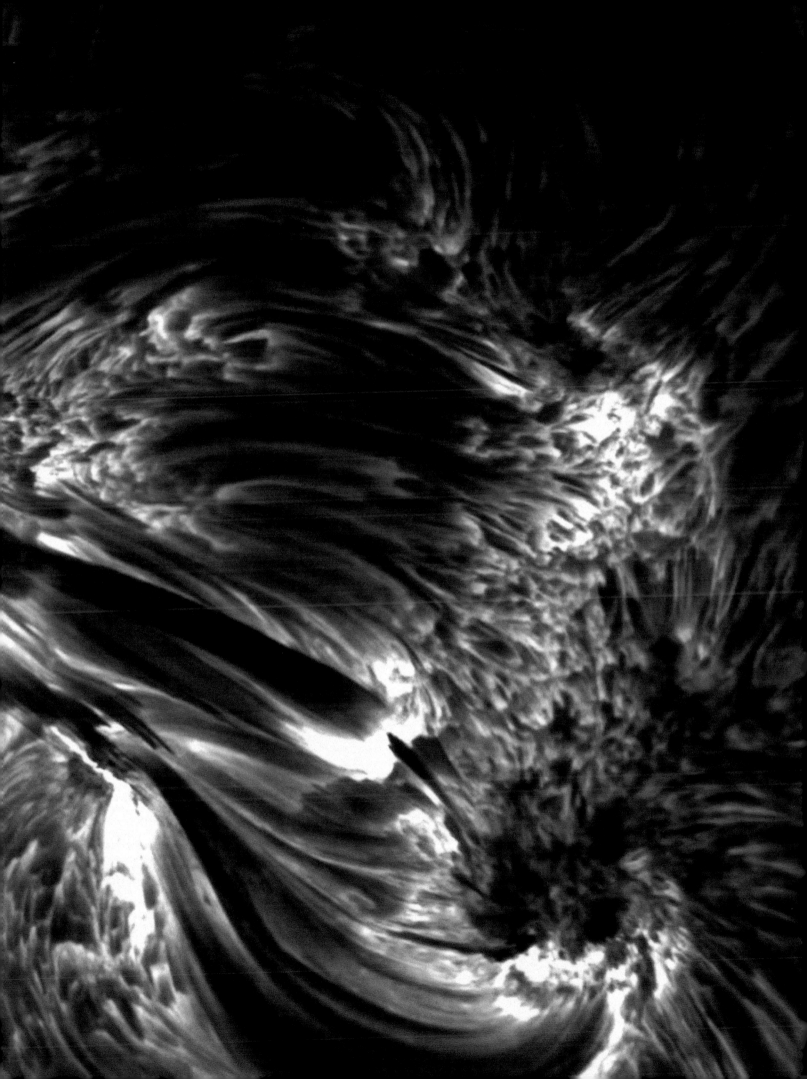

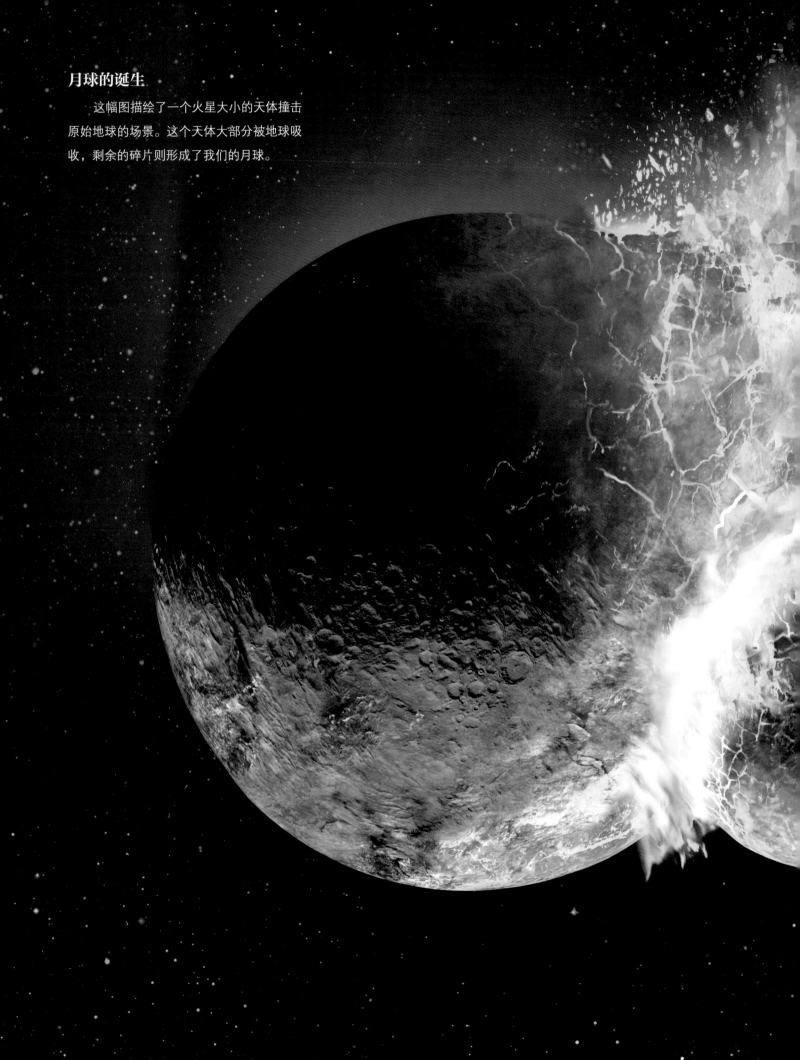

月球的诞生

　　这幅图描绘了一个火星大小的天体撞击原始地球的场景。这个天体大部分被地球吸收，剩余的碎片则形成了我们的月球。

行星，一部暴力史

行星是混沌之子。当太阳还只有几千万年的历史时，围绕它旋转的岩石和冰的碎片不断相互碰撞，最终融合在一起形成了行星。

生命初现

一旦行星就位于各自的轨道，太阳系就变得稳定了。在这之后又经过了一段时间，大约在 35 亿年前，地球上出现了第一个生命的迹象。

现在的地球

尽管我们不清楚宇宙中是否还有其他生命，但是在太阳系里，地球上的生命是独一无二的。据估计，仅银河系就存在数十亿个类似于我们这样的"太阳系"。

目录 / CONTENTS

前 言

克里斯·哈德菲尔德（Chris Hadfield）上校
宇航员，国际空间站前指挥官

很久很久之前，甚至在人类拥有文字之前，我们就曾是探险家。我们古老的祖先留下的那些永久遗迹，如丢弃的石器、熄灭的篝火和散落的化石骨头，遍布在地球各处。从非洲中部开始，到澳大利亚，再到安第斯山脉，最后遍布整个地球，他们的足迹表明：我们人类从未满足于在同一个地方逗留。

这种与生俱来的探索欲望，已经植入我们人类的基因里，从我们出生的那一刻就显现出来了。观察一个蹒跚学步的孩子逐渐长大，你就可以发现这个小探险家在如何工作。我们在出生后的一年或更长的时间里，在学会说话之前，在任何人可以向我们清楚地解释事物之前，就已经学会了走路。我们急切地想迈出蹒跚的第一步，这种强烈的欲望根植于我们内心深处，我们想要亲自去欣赏、品尝和触摸我们周围的世界。我们在不断探索中学习。

但是作为智人，我们的体能非常有限，许多动物比我们奔跑得更快、攀爬得更高。我们的眼睛几乎只能在白天工作，到了晚上视力会变得很差，所以我们在天黑的时候会因为害怕而躲避起来；我们能够学会游泳，但游得既不够远也不够快，这迫使我们只能沿着岸边前行；我们的皮肤单薄，无法抵御寒冷；我们的脚掌柔软，无法在坚硬锋利的岩石上自如行走；我们的牙齿和爪子不够尖锐锋利，无法吓倒任何捕食者；我们也未能长出翅膀，不能翱翔天际。我们的DNA（脱氧核糖核酸）构建出来的人体并不是大自然的绝佳探索者。

然而，人类真正与众不同的地方是充满想象力，它也许是对我们最好的定义。当我们看到一块普通的岩石，能够想到把它改造成一把锤子，或者如果它破碎了，就让它成为一把利刃；我们从很久以前就意识到，可以穿其他动物的皮毛取暖，可以使用周围的植物、岩石，甚至冰雪来建造庇护所；我们把木头捆在一起，成为水手，破浪前行；我们看过闪电，感受过高温，便学会了如何控制火。作为人类，我们开始眺望地平线，并想象着在它之外可能是什么。

当我们的视线飞越地平线时，我们的想象力才真正得到了释放，犹如天马行空。我们的祖先在仰望天空、凝视太阳和月亮时，创造了种种美妙的神话。我们把太阳想象成一辆由太阳神赫利俄斯（Helios）驾驶的火焰战车，月亮则是巨神泰坦（Titans）之女，她的妹妹是黎明女神伊俄斯（Eos）。纵观整个人类史，从古埃及到阿兹特克，再到古凯尔特，每一种文明都有着关于太阳和月亮的充满想象力的神话故事，描绘了我们仰望它们时所感受到的惊奇和庄严。

不过，彻底解放我们想象力的是夜空中那点点繁星。有人认为我们的世界被一个苍穹所包裹，那是一个围绕我们旋转着的巨大而复杂的穹顶。我们在黑暗中试图睁大双眼，开始在夜空中塑造出那些巨大形象，从金牛座的公牛到狮子座的巨狮，构想出一只巨大的螃蟹，甚至是一只蝎子。这些想象让无尽的黑暗变得灵动、亲切，不再那么可怕。我们成为爱幻想的天空探险家，任我们的思绪在头顶苍穹下驰骋，寻找我们的方向。

然而，无论如何努力想象，我们都难以领略那片真正的天空是多么错综复杂、桀骜不驯和浩瀚无垠。当伽利略利用当时最新发明的曲面抛光玻璃，在1610年建造了第一台望远镜时，他一下子看到了人类虚弱的肉眼原本永远无法看到的景象。他惊讶地发现，月亮其实并不像他想象的那样平滑光亮，而实际上"凹凸不平、粗糙不堪，遍布低谷和高山"。他还惊奇地看到了木星的小卫星，以及土星周围奇妙而神秘的光环。伽利略就像一个蹒跚学步的婴儿，迈出了他了解宇宙的第一步。随着每一次新的发现，他的想象力都进一步升华，他的著作挑战了许多人的根本信仰。伽利略为我们的太阳系开启了一扇窗，通过它我们开始能够了解太阳系外的星系。

随着伽利略望远镜的每一次改进，我们越来越惊讶于宇宙的魅力。太阳，这个极其强大的热和光的供给者，实际上只是数千亿颗恒星中的普通一员。与其他许多恒星相比，它甚至是那么毫不起眼。参宿四（Betelgeuse）是猎户座中肉眼可见的一颗恒星，它的直径是太阳的1 000倍，光度是太阳的上万倍。盾牌座UY（UY Scuti）更是大得难以想象，它足以容纳50亿个太阳，是人类所见过体积最大的恒星。

我们曾见过双星，它们就像花样滑冰选手一样，彼此紧挨着一直旋转。我们目睹了恒星爆炸成超新星，在太空中发出冲击波，就像巨大的烟花爆炸时散发的涟漪。我们还发现了奇怪而美妙的脉动星，或者说"脉冲星"，它们以某种方式每秒自转数百圈。在埃及人的想象中，那浩瀚无垠的银河系就像一条横跨天空的尼罗河，而实际上那是大量的恒星紧密地挨在一起，才融合成银河系这一巨大旋涡的熠熠光辉。

到了1992年，望远镜变得更加灵敏，我们于是开始发现更多围绕银河系中其他恒星运行的行星。从那时起，我们已经发现了数千颗这样的"系外行星"。现在我们可以得出这样的结论，宇宙中的大多数恒星都有行星。令人难以置信的是，我们的天体物理学家发现有些坍缩的恒星是如此致密，以至于光线也无法逃脱其巨大的引力场，这使得它们看起来像是太空中的"黑洞"。它们的引力是一种无形的巨大力量，甚至可以拉动遥远的恒星。而事实上，在我们银河系的中心就存在一个超大质量黑洞，它就像是位于这个被我们称为"家"的太空旋涡中心的排水孔。

作为一名宇航员，当我爬出宇宙飞船进行太空行走时，我有机会迈出了智人走向太空的最新一步。当我在轨道飞行时，我的眼睛自然被地球上那海洋的颜色和各大洲熟悉的形状所吸引。但当我环顾四周，然后抬头向上看时，我才真正感到震惊和敬畏。突然间，我被无边无际的天鹅绒般的黑暗所包围，这种挥之不去的感觉是如此深刻、如此真切，以至于我忍不住伸手去触摸它。银河系如同一条熟悉的河流，在我的视线中缓缓流淌，我们曾经熟知的每一颗星星如今都环绕在我的周围。我觉得自己既渺小又巨大，因为与银河系相比，我是那么微不足道，但是如今却能用这种全新的方式感知银河系，这又让我感到无比荣幸。我似乎处在窥探未知的边缘。我透过面罩向外望去，身后似乎站着所有已经逝去的人类，就这样凝视着我们的未来。

每一个人都可以成为探险家，而且探索是如此简单。我们第一步要做的，就是抬头仰望。浩瀚的星空在等着我们。

巨大的
太空旋涡

气体云

气体的冷却和收缩形成了原始气体云。第一代恒星是在银盘形成之前的气体云内部诞生的。

银盘生长

第一代恒星聚集成团，成为如今的一部分银晕。气体的逐渐累积形成了一个不断生长的圆盘，从而吸引了更多的气体汇聚于此，最终生产出新一代的恒星。

银河系如何诞生？

银河系包含了我们太阳系，它的形成始于由原始气体云形成的第一代星团。银河系圆盘（银盘）随后形成了，由于来自近邻星系的物质不断加入，圆盘尺寸逐渐增大。

球状星团是在银晕中发现的一群恒星，它们由高密度的尘埃和气体云形成。数十亿年后，银河系获得了足够的质量，其强大的引力促使自身开始旋转，形成一个扁平的圆盘。随后，包括太阳在内的下一代恒星诞生了。银盘通过吸收来自银晕的气体以及来自近邻星系的气体而继续增长，并产生了几个显著的结构：具有中心棒的银核和旋臂。目前，由于它一直从麦哲伦星系（由两个邻近的矮星系组成）中吸收物质，银河系的体积仍然在扩大。

老恒星、新恒星

在银晕的球状星团中发现的最古老的恒星，诞生于大约 134 亿年前，并且在此之前经历了上亿年的形成过程。银盘中包含各种年龄的恒星，恒星的年龄分布与位置相关：那些在中心棒的恒星最古老，而位于旋臂的那些恒星，仍处在形成的过程当中。

一切源自气体

• 图中描绘了银河系形成过程中 4 个最重要的时刻，从它诞生之初的气体云和尘埃（左页图）到如今的棒旋星系（下图）。

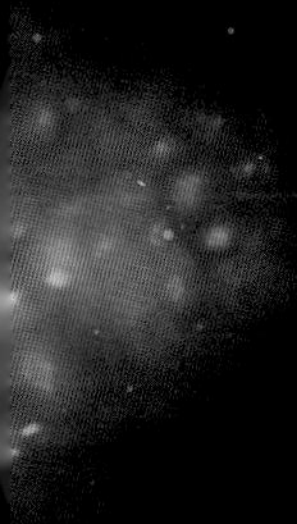

银核形成

随着银盘收缩，它同时变得扁平，并开始加速旋转，最终在星系中心形成了一个致密的银核。

最终结构

旋臂是银河系中最后形成的结构。旋臂由密集的星际介质组成，并围绕同一个中心棒。

银河系的结构

从银河系上方看，它是一个棒旋星系，而我们的太阳系位于它其中一条旋臂上。从正面看去它有一个中心核球，以及和它相连接的银盘，这一切构成了银河系的主体结构。除此之外，有一个巨大的光晕完整地包裹着我们的银河系。

正面图

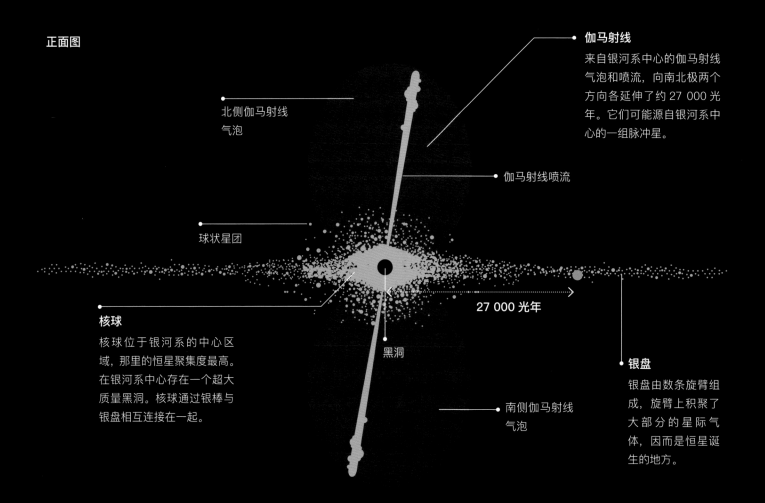

伽马射线

来自银河系中心的伽马射线气泡和喷流，向南北极两个方向各延伸了约 27 000 光年。它们可能源自银河系中心的一组脉冲星。

北侧伽马射线气泡

伽马射线喷流

球状星团

27 000 光年

核球

核球位于银河系的中心区域，那里的恒星聚集度最高。在银河系中心存在一个超大质量黑洞。核球通过银棒与银盘相互连接在一起。

黑洞

南侧伽马射线气泡

银盘

银盘由数条旋臂组成，旋臂上积聚了大部分的星际气体，因而是恒星诞生的地方。

银盘直径	大约 10 万光年
银盘宽度	1 000 ~ 10 000 光年
总质量	8 亿 ~ 20 亿倍太阳质量
最古老恒星的年龄	大约 134 亿年
恒星数目	2 000 亿 ~ 4 000 亿颗
行星数目	大约每颗恒星有 1 颗行星
太阳到银河系中心的距离	约 27 000 光年
太阳绕银河系中心的轨道周期	2.25 亿 ~ 2.5 亿年

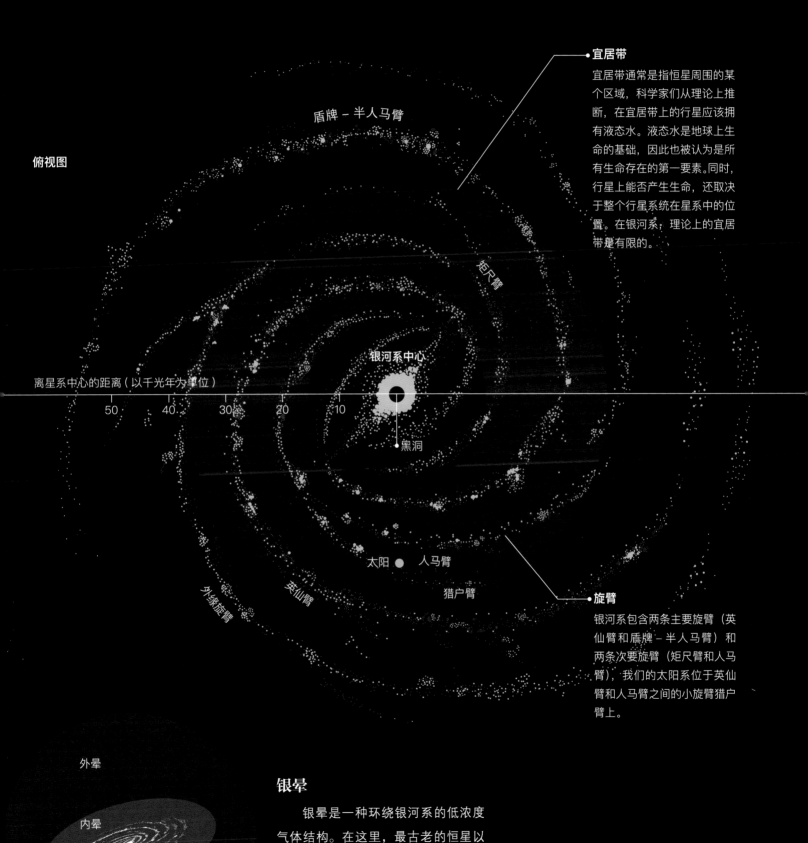

俯视图

宜居带

宜居带通常是指恒星周围的某个区域，科学家们从理论上推断，在宜居带上的行星应该拥有液态水。液态水是地球上生命的基础，因此也被认为是所有生命存在的第一要素。同时，行星上能否产生生命，还取决于整个行星系统在星系中的位置。在银河系，理论上的宜居带是有限的。

盾牌 - 半人马臂

矩尺臂

银河系中心

离星系中心的距离（以千光年为单位）

50　40　30　20　10

黑洞

太阳 ● 人马臂

猎户臂

外缘旋臂

英仙臂

旋臂

银河系包含两条主要旋臂（英仙臂和盾牌 - 半人马臂）和两条次要旋臂（矩尺臂和人马臂），我们的太阳系位于英仙臂和人马臂之间的小旋臂猎户臂上。

外晕

内晕

银晕

银晕是一种环绕银河系的低浓度气体结构。在这里，最古老的恒星以球状星团的形式存在。

1

星系的类型

银河系是一个棒旋星系，在星系分类里它属于 5 种基本类型之一。这种分类方法仅仅基于星系的形态或结构特征，而不考虑诸如恒星形成速率和星系核活动等其他方面。

1 椭圆星系

椭圆星系的特征在于具有近似椭圆的外形，但它没有明确可定义的结构，例如此处所示的 M60 星系。它的恒星在三维空间中围绕一个共同的引力中心运行。椭圆星系中通常没有或只有少量星际介质。

3 棒旋星系

区别于正常的旋涡星系，棒旋星系指有棒状结构贯穿核球的旋涡星系。星际介质受到这些结构的引导，新的恒星就在其中产生。我们的银河系中心也有一个类似的棒状结构。图中 NGC 1365 是一个典型的棒旋星系。

2 旋涡星系

旋涡星系在其主平面周围有一个明显的旋涡结构，NGC 5559 就是一个典型的旋涡星系。大多数恒星在主平面附近运行，形成一个星系盘。旋涡星系由于具有从中心向外延展的旋臂而得名。它的一些特征与透镜状星系颇为相似。

4 透镜状星系

透镜状星系兼有椭圆星系和旋涡星系的特征。它们像旋涡星系一样拥有一个星系盘，但是又跟椭圆星系一样几乎没有星际介质。它们虽然没有旋臂，但看起来又像一个旋涡结构。NGC 6861 就是一个例子。

②

③

④

⑤

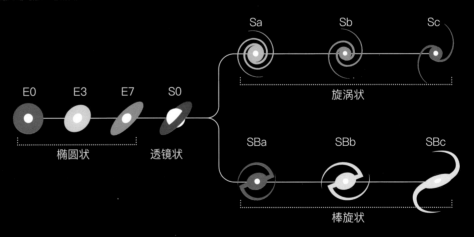

E0	E3	E7	S0		Sa	Sb	Sc
椭圆状			透镜状		旋涡状		
					SBa	SBb	SBc
					棒旋状		

5 不规则星系

大多数不规则星系非常混乱，没有任何星系核或旋涡结构的特征。它们受到其他星系的引力影响后发生畸变，而在这之前，它们可能是旋涡星系或椭圆星系，比如 NGC 1427A。

哈勃序列

　　美国天文学家埃德温·哈勃（Edwin Hubble）开创了最早一批星系分类系统中的一种，他的分类系统一直沿用至今。哈勃定义了 3 种基本形状类型：椭圆（E）星系、旋涡（S）星系和棒旋（SB）星系。具有旋涡和椭圆特征的透镜状（S0）星系也包括在内。椭圆星系的亚型依赖于它们的外观：0 表示几乎呈圆形的外观，而 7 则表示最扁平的形状。旋涡星系的亚型同样被分为 a、b、c 等等，分别表示它们旋臂缠绕的紧密程度，亚型 a 表示其具有最紧凑的旋臂和明亮的星系核。

银河系的运动

我们知道，恒星、行星和其他天体在环绕着银河系的中心不断运动。不仅如此，银河系本身其实也在旋转，并且以惊人的速度在太空中穿梭。

恒星运动

银河系中的恒星存在于银核、银盘和银晕中。如图所示，每一类恒星群在环绕银河系运动时都有特定的模式。

银晕
银晕中的恒星围绕银盘以随机方向运动。

银核
银核中的恒星也以随机方向运动。

银盘
银盘上的所有恒星都沿同一方向以环形起伏的路径运动。

当你从银河系北极往下看时，银河系在做顺时针旋转。这种旋转的结果之一是趋向于形成旋涡结构，当离中心较远的物质具有较低的旋转速度时，这种情况就会出现。旋臂以波浪运动的形式前进，各条旋臂彼此独立运动。相对于其他星系，我们的银河系在以超过 100 万千米每小时的速度运动。它正在向邻近的仙女星系靠拢，而且最终将与它融合在一起。

银河系邻域

银河系中的恒星围绕银河系中心运行，就像太阳系中的行星和其他天体围绕太阳运行一样。即使银核以其巨大的引力牵扯它们，它们也不会靠近银核。这些恒星以各自不同的速度独立地进行运动，而它们的速度取决于在银河系中所处的位置。

不断变化的结构

银河系的旋臂结构已经演化了数十亿年。这些旋臂远没有达到稳定的结构，随着时间的推移，它们会因断裂而分离，随后新的旋臂又会重新形成。

穿越银河系

与银河系中的其他恒星一样，太阳围绕着银河系的中心运行，同时贯穿银道面从北到南，再从南到北来回运动，银道面上聚集了银河系的大部分质量。太阳一方面受到银核的引力拉扯，另一方面受到银盘另一端天体旋转运动的引力作用，它们的共同作用使得太阳如此来回运动。同时，太阳系中其他的天体运动同样会对太阳的轨道产生影响。最终的结果就是太阳围绕银河系做螺旋运动，周期大约为 2.35 亿年。

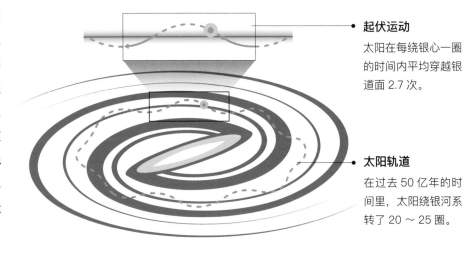

起伏运动
太阳在每绕银心一圈的时间内平均穿越银道面 2.7 次。

太阳轨道
在过去 50 亿年的时间里，太阳绕银河系转了 20 ～ 25 圈。

星际气体和尘埃

　　银河系横跨夜空，璀璨非凡，仔细观察这片明亮地带的内部，我们还可以发现更多珍贵的宝藏——那些色彩斑斓、奇形怪状的气体和尘埃云。

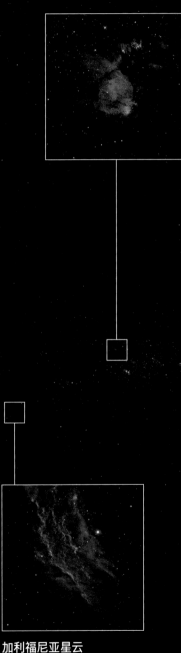

NGC 896 星云

它是心状星云（Heart Nebula）的一部分，距离地球约 7 500 光年，位于银河系英仙臂中。与这类疏散星团相关的一部分辐射被尘埃带所遮挡。

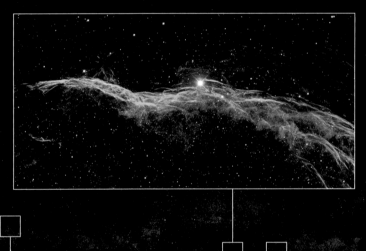

帷幕星云

该星云距离地球约 1 500 光年，由炽热的电离气体组成，它是一个超新星遗迹，来自几千年前一个大质量恒星死亡时的巨大爆炸。它的直径大约是月球的 6 倍。

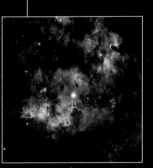

NGC 7822 星云

距离地球大约 3 000 光年，这是一个恒星形成区域，包括沙普利斯（Sharpless）171 发射星云和被称为伯克利（Berkeley）59 的年轻星团。

加利福尼亚星云

距离地球大约 1 000 光年，这个发射星云的亮度相对较低，因此需要长时间曝光来获取它的图像。

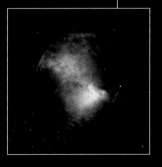

哑铃星云

距离地球 1 200 光年的一个行星状星云，由恒星晚期喷射出的明亮电离气体组成。

星际星云是气体和尘埃密度高于平均水平的区域。它们可能是星际介质增加的结果，也可能是恒星通过爆炸剧烈地释放物质的遗迹。在第一种情况下，星云可以继续演化并诞生新的恒星。

明与暗

根据我们观察星云的方式，它们被分为发射星云和吸收星云。前者更为常见，它们内部的气体由于被近距热恒星的紫外辐射激发而发光。后者没有近距恒星，因此不发光，只能通过与更远的发射星云对比而被观测。

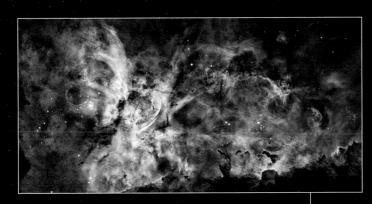

船底星云

距离地球 6 500 ～ 10 000 光年，它是一个围绕疏散星团运行的大型发射星云。船底星云拥有银河系中一些最大最亮的恒星，其中包括构成了三星系统的船底座 η 和 HD 93129A。

火焰星云

这个发射星云距离地球900 ～ 1 500 光年，由于受到附近的恒星参宿一（Alnitak）紫外辐射产生的气体激发，故而具有特征性的红色。

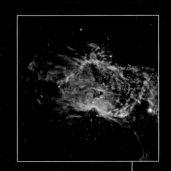

马头星云

这个星云是一团冷的气体云，距离地球约 1 500 光年。它由发射星云和吸收星云（也称暗星云）以及大量年轻恒星组成，是猎户座分子云复合体（Orion Complex）的一部分。马头星云位于发射星云 IC 434 的旁边，图中显示的是红外图像。

三叶星云

距离地球约 5 500 光年的一片有恒星形成的电离氢区域。它由一个疏散星团、一个发射星云和一个吸收星云组成，形成了一个有圆角的三角形状。

银河系中的星云

星际星云往往集中在旋涡星系的圆盘中，或在不规则星系的任何新恒星的形成区域中。以上是银河系中最重要的具有代表性的星云。

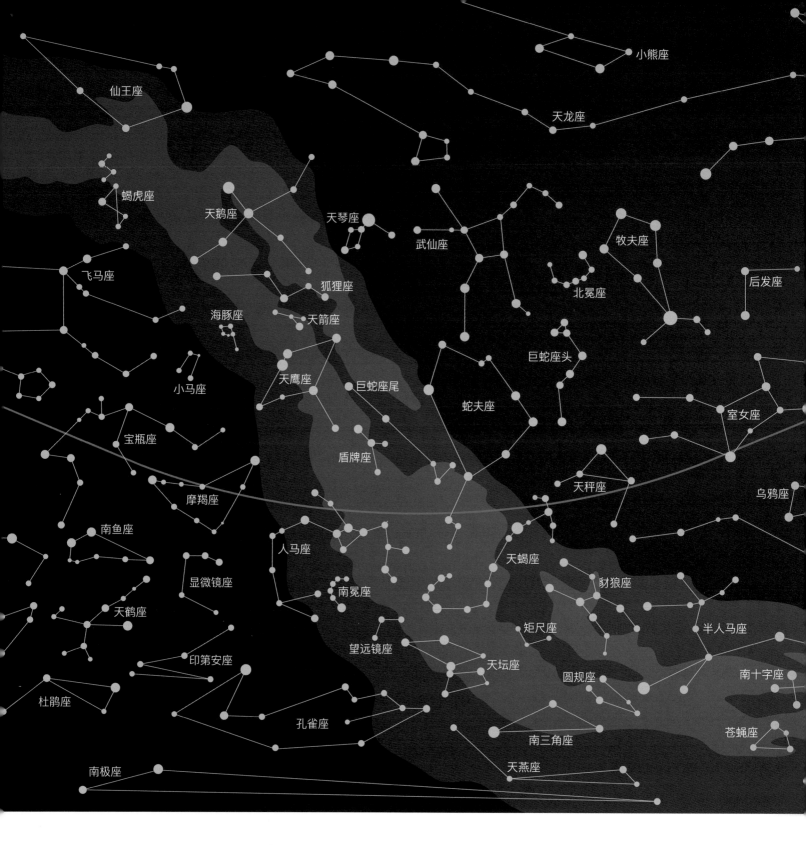

夜空中的星系

　　银河系看起来像一条发光带，它沿着相对天球赤道高度倾斜的平面将天球一分为二。

　　有各种各样先进的仪器和方法来识别不同的天体。自古以来，人们最常用的方法之一是星座，即将天空中不同区域的恒星通过组合而虚构出来的一些形象。现在被人们所接受的 88 个星座的边界大部分都符合 1928—1930 年由国际天文学联合会制定的准则。这些星座有些涉及美索不达米亚文化，而有一半则是由希腊人发明的，但要确切地知道每个星座的起源是件很困难的事。

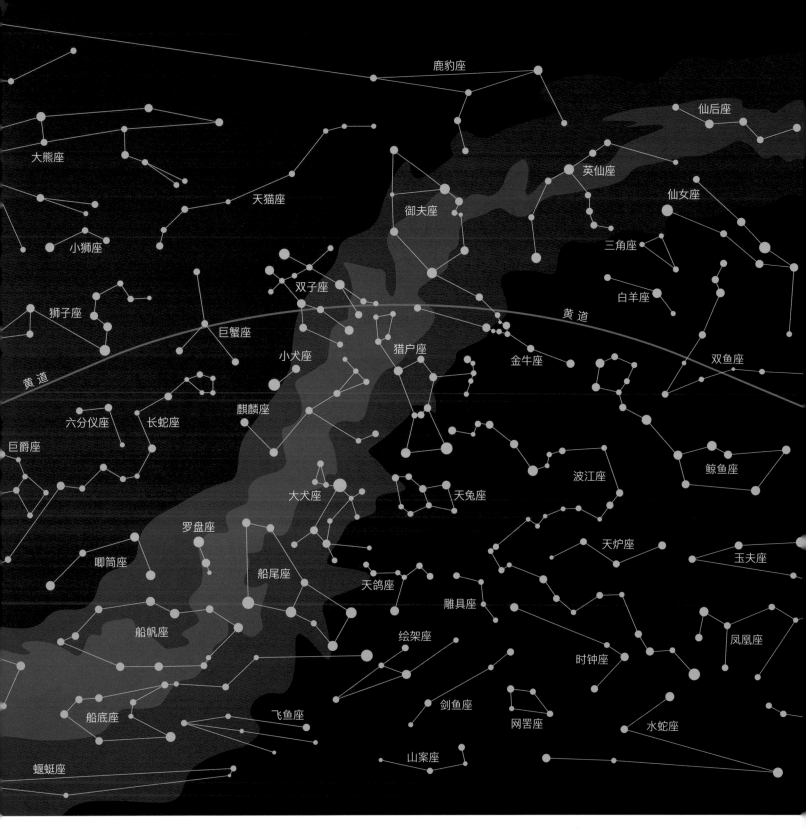

鹿豹座

仙后座

大熊座

英仙座

仙女座

天猫座

御夫座

三角座

小狮座

白羊座

双子座

黄道

狮子座

巨蟹座

猎户座

双鱼座

小犬座

金牛座

黄道

六分仪座

麒麟座

长蛇座

巨爵座

波江座

鲸鱼座

大犬座

天兔座

罗盘座

天炉座

玉夫座

唧筒座

船尾座

天鸽座

雕具座

凤凰座

船帆座

绘架座

时钟座

船底座

飞鱼座

剑鱼座

水蛇座

螺蜒座

山案座

网罟座

黄道十二宫

　　最著名的星座是沿着黄道运行的黄道十二宫，它标志着在一年中从地球上观测到的太阳的相对位置。鉴于银道面相对于地球的公转轨道面倾斜，所以银河系会偶尔落在黄道十二宫上。银河系的一端落在金牛座和双子座之间，另一端则落在天蝎座和人马座之间。我们就是在人马座上找到了银河系的中心。

银河画卷

　　这幅天球投影图显示了银河系、星座、黄道（即根据地球轨道来标记太阳相对位置的正弦投影线）。两个半天球是以相对于地球赤道面呈水平对称的方式呈现的。

银河系的不可见辐射

　　今天，强大的望远镜不仅可以用来观测可见光，还能够捕捉到不同频率的电磁辐射。

1 伽马射线

这是利用美国航天局费米伽马射线（Fermi Gamma-ray）空间望远镜捕捉到的银河系伽马射线图像。该望远镜已经确认了所有已知的伽马射线源，包括一些被归因于暗物质的伽马射线源。

2 近红外

这张照片显示了近红外频率观测的银河系图像。在这种情况下，辐射亮度不是来自星际尘埃，而是来自银盘与银核中相对较冷的巨星。

3 微波

这张照片是根据欧洲空间局普朗克空间天文台微波数据绘制的最精确的银河系地图之一。在这里，你可以看到横跨银道面数十万光年的明亮气体和尘埃带。

4 远红外

这幅银河系照片是根据低频红外辐射绘制的。在该频率下，来自恒星的辐射极少，辐射几乎全部来自极冷的尘埃云，它们的温度很低，但又足以被探测到。

5 射电波

星际介质是存在于恒星系统之间的物质和辐射，它能够遮掩可见光，但不影响射电波段。这张图片显示了银河系中由中性氢组成的冷云在此频率下的辐射分布。

6 X 射线

感谢美国航天局钱德拉 X 射线天文台和欧洲空间局 XMM- 牛顿 X 射线空间天文台，让我们可以获得关于银河系中心的信息。

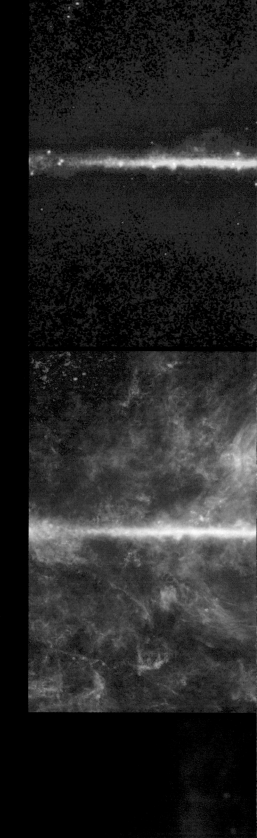

银河系的辐射

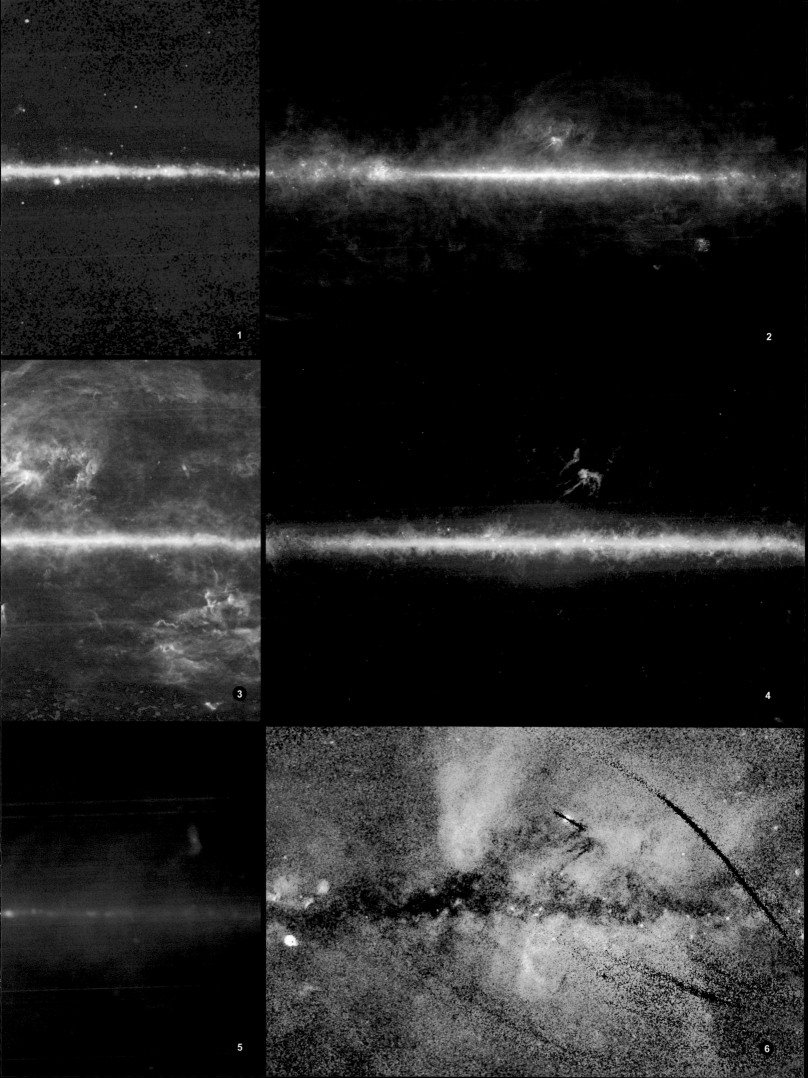

银河系中心区域是银河系中恒星密度最高的地方，但由于大量的气体和尘埃的消光作用，所以从地球上看，这片区域并非是最明亮的。同时，这里还存在一个超大质量黑洞，能够使得包括光在内的任何东西都无法逃脱。

银河系
的主要结构

银河系的中心区域是银河系中恒星密度最高的地方，但由于大量的气体和尘埃的消光作用，所以从地球上看，这片区域并非是最明亮的。同时，这里还存在一个超大质量黑洞，能够使得包括光在内的任何东西都无法逃脱。

银晕

　　和其他旋涡星系一样，银河系被一个巨大的球状光晕所包围，这个光晕由古老的恒星、热气体和暗物质组成。暗物质由于不发光，所以不能被直接观测到，不过宇宙中 80% 的物质由暗物质构成。

　　冷的气体通过坍缩能够形成恒星，但是在环绕银河系的光晕中冷气体密度非常之低，因此在银晕中很难形成恒星。银晕中已有的恒星都非常古老，通常聚集在一起形成球状星团。这些恒星可以从银河系的卫星星系中捕获，以一种非常规的方式围绕银河系运行，它们的轨道可能非常倾斜或者不规则，甚至是逆行的。银晕中的气体似乎膨胀了数十万光年，其质量可以与银河系中其他普通物质相比拟。即便如此，我们银河系的总质量仍要大得多。据估计，暗物质的质量是普通物质的 5 ～ 10 倍，这个比例根据对气体质量的不同估计而有一定波动。

旋转的空洞

　　银晕的气体密度比地球上产生的任何真空都要低得多，但是其温度可以达到 250 万摄氏度，能够产生 X 射线并被探测到。最近的研究表明，银晕中的热气体与包含恒星、行星、气体和尘埃的银盘具有相近的旋转速度和相同的旋转方向。因此，这种旋转有助于我们构建更精确的银河系形成和演化模型。银晕可以分为两部分：扁平的内晕和相对较大的外晕。银晕内部的恒星比外部的恒星更年轻，并且倾向于以与银盘相同的方式旋转；外部的恒星以另一种方式旋转，被认为是被吸收了的较小的星系的遗迹。

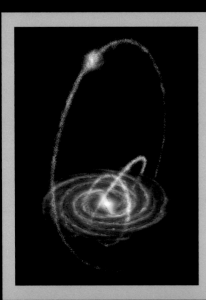

星系碰撞的残骸

　　银晕中有各种不同的恒星密度较高且被认为是星系碰撞之残骸的区域。其中有一片著名的区域称为室女座星流，它占据了天球的很大一片区域，并且几乎垂直于银盘。人们普遍认为它与正在被银河系吸收的人马座矮椭圆星系有关。

巨大的气体云

　　麦哲伦星系是南半天球中两个典型的矮星系，包含大麦哲伦星系和小麦哲伦星系，而银晕中的气体似乎比麦哲伦星系延伸得更远。在这幅艺术家描绘的想象图中，麦哲伦星系位于地球15万光年之外，出现在银河系的左边。

两类恒星

　　银河系中有两类恒星，分别称为星族Ⅰ型和星族Ⅱ型。第一类是年轻的恒星，它们富含重元素（大爆炸期间形成的氢和氦以外的其他所有元素），寿命短。太阳就是其中之一。星族Ⅱ型的恒星年龄更大，通常只有极少的重元素，寿命也更长。银盘中发现的恒星属于星族Ⅰ型，它们将自己排列成不规则形状的疏散星团。在银晕和银核中发现的恒星属于星族Ⅱ型，通常会形成球状星团。银晕的球状星团在银心附近相对较多。

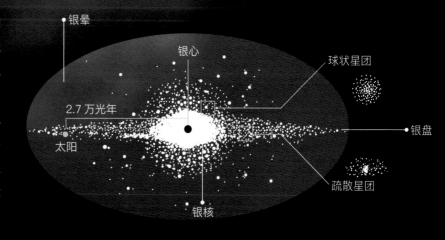

环绕银河系

　　这张图片显示了半人马 ω 中心的一小片区域，作为我们银晕中最庞大、最明亮的球状星团，它包含了大约 1 000 万颗年龄在 100 亿 ~ 120 亿年的恒星。

银盘

银盘并不是完全平坦的，它的形状很像暴露在高温下扭曲了的黑胶唱片。尽管我们几十年前便知道了这一点，但直到最近几年这个现象才得到令人满意的解释。

最初关于银盘形状的解释是，附近矮星系（麦哲伦星系）的引力作用可能是造成这一现象的原因。但是在计算了两者的质量关系后，人们发现麦哲伦星系质量太小而不能引发这种效应，所以这一假设就被排除了。然而，最近的研究表明，麦哲伦星系仍是罪魁祸首，但给出的解释要相对复杂。利用计算机生成的模型，银盘扭曲被证明是麦哲伦星系穿过暗物质晕的结果，暗物质作为其引力影响的放大器，提供了扭曲银盘的力量。

像鼓一样在振动

模拟银盘扭曲的模型还揭示了一个令人惊讶的现象：这种相互作用会在银河系的圆盘上产生一种类似于鼓共振的振动。根据这一假设，被我们感知为静态的银盘扭曲或许其实是一个缓慢振动瞬间的快照。

振动模拟
计算机模型显示，银盘扭曲或许与缓慢的共振运动相对应。上图显示了扭曲运动中的两个时刻。

氢层

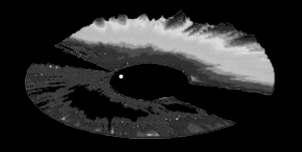

由于气体盘释放出的中性氢，图中这一针对银河系扭曲的细部呈现才得以成为可能，气体盘延伸到了具有较高恒星密度的区域之外。彩色等高线相对于银道面"向上"变形，而灰色部分则"向下"变形。位于中心圆左侧的点表示太阳的位置。

波浪圆盘

在这张渲染图中，为了展示银盘如何在银道面两侧形成褶皱，银盘的扭曲被夸大了。银盘的扭曲归因于麦哲伦星系（显示在银盘的右边），而环绕在星云上的暗物质晕通常被认为放大了它的效果。

旋臂

银河系的银盘由数条旋臂组成，这些旋臂含有高密度的星际尘埃和气体。由于气体的浓度和性质并不总是均匀的，所以它可以被分为不同的区域。

银河系的旋臂有高密度的星际介质，从中可以形成新的恒星，从而增加恒星的数量。由于密度增大，所以压缩的星际气体坍缩并形成分子云和大质量恒星。旋臂与旋臂之间的区域形成鲜明对比，旋臂之间的区域由于聚集的气体较少，从而无法形成大质量恒星，这也导致它们的亮度和能见度相对较低。

星际介质

星际介质由气体和少量尘埃颗粒组成。这种气体由 3/4 的氢和 1/4 的氦，以及少量其他元素构成。根据它们的特征，我们可以将其分为 4 种不同的类型区域：冕区气体、中性氢（HI）区、电离氢（HII）区和分子云。

密度波

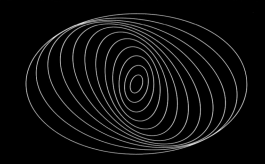

按照广为接受的理论，星系的旋臂是在特定时刻密度比其他区域更大的区域，因此波状扭曲会将这些物质密度的变化传播到整个星系。换言之，旋臂是在任何给定的时间都有大量物质聚集的区域。在这些区域里的恒星不随旋臂旋转，相反，大多数恒星能够在旋臂结构中自由出入。

冕区气体

冕区气体占星际介质的很大一部分。它是恒星通过星际风发出的一种稀薄的高温气体。

中性氢区

这些区域主要由冷的气体和中性氢组成，约占星际介质的一半质量。

电离氢区

这些区域只占星际介质质量的一小部分，但却非常有趣，因为它们含有电离氢，表明存在最近形成的恒星。它们可以通过其特有的红色来加以区分。

旋涡星系

这个旋涡星系的走向与我们的银河系类似，但它提供了一个我们无法借以审视我们自己星系的视角。上图显示了它在可见光下的样子；下图为星系中一氧化碳谱线的分布图，可以看到分子云中存在丰富的一氧化碳气体，图中红色区域代表气体浓度较高的区域。

分子云

虽然比例相对较小，但它们高密低温的特性能够使得与恒星形成有关的氢分子、一氧化碳和其他分子存在。

太阳

猎户臂中包含太阳和太阳系，它们是 50 亿年前由一个巨大的分子云分裂而形成的。最合理的一种解释是，附近超新星产生的冲击波造成了星云的坍缩。

恒星摇篮

与任何旋涡星系一样，银河系的旋臂也是恒星生成率最高的区域。

一个棒旋星系

银核位于人马座的方向，在那里可以看到最明亮的银河系。尽管银核被大量的星际尘埃所遮掩，但我们还是基本上可以看到它呈现出一个棒状结构。

银核是银河系中恒星聚集度最高的地方。在我们的星系中，它的密度仅被一些球状星团超越。据估计，银核的恒星质量大约是我们太阳的 200 亿倍，其光度超过太阳的 50 亿倍。20 世纪 90 年代，科学家们开始怀疑银河系有一个棒状结构，从那时起，大量的证据指向了这种猜测。尽管中心棒的确切形状仍在争论之中，但确信的一点是，它的纵向长度可以达到约 30 000 光年，并且相对于将地球与银河系中心连接起来的假想直线，倾角约为 45 度。

观测银核

在地球和银核之间的星际尘埃既不允许可见光、紫外线通过，也不允许低能 X 射线穿过。为了获得银核的更多信息，我们只能借助更高和更低频率的辐射，换句话说，就是要利用高频的高能 X 射线和伽马射线，以及低频的红外线和射电波。

银棒的性质

银河系中心的银棒看起来具有固体结构，但实际上它们由一系列密度波所构成。银核附近的气体比远处的气体移动得要快，这就促成了银棒的形成。

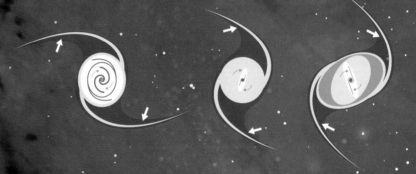

银棒里的恒星

银河系中心棒里的恒星可以根据它们的速度被识别，根据人们从星系中心的哪一侧来观测它们，我们可以区别它们正在靠近还是远离地球。在这张由斯隆数字巡天项目（Sloan Digital Sky Survey）提供的地图上，圆圈表示已被探索过的空间区域。那些用"X"标记的区域表示那里被探测到的恒星正在远离地球，而在另一边，带有圆点的圆圈表示正在向地球靠近的恒星的位置。

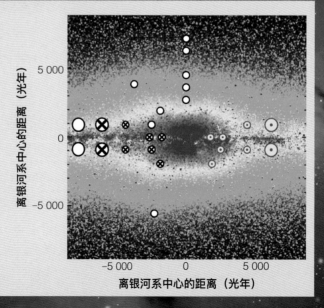

银棒

这幅艺术家制作的效果图描绘了银河系中心的棒状结构如何从圆盘外呈现出来。

其他棒旋星系

NGC 1300

这个星系距离地球约 6 000 万光年，它的核心有一个较小的螺旋结构。

NGC 1672

这个星系距离我们大约 6 000 万光年，它具有不对称的旋臂，并且亮度差异较大。

NGC 7479

NGC 7479 位于 1.05 亿光年之外，以其不对称的结构、明亮的外观和拥有异常活跃的恒星形成区的中心棒状结构而闻名。

银河系中心

银河系的中心区域是银河系中最复杂和动荡的区域之一。尽管观测起来非常困难，但是现在我们已经确定了银河系中心的恒星密度，证实了超大质量黑洞的存在。

距离银心不到 4 光年的中央区域是一片恒星聚集度很高的空间。尽管这里许多恒星的质量与太阳相似，并且年龄更古老，但人们已经发现了另一种被称为 S 型星的恒星，它们的质量较大，并且很年轻，似乎是在几千万年前才形成。中心星团是我们星系中一片广袤并且恒星稠密的地方。这里的恒星聚集度相当于在太阳和与它相距最近的恒星——比邻星(Proxima Centauri) 之间放置了 100 万颗恒星。恒星分布密度如此之高，且又在高速运行，这造成它们在中心星团内部频繁相撞。

超大质量中心

接近银河系中心的恒星比那些距离较远的恒星运动得更快，这意味着在银心处存在一个黑洞。进一步证明这一现象存在的证据是伽马射线喷流。喷流似乎来自银河系中心，很可能是过去黑洞剧烈活动的遗迹。

星系中心的反物质

大量正电子（与电子具有相同质量但是带正电荷的粒子）在银心周围被探测到。这些成对的粒子和反粒子相互湮灭并释放出伽马射线，我们正是借此确定了它们的存在。银心（最亮部分）附近的辐射也在银河系盘面（水平结构）上方被探测到。

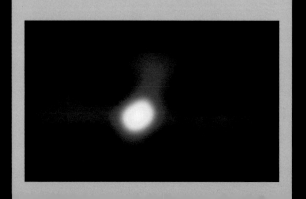

银河系结构的核心

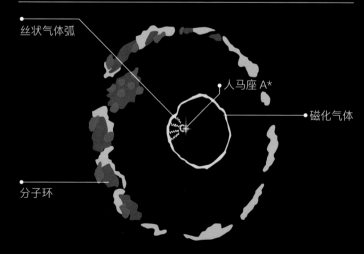

丝状气体弧

人马座 A*

磁化气体

分子环

银河系中心被一圈分子环所包围，分子环是由冷的中性氢云、分子云和星云组成的。在分子环的内部，有一大片被磁化的气体区域，它们通过丝状气体与射电波源区人马座 A* 和星系的正中心相连接。

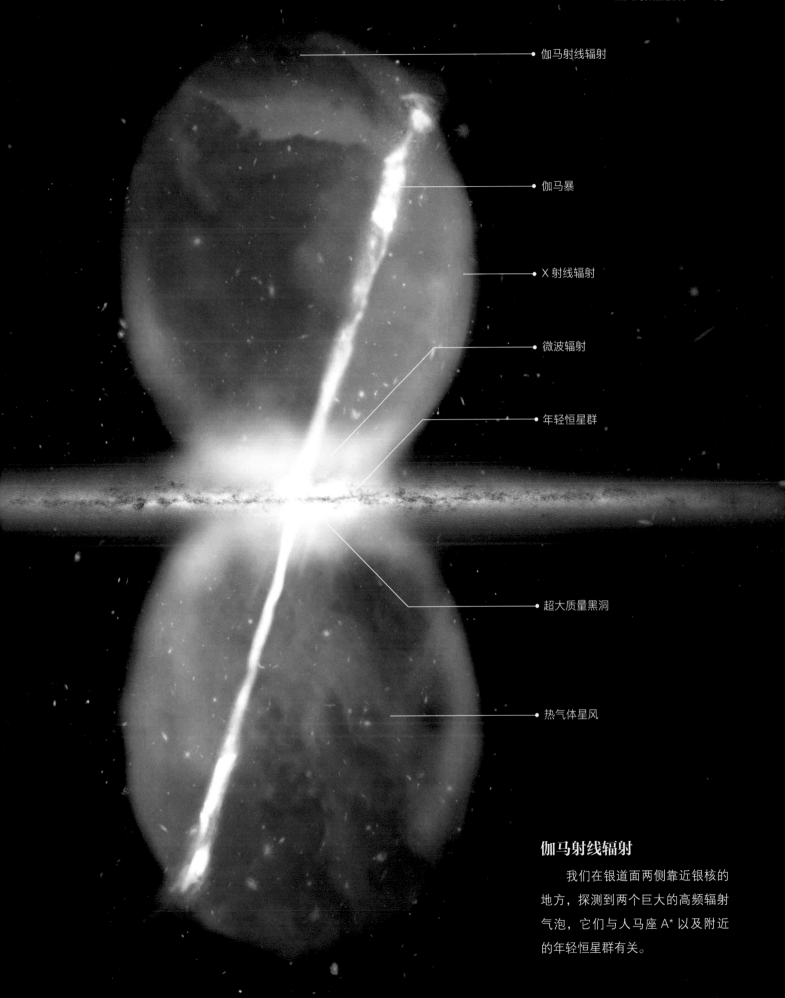

伽马射线辐射

伽马暴

X 射线辐射

微波辐射

年轻恒星群

超大质量黑洞

热气体星风

伽马射线辐射

我们在银道面两侧靠近银核的地方，探测到两个巨大的高频辐射气泡，它们与人马座 A* 以及附近的年轻恒星群有关。

人马座 A*

银河系中心的黑洞通过对附近恒星施加引力效应，以及吞噬一些星际气体和尘埃时所产生的射电波辐射而为人所知。否则，它看上去像是一具已经吞噬了周围所有物质的残骸。

银河系中心黑洞的确切位置被标记为人马座 A*，它是一个射电波源。尽管人马座 A* 发出的辐射很强烈，但对于超大质量黑洞来说，它仍相对较弱。这或许可以解释为什么在它附近没有气体和尘埃，因而与其他活跃的星系核相比，它只有极低的吸积率或粒子积聚。这个黑洞很可能形成于星系形成的最初阶段：巨大的气体云随着时间的推移变得越来越致密，最终形成了黑洞。

被抑制的大质量恒星

年轻的 S 型星，其质量高于银河系中心区域的其他恒星，同时在银心附近以更高的速度（约 1 000 千米每秒）运行。这些迹象暗示存在一个黑洞。根据这一恒星运动，银河系中心黑洞的质量估计是太阳的 400 万倍，并被限制在一个比地球轨道还小的空间里。黑洞造成的巨大引力场排除了 S 型星在那里形成的可能性，最可能的解释是它们被黑洞捕获了。

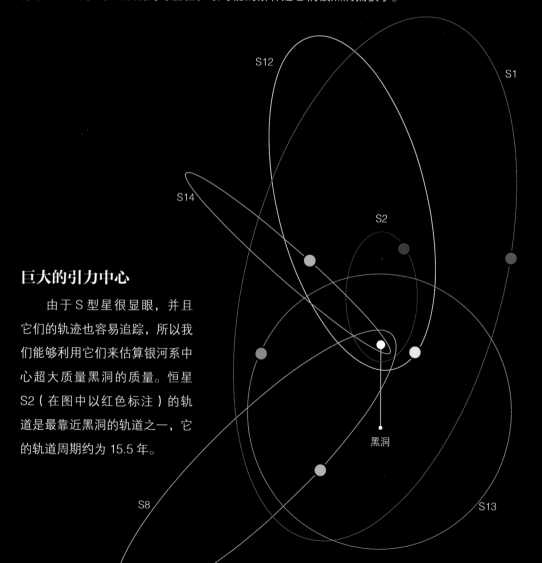

巨大的引力中心

由于 S 型星很显眼，并且它们的轨迹也容易追踪，所以我们能够利用它们来估算银河系中心超大质量黑洞的质量。恒星 S2（在图中以红色标注）的轨道是最靠近黑洞的轨道之一，它的轨道周期约为 15.5 年。

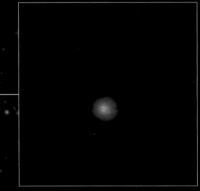

人马座 A*

黑洞的迹象

　　2013 年 9 月，从银河系中心黑洞发出的有史以来最大的 X 射线爆发被探测到并被记录下来。这可能是由于它吞噬了一颗小行星，也可能是由于向人马座 A* 移动的气体云内的磁力线受到了压缩，这些蛛丝马迹能够在钱德拉 X 射线天文台拍摄的图像中得到证实。

暴露的银心

　　遍布于银河系的尘埃云遮挡了可见光，但能够让红外线通过，图中明亮的黄色区域表示银河系中心。这是一片非常致密的恒星区域，这里的恒星和中心附近气体的轨道速度非常之快，这里也是超大质量黑洞人马座A* 所处的位置。

WHERE STARS

LIVE AND DIE

恒星的
摇篮和墓地

恒星，万物之源

　　元素周期表上的绝大多数化学元素，包括我们所知道的生命所必需的元素，均由恒星核心的聚变反应产生，然后在大质量恒星死亡时被剧烈地喷射出来。

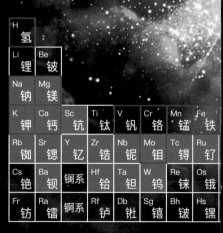

1 原始宇宙的物质

在第一代恒星形成之前，原始宇宙中只存在氢、氦和少量锂。这些元素构成了其他元素的基础。

H 氢																	He 氦
Li 锂	Be 铍											B 硼	C 碳	N 氮	O 氧	F 氟	Ne 氖
Na 钠	Mg 镁											Al 铝	Si 硅	P 磷	S 硫	Cl 氯	Ar 氩
K 钾	Ca 钙	Sc 钪	Ti 钛	V 钒	Cr 铬	Mn 锰	Fe 铁	Co 钴	Ni 镍	Cu 铜	Zn 锌	Ga 镓	Ge 锗	As 砷	Se 硒	Br 溴	Kr 氪
Rb 铷	Sr 锶	Y 钇	Zr 锆	Nb 铌	Mo 钼	Tc 锝	Ru 钌	Rh 铑	Pd 钯	Ag 银	Cd 镉	In 铟	Sn 锡	Sb 锑	Te 碲	I 碘	Xe 氙
Cs 铯	Ba 钡	镧系	Hf 铪	Ta 钽	W 钨	Re 铼	Os 锇	Ir 铱	Pt 铂	Au 金	Hg 汞	Tl 铊	Pb 铅	Bi 铋	Po 钋	At 砹	Rn 氡
Fr 钫	Ra 镭	锕系	Rf 𬬻	Db 𬭊	Sg 𬭳	Bh 𬭛	Hs 𬭶	Mt 䥑	Ds 𫟼	Rg 𬬭	Cn 鿔	Nh 鉨	Fl 𫓧	Mc 镆	Lv 𫟷	Ts 鿬	Og 鿫

La 镧	Ce 铈	Pr 镨	Nd 钕	Pm 钷	Sm 钐	Eu 铕	Gd 钆	Tb 铽	Dy 镝	Ho 钬	Er 铒	Tm 铥	Yb 镱	Lu 镥
Ac 锕	Th 钍	Pa 镤	U 铀	Np 镎	Pu 钚	Am 镅	Cm 锔	Bk 锫	Cf 锎	Es 锿	Fm 镄	Md 钔	No 锘	Lr 铹

2 第一代恒星中的元素

生命的许多基本元素，如碳和氧，都是在第一代恒星的核心中产生的，并且仍将在与太阳类似的恒星以及更大质量的恒星中产生。

H 氢						
Li 锂	Be 铍					
Na 钠	Mg 镁					
K 钾	Ca 钙	Sc 钪	Ti 钛	V 钒	Cr 铬	Mn 锰	Fe 铁
Rb 铷	Sr 锶	Y 钇	Zr 锆	Nb 铌	Mo 钼	Tc 锝	Ru 钌
Cs 铯	Ba 钡	镧系	Hf 铪	Ta 钽	W 钨	Re 铼	Os 锇
Fr 钫	Ra 镭	锕系	Rf 𬬻	Db 𬭊	Sg 𬭳	Bh 𬭛	Hs 𬭶

La 镧	Ce 铈	Pr 镨	Nd 钕	Pm 钷	Sm 钐
Ac 锕	Th 钍	Pa 镤	U 铀	Np 镎	Pu 钚

□ 生命的必需元素

生命的起源

生命的 4 种基本元素——氧、碳、氢和氮，按质量计算占人体的 96%。在这些元素中，氧元素的丰度最高，碳元素则因为所有的有机物质都含有它而占据第二位。碳元素的 4 个化学键使它易于连接，以形成原子链和复杂分子链。

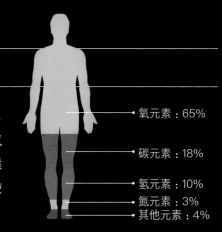

氧元素：65%
碳元素：18%
氢元素：10%
氮元素：3%
其他元素：4%

CR7 星系

这幅图表现了已知最古老的星系之一——CR7 星系。它创造了宇宙中的第一代重元素。CR7 星系非常明亮，包含众多大质量恒星。

3 超新星中的重元素

大多数重元素，包括铁和镍等常见元素，都来自超巨星。这些恒星在生命的尽头耗尽了所有燃料，并在被称为超新星的事件中爆炸，从而完成了它一生中最后的化学蜕变。

恒星摇篮

我们的星系以大量星际介质形成的致密气体云为原料，持续不断地制造出大批恒星。

在形成恒星的星云中，氢是最丰富的气体元素，它以双原子形式存在（氢气），并通过形成分子云而被世人所发现。这类星云成千上万，总质量超过太阳的 10 万倍，被认为是银河系的重要组成部分。它们弥漫在空间，分布疏散，很难收缩在一起；除非某种因素引起它们的密度增大，例如，施加在这些旋转的气体和尘埃团块上的某种引力扰动。一旦这些团块获取了足够的质量，它们就将在引力的压缩下坍缩并开始生成原恒星。

冷或热

恒星的类型取决于生成它的分子云的特性。较冷的云倾向于产生质量较小的恒星，而大块的热云则会形成种类丰富的恒星，包括大质量恒星。

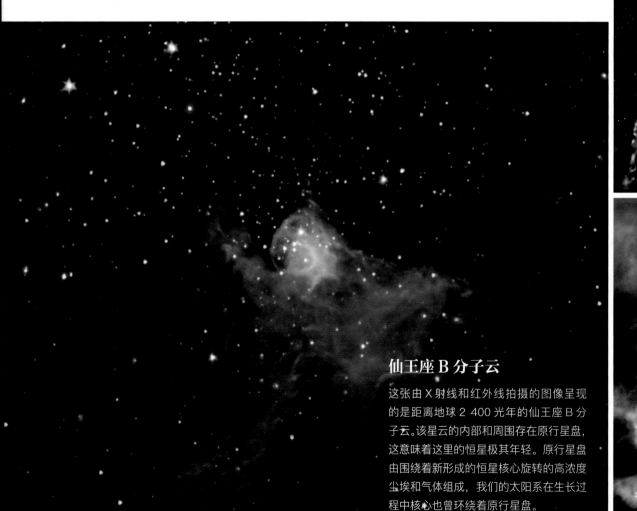

仙王座 B 分子云

这张由 X 射线和红外线拍摄的图像呈现的是距离地球 2 400 光年的仙王座 B 分子云。该星云的内部和周围存在原行星盘，这意味着这里的恒星极其年轻。原行星盘由围绕着新形成的恒星核心旋转的高浓度尘埃和气体组成，我们的太阳系在生长过程中核心也曾环绕着原行星盘。

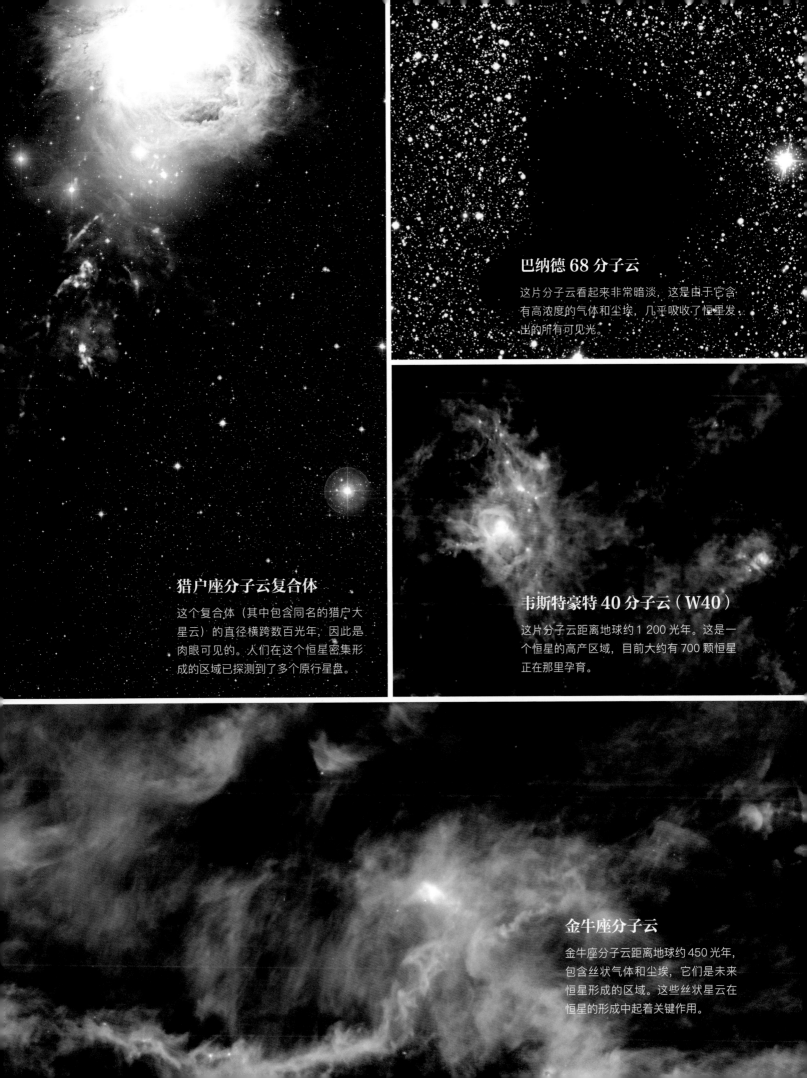

巴纳德 68 分子云

这片分子云看起来非常暗淡，这是由于它含有高浓度的气体和尘埃，几乎吸收了恒星发出的所有可见光。

韦斯特豪特 40 分子云（W40）

这片分子云距离地球约 1 200 光年。这是一个恒星的高产区域，目前大约有 700 颗恒星正在那里孕育。

猎户座分子云复合体

这个复合体（其中包含同名的猎户大星云）的直径横跨数百光年，因此是肉眼可见的。人们在这个恒星密集形成的区域已探测到了多个原行星盘。

金牛座分子云

金牛座分子云距离地球约 450 光年，包含丝状气体和尘埃，它们是未来恒星形成的区域。这些丝状星云在恒星的形成中起着关键作用。

宇宙玫瑰

　　这张照片展示的是美国航天局斯皮策空间望远镜（Spitzer Space Telescope）红外成像拍摄的玫瑰星云，它是一个由气体和等离子体组成的大星云，许多大质量恒星正在其中形成。这朵精致的玫瑰状星云中隐藏着一些超热恒星，它们的辐射和星风吹散了层层星际尘埃（以绿色显示）和气体，从而将较冷尘埃的核心暴露出来（以红色显示）。

银河系的恒星

银河系现在产生的恒星比过去要少，所以为了了解我们的星系是如何形成的，我们不仅要研究距离我们很近的恒星的形成，还需要观察不同宇宙时期具有相似特征的其他星系。

当一个较小的星系靠近像我们银河系这样的大质量星系时，较大的星系会将较小的星系撕裂并吞噬。例如，银河系正在吞噬大犬座矮星系和人马座矮椭圆星系，并从麦哲伦星系中吸走物质。这种合并过程似乎在银河系年轻的时候发生得更为频繁，然后它变得足够庞大并且旋转得飞快，以至于成为一个扁平的圆盘。随后，包括我们太阳在内的下一代恒星便在这里诞生了。

老当益壮

虽然银河系是一个古老的星系（大约135亿年），但它仍会产生许多新的恒星。事实上，仅仅在过去几年里就发现了数个新的年轻恒星群。大质量恒星群由总质量大于10 000倍太阳质量的恒星组成，它们揭示了银河系的恒星活动水平。据悉，银河系包含了大约100个这样的巨大恒星群，这个数字与其他类似的星系相当。我们的银河系每年平均产生5～7颗新恒星。

恒星的年龄

这张图片显示了银河系由银核向外伸展约5万光年范围内的红巨星分布。那些较古老的恒星，年龄在120亿年左右，在图中用红色表示，而较年轻的恒星则用蓝色显示，绿色部分是介于两者之间的恒星。古老的恒星处于银河系的中心，而年轻的恒星分布在圆盘中，这样的分布证实了一种猜想：银核率先形成，然后逐渐向外延伸。

银河系的丰硕期

这张图片是从一颗假想的行星上观看 100 亿年前的银河系的重建画像，当时它的恒星形成速度达到巅峰，大约是目前的 30 倍。

银河系的演化

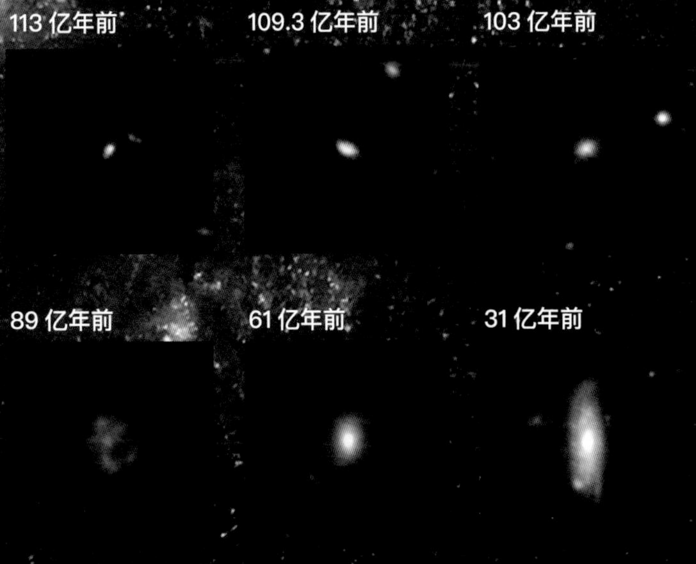

| 113 亿年前 | 109.3 亿年前 | 103 亿年前 |
| 89 亿年前 | 61 亿年前 | 31 亿年前 |

通过观察不同的宇宙距离和宇宙时期的其他星系，我们能够更好地理解银河系的演化。较年轻的星系（上排）可以通过其显著的恒星形成活动来识别；至于较年老的星系（下排），随着它们的演化，旋涡结构也愈发成熟。

动态图

　　赫罗（HR）图是一个动态图。恒星随着自身年龄的增长和物理性质的演化，将出现在图中的不同位置上。恒星在生命周期的大部分时光里都在主序带上演化。温度越低、质量越小的恒星，在主序带上存在的时间也将越长。

恒星的分类

　　根据光度和表面温度，将恒星排列在赫罗（Hertzsprung–Russell，HR）图中，这就创建出一幅呈现恒星不同生命周期的图像。

以天文学家埃纳尔·赫茨普龙（Ejnar Hertzsprung）和亨利·诺里斯·罗素（Henry Norris Russell）的名字命名的赫罗（HR）图生动地描述了恒星的演化，它显示了恒星的温度（由恒星的颜色决定，或对恒星光谱分析所得）与光度（由恒星释放的总能量或光子数确定）的相互关系。大多数恒星遵循一套清晰的模式，即恒星越亮，温度就越高，并沿着一条叫作主序带的对角线发展，它们会在这条线上度过生命中的大部分时光。在主序带的上方是非常明亮的恒星，即巨星和超巨星，它们是天空的巨人；而在主序带下方则是非常暗淡的恒星，即白矮星。图中横轴的单位开尔文是热力学温度单位，开尔文温度等于摄氏温度加 273.15。

主序

白矮星

　　这个区域里的恒星是一度与太阳质量相当的中小尺寸恒星。当一颗恒星耗尽燃料并剥落其外层时，它的碳核开始冷却，并将在数十亿年的时间内持续冷却和消退，坍缩成一颗白矮星，最终成为一具致密的恒星尸体。

30 000   10 000

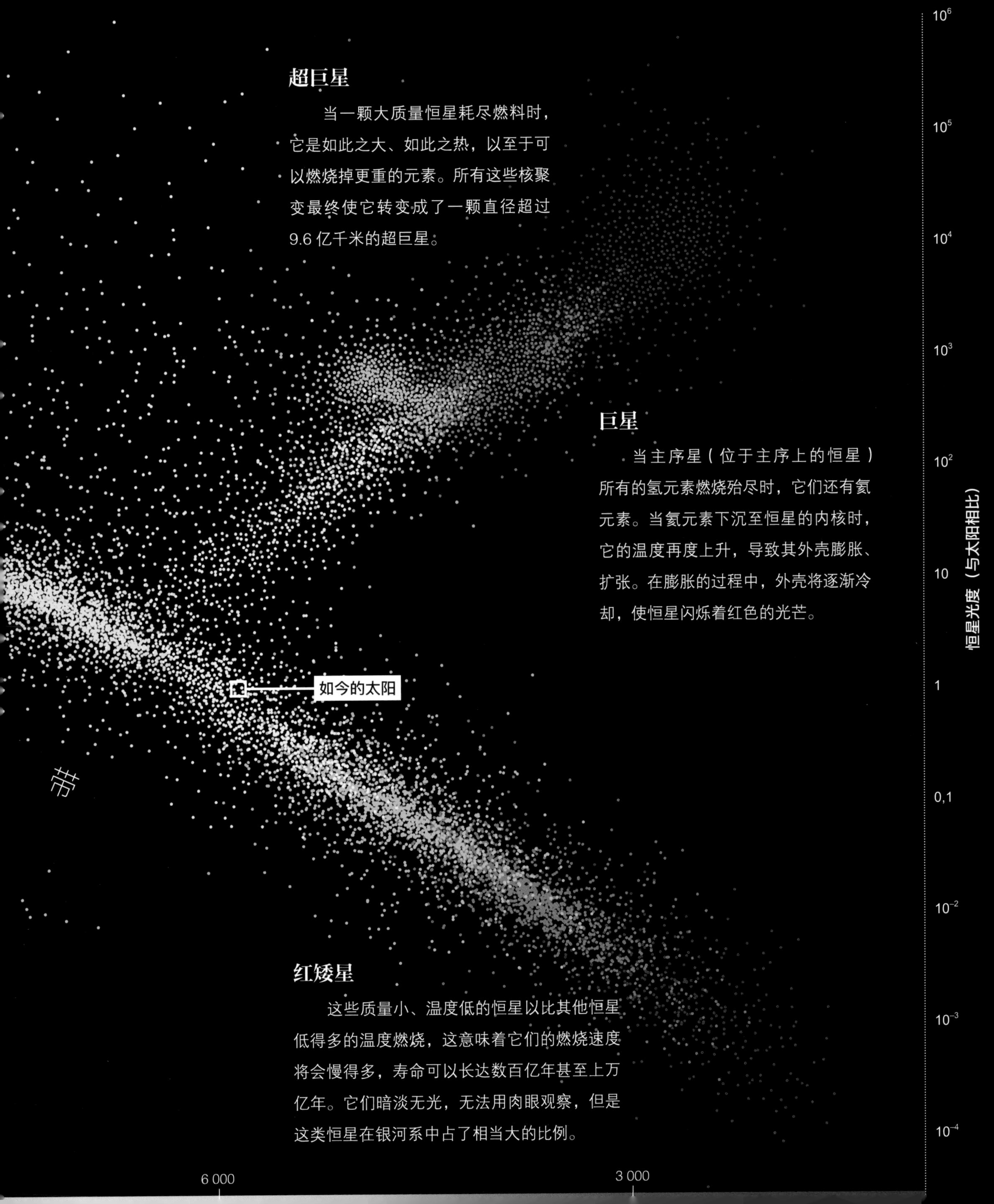

10⁶

10⁵

10⁴

10³

10²

10

1

0,1

10⁻²

10⁻³

10⁻⁴

恒星光度（与太阳相比）

超巨星

当一颗大质量恒星耗尽燃料时，它是如此之大、如此之热，以至于可以燃烧掉更重的元素。所有这些核聚变最终使它转变成了一颗直径超过9.6 亿千米的超巨星。

巨星

当主序星（位于主序上的恒星）所有的氢元素燃烧殆尽时，它们还有氦元素。当氦元素下沉至恒星的内核时，它的温度再度上升，导致其外壳膨胀、扩张。在膨胀的过程中，外壳将逐渐冷却，使恒星闪烁着红色的光芒。

如今的太阳

红矮星

这些质量小、温度低的恒星以比其他恒星低得多的温度燃烧，这意味着它们的燃烧速度将会慢得多，寿命可以长达数百亿年甚至上万亿年。它们暗淡无光，无法用肉眼观察，但是这类恒星在银河系中占了相当大的比例。

带

6 000

3 000

温度和光谱类型

天文学家根据恒星发射的电磁波谱（光谱）测量它们的温度，并按光谱类型对其进行分类，这些光谱类型与恒星的颜色和表面光度直接相关。

O 型星

25 000 ~ 50 000 开尔文
这类恒星释放的大部分是紫外辐射。在它的光谱中能够看到氦的谱线。

B 型星

10 000 ~ <25 000 开尔文
它们非常明亮，它们的光谱包含中性氦线和氢线。

A 型星

7 400 ~ <10 000 开尔文
氢线的强度达到顶峰，在它们的光谱中，几乎看不到其他谱线。

F 型星

6 000 ~ <7 400 开尔文
这类明亮恒星的光谱中包含电离金属线以及氢线。

电磁波谱

电磁波谱呈现了光的所有存在形式。光是一种电磁辐射，是一系列由频率（每秒钟有多少个完整波形经过某一点）和波长（两个波峰之间的距离）来表征的波。频率越高，波长越短。伽马射线和 X 射线的能量高，波长短；而无线电波和微波的能量低，波长长。我们的眼睛可以感知 390~700 纳米波段的辐射，这一范围的电磁波，我们称之为可见光。事实上，大多数光对我们来说是不可见的：红色光以外的是红外线，紫色光以外的是紫外线。

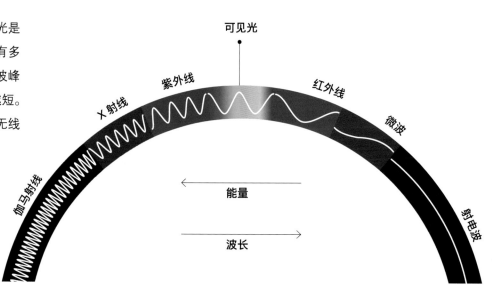

20 世纪初，由美国天文学家爱德华·皮克林（Edward Pickering）和安妮·坎农（Annie Jump Cannon）领导的一组专家通过分析 25 万张恒星照片，创建了一个基于电磁辐射能谱（恒星发射和吸收的电磁波分布）的分类系统。尽管他们观测到的恒星大气化学成分不同，但恒星的温度仍然是一个可以用来区分恒星的基本因素。

哈佛分类法

皮克林和坎农根据恒星的表面温度用字母 O、B、A、F、G、K 和 M 来标记恒星，其中 O 型星是最热的恒星，M 型星是最冷的（太阳是 G 型星）。这个被称为哈佛分类法的系统至今仍在使用。近年来，这个分类中还增加了其他类型的天体，比如 L 和 T 代表的是被称为褐矮星的亚恒星天体。

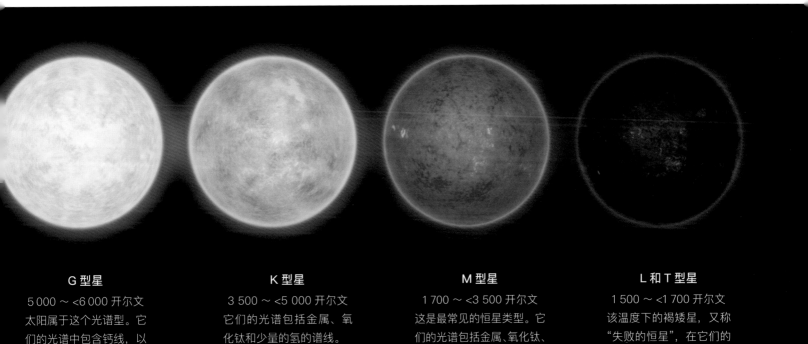

G 型星
5 000 ～ <6 000 开尔文
太阳属于这个光谱型。它们的光谱中包含钙线，以及中性和电离金属线。

K 型星
3 500 ～ <5 000 开尔文
它们的光谱包括金属、氧化钛和少量的氢的谱线。

M 型星
1 700 ～ <3 500 开尔文
这是最常见的恒星类型。它们的光谱包括金属、氧化钛、氧化钒和其他分子的谱线，但不包括氢的谱线。

L 和 T 型星
1 500 ～ <1 700 开尔文
该温度下的褐矮星，又称"失败的恒星"，在它们的光谱中有一系列的金属氧化物谱线。

波长作为温度的指示

恒星的光谱分布包含其表面温度的信息：非常热的恒星以非常短的波长发射出高强度的辐射，而较冷的恒星则发射出较长波长的辐射。因此，恒星越热，它发出光的波长就越短，使得它看起来就越蓝；而恒星越冷，它发出光的波长就越长，使得它看起来就越红。

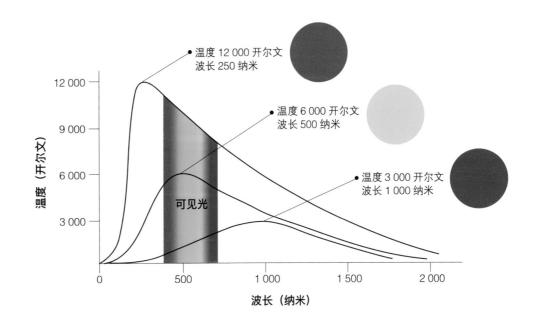

温度 12 000 开尔文
波长 250 纳米

温度 6 000 开尔文
波长 500 纳米

温度 3 000 开尔文
波长 1 000 纳米

可见光

温度（开尔文）

波长（纳米）

亮度与距离

夜空中恒星的亮度不仅取决于其本征光度或辐射势，还取决于它与地球的距离。

用恒星的亮度对其进行比较，这种方法存在缺点，因为一颗恒星的亮度不仅与它发出辐射的强度（光度）有关，还取决于它离测量点的距离。

视星等

现代天文学家根据一颗恒星的视星等（即从地球上看到的亮度）来对其亮度进行分类。视星等尺度上的数值越低，恒星的亮度就越高，数字 6 对应于肉眼极限可见的恒星。当视星等每下降一级（比如从 2 级到 1 级），恒星的亮度就会增加 2.5 倍，负值代表最明亮的那些天体。

天狼星

这个系统由两颗恒星组成：一颗地球夜空中明亮的恒星——天狼星 A，一颗白矮星——天狼星 B。

遥远的恒星

我们和恒星之间的距离如此之远，以至于即使是离地球最近的恒星也有数光年之远。

GJ 1061
距离 11.99 光年

波江座 ε
距离 10.52 光年

南河三
距离 11.4 光年

沃尔夫 359
距离 7.78 光年

巨蟹座 DX
距离 11.83 光年

拉兰德 21185
距离 8.29 光年

天狼星
距离 8.58 光年

罗斯 128
距离 10.92 光年

一光年有多远?

地球	木星	柯伊伯带内缘	柯伊伯带外缘
8.31 光分	43.25 光分	4 光时	7 光时
1.5 亿千米	7.78 亿千米	43.17 亿千米	64.76 亿千米

12 光年

鲸鱼座 T 星
距离 11.89 光年

10 光年

格鲁姆布里奇 34 星
距离 11.62 光年

8 光年

鲁坦 726-8 星
距离 8.73 光年

罗斯 248
距离 10.32 光年

6 光年

印第安座 ε
距离 11.82 光年

4 光年

拉卡耶 9352
距离 10.74 光年

2 光年

1 光年

太阳

宝瓶座 EZ 星
距离 11.27 光年

天鹅座 61
距离 11.4 光年

巴纳德星
距离 5.96 光年

半人马座 α 星
距离 4.24 ～ 4.37 光年

罗斯 154
距离 9.68 光年

斯特鲁维 2398
距离 11.53 光年

光谱类型

A F G K M 白矮星

名称	视星等	与地球的距离	光度（与太阳相比）
太阳	−26.74	1.5 亿千米	1
天狼星 A	−1.46	8.58 光年	25
老人星	−0.74	310 光年	10 700
半人马座 α 星 A	−0.27	4.37 光年	1.5
大角星	−0.05	36.7 光年	170
织女星	0.03	25 光年	40
五车二星	0.08	43 光年	79
参宿七	0.13	860 光年	20 000
南河三 A	0.34	11.4 光年	7
水委一	0.46	139 光年	3 150
参宿四	0.50	642.5 光年	120 000
马腹一	0.61	390 光年	41 700

夜空中最明亮的恒星并不是那些离我们最近的，这是由于恒星的亮度还取决于它们的本征光度。表格中的数值是用太阳光度来衡量的。

比邻星（半人马座 α 星 C）

这颗属于半人马座 α 的红矮星是离太阳最近的恒星，尽管它的低光度使得肉眼无法看到它。

奥尔特云内缘

11.5 光日

3 000 亿千米

奥尔特云外缘

1 光年

9.46 万亿千米

大小和尺度

宇宙中分布着大大小小、各式各样的恒星，从极其致密的白矮星一直到直径是太阳 1 000 倍之上的超巨星。

太阳的内部足以容纳超过 130 万个地球。尽管如此，我们的太阳还只是一颗中等规模的恒星。宇宙中有一些恒星，如超巨星和特超巨星，它们的直径是太阳的数百倍甚至上千倍。而在另一个极端，诸如红矮星（比邻星）、褐矮星和白矮星（天马座 IK B）这些较小的恒星，它们的尺寸更接近我们太阳系里的行星。

体积和质量

一颗恒星的大小在它的一生中会随着时间变化。例如，太阳在其生命的尽头将成为一颗红巨星，并且它膨胀得如此之快，以至于最终将把地球吞噬掉。然而，恒星的寿命主要取决于它的质量，而非它的体积。红超巨星参宿四（Betelgeuse）的直径大约是太阳的 1 000 倍，但质量只有太阳的 20 倍。角宿一（Spica）是一颗相对较小的恒星（直径大约是太阳的 7 倍），但质量却非常大，约 10 倍太阳质量。图中数字代表恒星直径与太阳直径的比值。

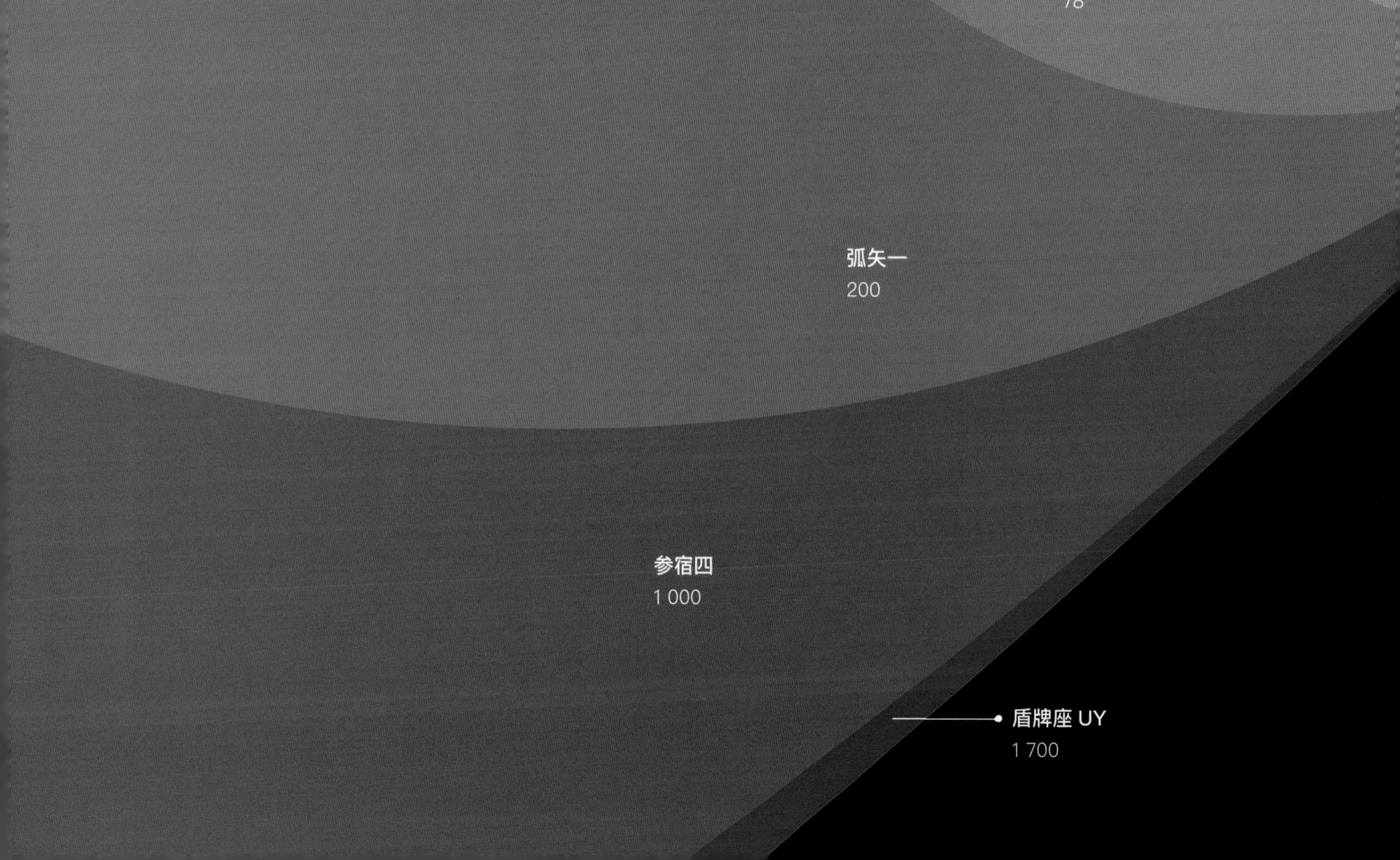

毕宿五
44

参宿七 A
78

弧矢一
200

参宿四
1 000

盾牌座 UY
1 700

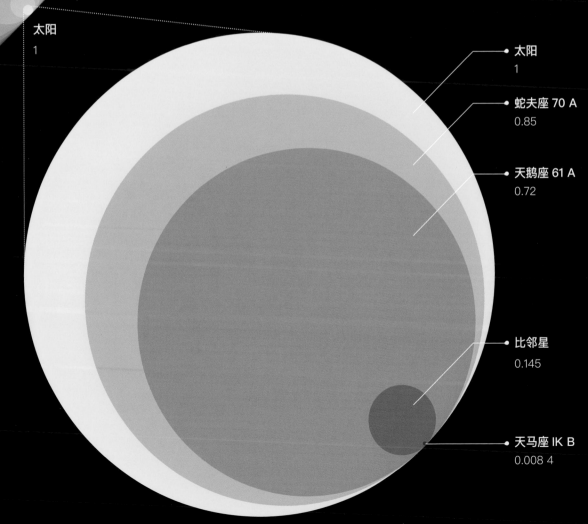

大角星
25

角宿一
7

织女星
2.5

太阳
1

太阳
1

蛇夫座 70 A
0.85

天鹅座 61 A
0.72

比邻星
0.145

天马座 IK B
0.008 4

恒星的能量

恒星的能量来自其内部发生的核聚变，恒星内部的温度从数百摄氏度到数十亿摄氏度不等。

大量的能量在恒星的核心中被制造出来，穿越恒星的外层，最终大部分将以电磁辐射的形式被释放到太空中。核聚变是指两个或两个以上的原子核结合形成一个较重的原子核的过程。想要开启恒星内部的核聚变过程，就必须克服原子核之间存在的电磁排斥力，而这需要超高的温度和极强的引力。

聚变反应

恒星中最常见的聚变过程是 4 个氢原子核（4 个质子）结合形成氦原子核（包含 2 个质子和 2 个中子），如下图所示。在这个过程中，能量以伽马射线（光子）和亚原子粒子（正电子和中微子）的形式释放出来，该过程被称为质子－质子链反应，宇宙中大多数恒星都在发生这种核反应。而更大质量的恒星还会经历碳氮氧（CNO）循环反应，也就是 4 个质子结合产生 1 个氦原子核，并释放 2 个正电子、2 个中微子和能量；同时，碳、氮和氧的原子核在该链式反应中发挥催化作用。

从氢到氦

这种类型的核聚变，也称为质子－质子链反应，对于赫罗图的主序星（如太阳）来说是非常典型的核反应过程。

● 质子
　中子

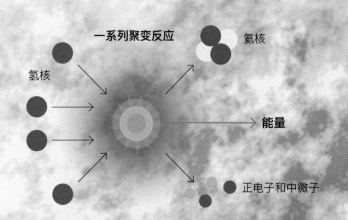

一系列聚变反应

氦核

氢核

能量

正电子和中微子

能量之旅

恒星核心产生的大量能量开始向外转移，并在数千年的时间里穿越其层层结构，最终被释放到大气中。

CNO 循环（碳氮氧循环）

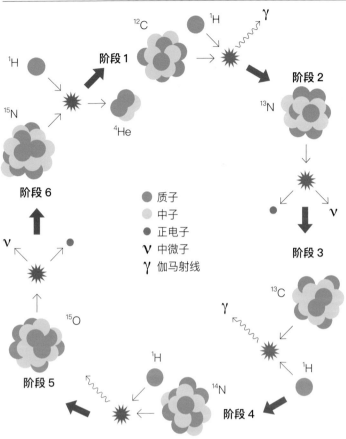

- 质子
- 中子
- 正电子
- ν 中微子
- γ 伽马射线

首先，碳原子与氢原子聚变，形成氮原子并释放伽马射线。形成的原子随后释放粒子，并不断结合新的氢原子，最后形成氦原子，剩下的碳又重新启动该循环。

质量和引力

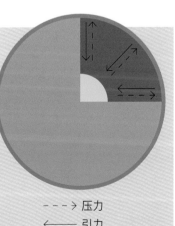

恒星的一生需要维持精妙的动态平衡。一方面，它巨大的质量迫使自身收缩；另一方面，核聚变释放的能量又阻止收缩。在恒星的一生中，这种平衡会随着恒星燃料的耗尽而被打破。而随着压力的增大和温度的升高，恒星又开始启动新的燃料和聚变反应，使得恒星暂时恢复平衡。

- - - → 压力
- —— 引力

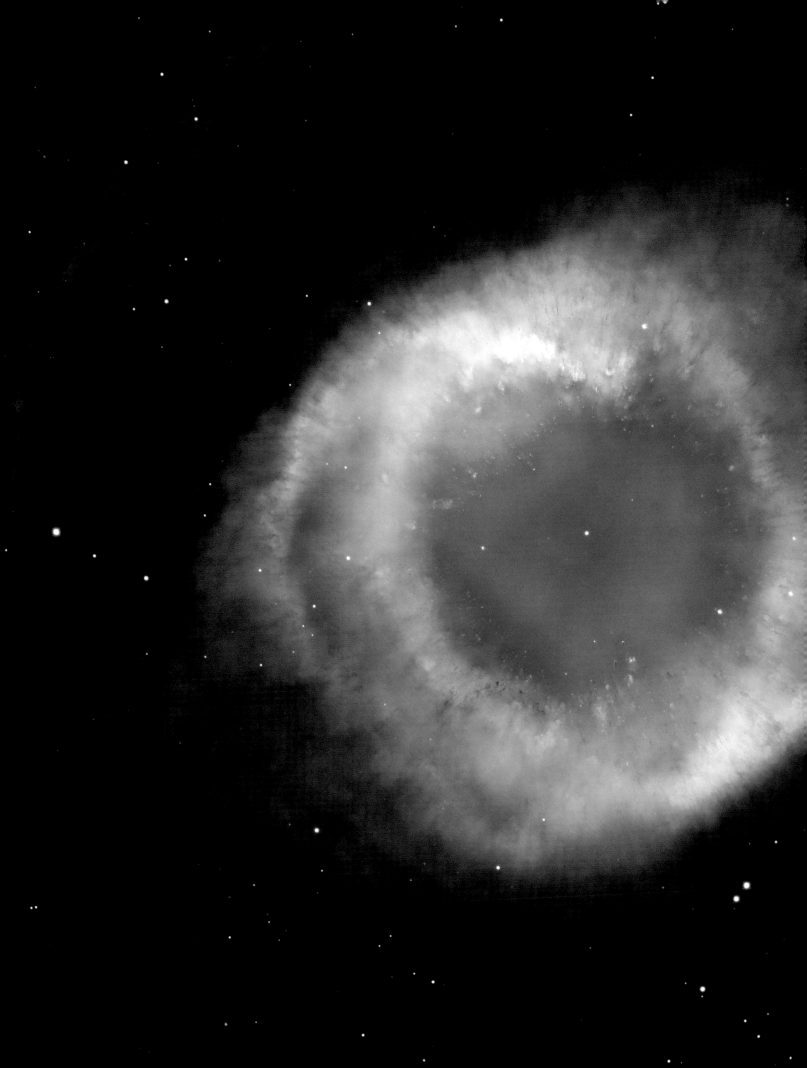

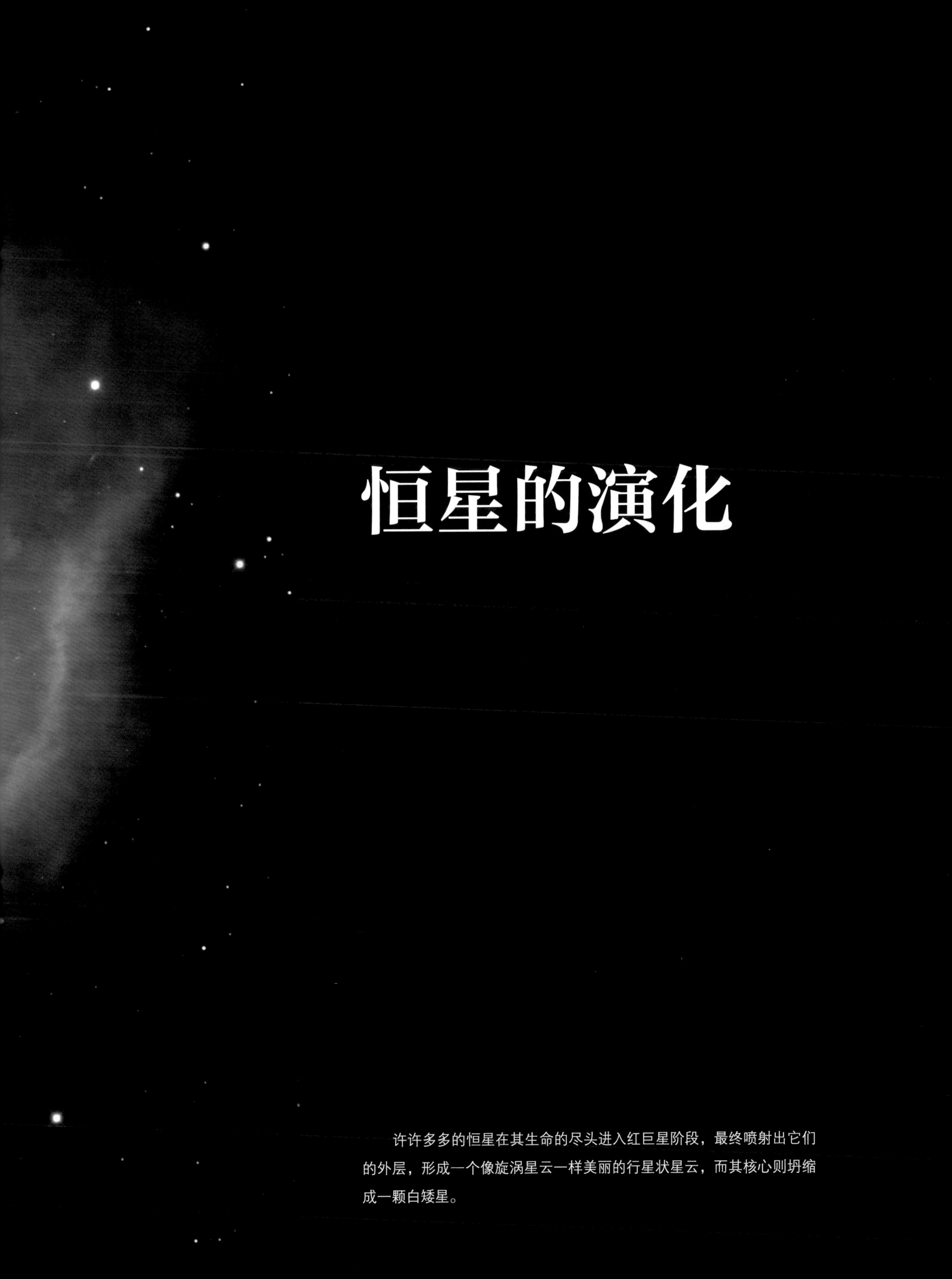

许许多多的恒星在其生命的尽头进入红巨星阶段，最终喷射出它们的外层，形成一个像旋涡星云一样美丽的行星状星云，而其核心则坍缩成一颗白矮星。

恒星的演化

许许多多的恒星在其生命的尽头进入红巨星阶段，最终喷射出它们的外层，形成一个像旋涡星云一样美丽的行星状星云，而其核心则坍缩成一颗白矮星。

恒星的生命周期

　　恒星诞生时的质量决定了它的命运。它要么像矮星和中等恒星一样最后耗尽它们的燃料，要么将剧烈地坍缩。恒星的质量越大，就越为炽热和明亮，同时也将燃烧得更快，这使得它的生命周期要比小质量恒星短得多。

质量比太阳大的恒星

大质量恒星的寿命只有几百万年。它们疯狂的聚变速度使它们成为庞大的超巨星，这些恒星最终在一场被称为超新星的灾难性剧烈爆炸中坍缩。燃烧中的超新星极其明亮，以至于比星系中数十亿颗恒星都要耀眼。而当这场爆发结束时，剩下的将是一颗非常致密的中子星或黑洞。

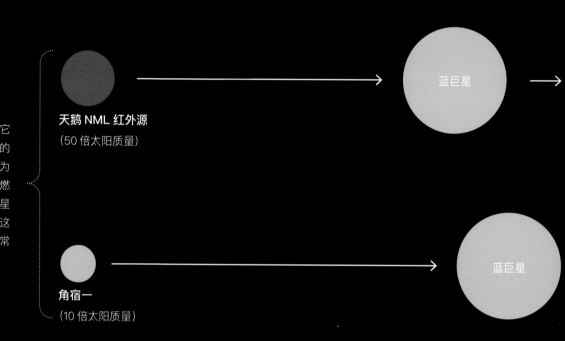

天鹅 NML 红外源
（50 倍太阳质量）

蓝巨星

角宿一
（10 倍太阳质量）

蓝巨星

质量与太阳相当的恒星

与太阳质量相当的恒星通过将氢聚变成氦，可以在赫罗图的主序带中停留数十亿年。它们的直径最终将膨胀到原来的 100 倍以上，变成一颗冰冷的红巨星。恒星的燃烧将逐渐熄灭，它的核心坍缩形成一颗白矮星，而它的外层气体则被抛射出来形成行星状星云。

太阳
（1 倍太阳质量）

质量比太阳小的恒星

像红矮星这样的小质量恒星的寿命是最长的。对流作用在质量不到太阳 40% 的恒星中占主导地位，它能够在数十亿年或更长时间里为由恒星外层的氢参与的核聚变提供动力。

比邻星
（0.123 倍太阳质量）

恒星的寿命主要取决于它的质量，质量决定了它通过核聚变燃烧的速度有多快。小质量的主序星，如同我们太阳一样，生命中的大部分时光都在流体静力学平衡中度过：它们稳定地将氢燃烧转化为氦，在氢燃料耗尽之前，燃烧产生的向外的力与向内的引力保持平衡。但是大质量的恒星有更高的光度，这使得它们燃烧的速度更快。甚小质量恒星的寿命最长：红矮星燃烧氢的速度非常慢，这意味着它们可以存活很长时间。

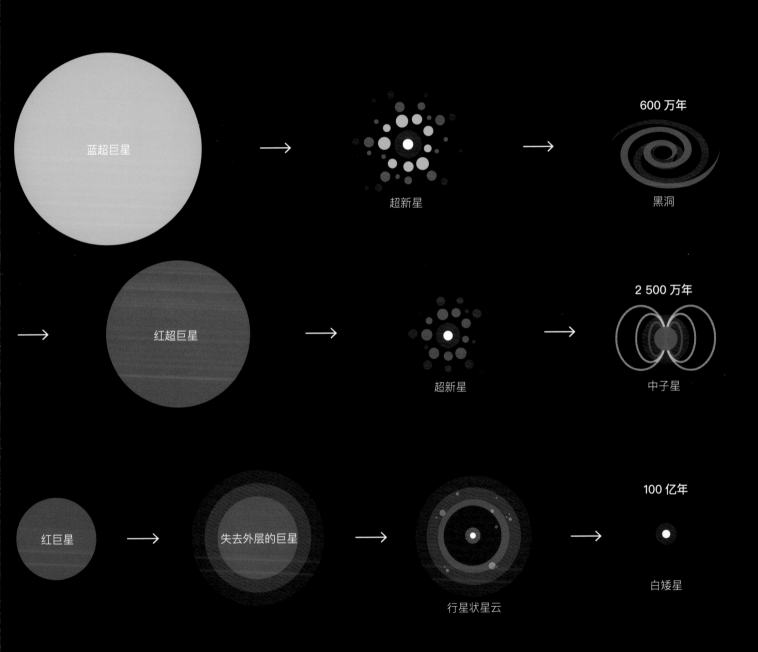

蓝超巨星　　超新星　　600 万年　黑洞

红超巨星　　超新星　　2 500 万年　中子星

红巨星　　失去外层的巨星　　行星状星云　　100 亿年　白矮星

数万亿年

黑矮星

星云

恒星之间看似空无一物的空间实际上充满了被称为星际介质的气体和尘埃，它们是创造新一代恒星所需的主要物质来源。

星云是星际介质中由气体和尘埃组成的巨大云团，它们在银河系这一类旋涡星系的旋臂中尤其丰富。星云阻挡了来自更远天体的光线，所以大多数星云不能直接看到，而只能被探测到。只有当附近的恒星照亮它们时，它们才会显现出来，展示其奇异而壮观的形状。

星云类型

星云有 4 种基本类型。第一种类型被称为暗星云或吸收星云，因为它们不允许来自包括其他星云在内的任何天体的光线通过，所以它们无法用可见光观测，只能在其他波段被探测到。第二种类型为反射星云，它们之所以发光是由于它们的尘埃粒子与地球大气散射太阳光一样，也会反射和散射星光。第三种类型为发射星云，它们能够通过其内部形成的年轻恒星发出光芒，这类星云规模最大，也最为引人注目，可以发出各种颜色的光芒。第四种类型是行星状星云，是小质量恒星最后的残余物，由环绕在恒星裸核（或白矮星）周围的喷射气体形成。

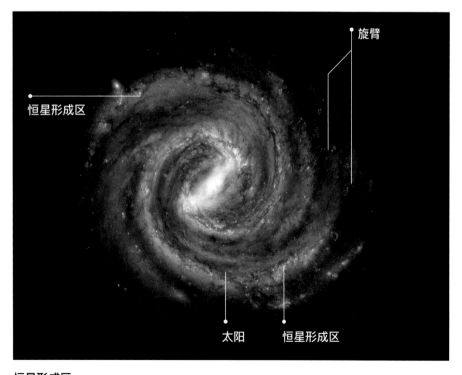

旋臂

恒星形成区

太阳　　恒星形成区

恒星形成区

旋涡星系的旋臂，比如银河系的旋臂，被认为有利于形成高
密度的气体和尘埃带，这里提供了恒星形成的完美环境。

光年，是离太阳系最近的恒星形成
区域。这个发射星云非常明亮，能
够被肉眼直接观察到。

猎户大星云

　　猎户大星云距离我们约 1 270
光年，是离太阳系最近的恒星形成
区域。这个发射星云非常明亮，能
够被肉眼直接观察到。

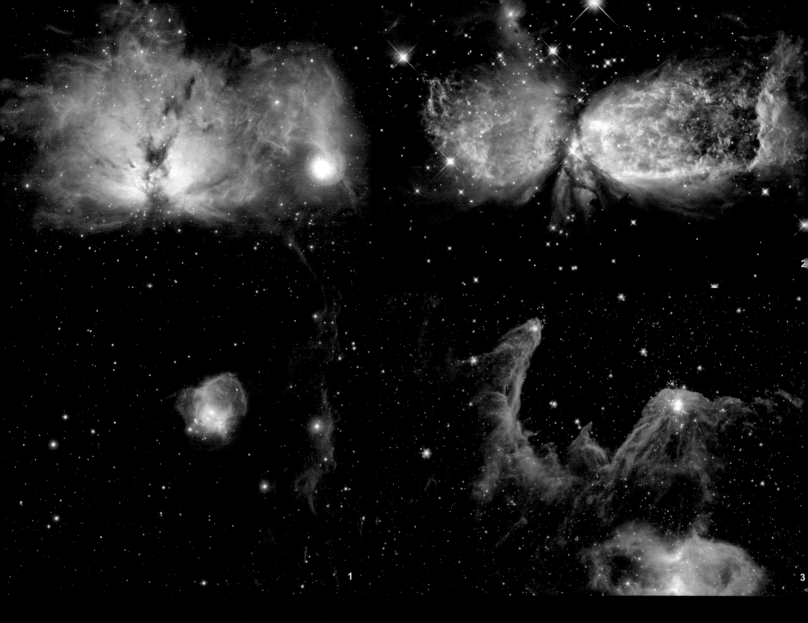

发射星云

1 火焰星云

火焰星云距离地球只有 1 400 光年，位于猎户座的腰带（猎户腰带）上。它特有的火焰状光芒可能是由于参宿一的作用。参宿一是一颗极其炽热明亮的恒星，它的光度是我们太阳的 10 万倍，质量大约是太阳的 20 倍。

2 雪天使星云

这种高浓度的气体和尘埃的中心有一颗巨大的大质量恒星。星际介质的分子反射其微弱的光线，使我们能够观察到其气体的冲击波。超热气体的双叶波瓣，发出蓝光，从它的中心向外伸展，就像一对巨大的天使翅膀。

3 灵魂星云

这些壮观的气体塔位于 7 000 光年之外。绰号"创造之山"的这片星云是由非常炽热的大质量恒星辐射形成的。一般认为，它强大的星风（从恒星喷射出的质子、电子和较重金属原子的快速流动）压缩了部分云团，并激活了恒星形成的第二次浪潮。

4 船底星云

这张照片描述了从大星云中逃逸出的丝状气体，它们是被星云内部最近形成的恒星的星风的压力喷射出来的。随着时间的推移，年轻的恒星将中止恒星形成过程，驱散星云中的尘埃和气体。

5 蜘蛛星云

这个巨大的复合体位于距离地球约16.3万光年的大麦哲伦星系内，大麦哲伦星系是银河系的卫星矮星系。这片星云包含约 80 万颗恒星和原恒星，是已知最大的恒星形成区域之一。

6 礁湖星云

该星云位于沿地球指向银心方向约 5 000 光年处，其中最亮的部分被称为沙漏（Hourglass），这里具有很高的恒星形成率。它奇特的形状是极端星风和年轻恒星发出的强光所致。

4

5

6

恒星形成

从气体和尘埃到形成新恒星的转化过程中，引力是唯一
真正重要的因素。

恒星的形成始于冷分子云的中心，而冷分子云在星系的旋臂中非常丰富。
当恒星死亡时，它们的大气层被吹散到太空中，这些元素丰富了星际气体和
尘埃。星云受到星系碰撞或附近超新星的冲击波压缩的影响，开始坍缩；一
些物质开始聚集在一起，将星云分裂形成多个密集的区域，这些团块不断增
长并吸收恒星物质形成圆盘，有朝一日可能形成行星系统。在经历了以引力
增大和温度升高为特征的不稳定早期之后，这些恒星胚胎聚集了足够的热量
和质量，开始以核聚变的形式燃烧，以此来对抗始终拉扯它们的引力。

移动的星云

星云在彼此引力作用下开
始坍缩，这种坍缩在被某
种引力扰动引发后，将星
云分解为由旋转气体和尘
埃构成的致密团块。

引力坍缩

这些团块在自身引力作
用下开始坍缩，加速形
成一个巨大的旋转气体
盘，它的中心温度也随

原恒星

随着原恒星质量增大和
温度升高，引力坍缩持
续了数万年。来自气体
盘内边缘的冲击波气体
继续向内下落，并在原
恒星的两端以大喷流的
形式释放出来。

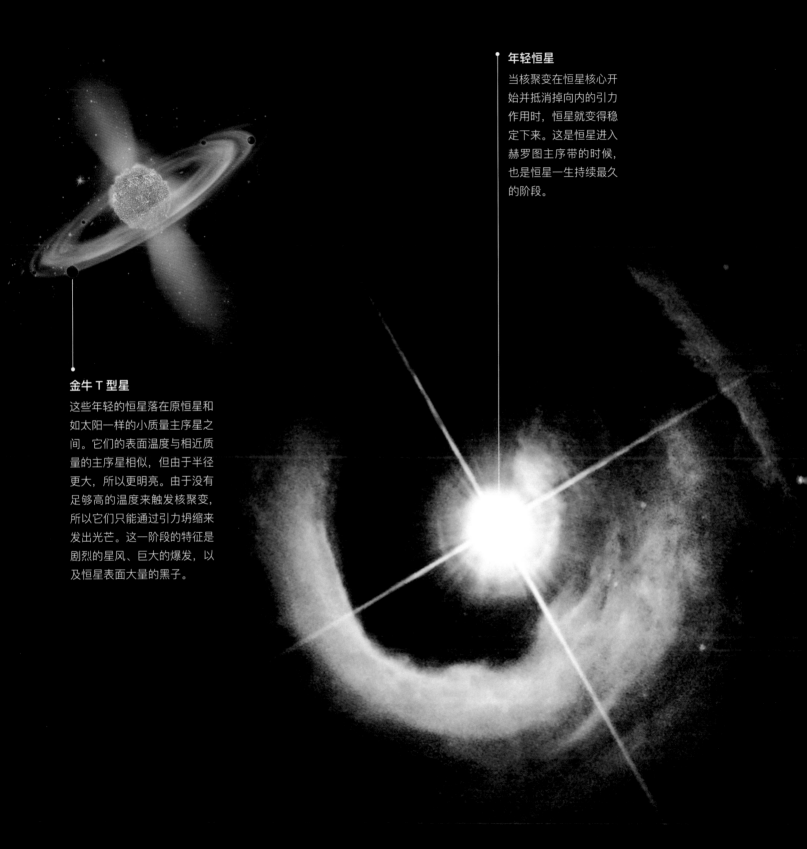

年轻恒星

当核聚变在恒星核心开始并抵消掉向内的引力作用时，恒星就变得稳定下来。这是恒星进入赫罗图主序带的时候，也是恒星一生持续最久的阶段。

金牛 T 型星

这些年轻的恒星落在原恒星和如太阳一样的小质量主序星之间。它们的表面温度与相近质量的主序星相似，但由于半径更大，所以更明亮。由于没有足够高的温度来触发核聚变，所以它们只能通过引力坍缩来发出光芒。这一阶段的特征是剧烈的星风、巨大的爆发，以及恒星表面大量的黑子。

年轻恒星

核聚变的开始标志着恒星走向成熟，这一过程也是导致恒星温度升高的一个因素。

当一颗恒星的核心开始发生核聚变时，它就开始走向成熟。核聚变是导致恒星温度升高的因素之一。当产生恒星的气体云破裂后，其密度的增大和运动的加速导致它温度上升。与此同时，恒星开始加速吸收周围物质，最终形成一个围绕它旋转的扁平状圆盘。核聚变在一种叫作氘的元素中发生，氘是氢的同位素，又称重氢，其聚变反应产生的温度相对较低。温度的升高将继续引发氢到氦的聚变，这是一颗恒星内部典型的聚变反应，标志着它正式进入主序阶段。

原恒星云

当恒星开始发光时，它仍在持续吸收尘埃和气体，这些尘埃和气体在星风的作用下被驱散出来，或者在恒星新磁场的作用下以喷流的形式得以释放。当恒星周围其他化合物被热量所蒸发，尘埃和气体开始消散时，恒星的原貌就会显露出来。

角动量

根据角动量（描述物体转动状态的物理量）守恒定律，随着原恒星云收缩，它的旋转速度就会增大，这就像滑冰运动员在旋转时把胳膊收起来会旋转得更快一样。

从坍缩到解体

引力作用

阶段一
星云中的分子和尘埃颗粒之间的引力作用增大了它的密度，从而导致坍缩。

阶段二
星云内部密度的微小差异使其在坍缩时碎片化。

阶段三
由于不同组成部分之间的引力吸引，这些碎片开始被压紧，形成原恒星。

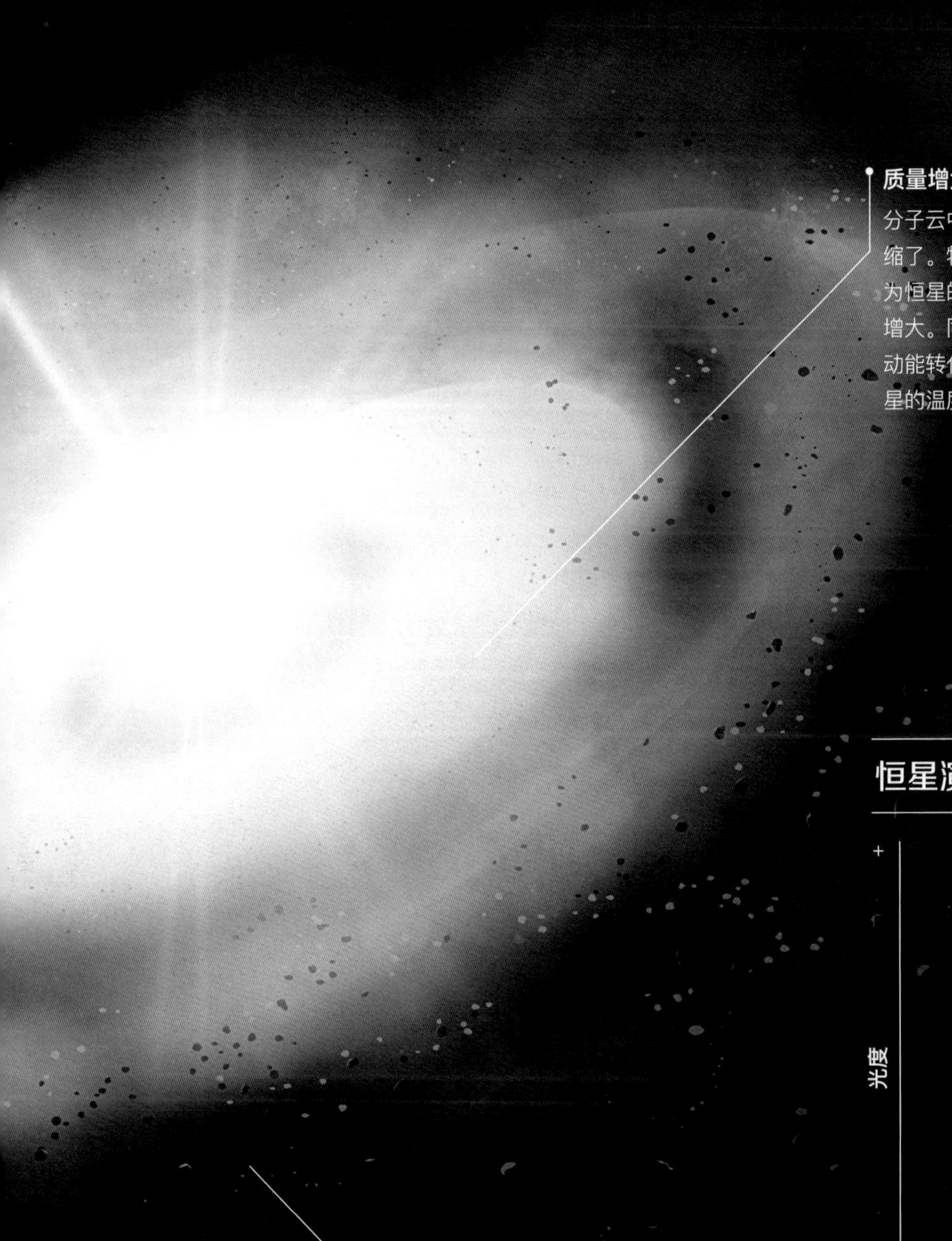

喷流物质

年轻的恒星以垂直于旋转平面的角度喷射出强大的物质流，这有助于消散系统的部分旋转能量，并能够让恒星在吸收物质的同时继续增长。

年轻恒星盘

在这幅图中，原恒星是在一个旋转圆盘的中心形成的，而它周围的团块通过吸入其他物质而开始生长。

质量增大

分子云中的一个团块已经坍缩了。物质向中心下落并成为恒星的一部分，恒星质量增大。同时，物质所携带的动能转化为热量，使年轻恒星的温度升高。

恒星演化的赫罗图

原恒星的演化

主序带

光度

有效温度

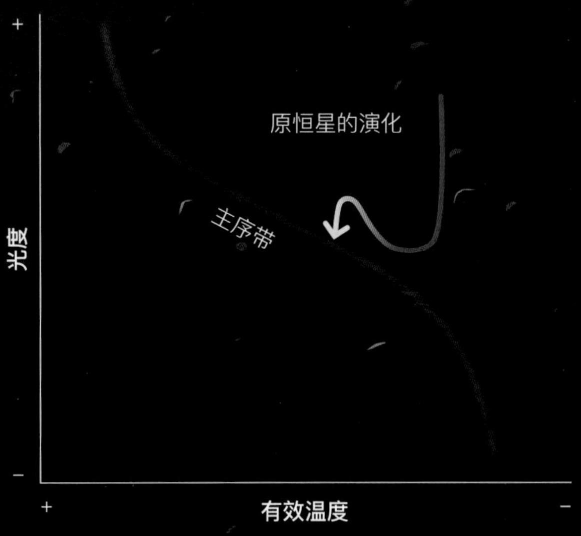

当年轻恒星的内部温度达到大约 1 500 万摄氏度时，成熟恒星特有的氢聚变就开始了。这表示它进入了恒星演化的主序阶段。

气体和尘埃

在原行星盘中，尘埃颗粒逐渐聚集在一起。由于星风的活动，气体往往被驱逐到圆盘的边缘。

蛇夫 ρ 星云

　　年轻的恒星在蛇夫 ρ 星云的尘埃层下闪耀着,蛇夫 ρ 星云是离我们太阳系最近的恒星形成区域之一。在这张图片中,年轻的恒星由于周围的尘埃而呈现出红色。它们被气体盘环绕,这些气体盘将成为未来的行星系统。另一些进化得更早的恒星由于周围的尘埃已经消散,呈现为蓝色。

星团

恒星往往以成团的形式诞生，在彼此分离之前，它们通过引力作用相互连接在一起。这些聚集在一起的恒星被称为星团。

当尘埃和气体的分子云坍缩并分裂成团块时，它们会产生大量的恒星。最终，这些星云将被恒星发出的强烈星风所照亮。致密的星团数量众多，遍布宇宙。疏散星团没有特别的结构，仅仅靠引力将恒星联系在一起，直到星系的动量慢慢将它们分离。相比之下，球状星团有一个独特的球形结构，它们很可能是一些小型星系的遗迹。

银盘聚集

在银河系中，疏散星团通常聚集在圆盘区或者银道面上，这片平坦的区域是星系旋臂中富含气体和尘埃、可以形成恒星的地带。

疏散星团

疏散星团包含的恒星从几十颗到数千颗不等，但这样的低密度使它们在受到内部碰撞或外来破坏时极其脆弱，譬如一团经过的分子云的引力作用就可能将它撕裂。正因如此，古老的疏散星团非常稀有，这就是为什么疏散星团大多数相对年轻，只有数亿年的历史。

M25 星团

这个明亮的疏散星团包含数百颗恒星，人们可以在地球上用肉眼看到。星团散发的蓝光来自其中年轻炽热的恒星。

NGC 2244 星团

这个星团位于玫瑰星云中，包含许多发出大量辐射的 O 型星。

银河系的星团

在像银河系这样的星系中，有一些星团看起来几乎像是独立的星系。这些球状星团中最稠密的区域甚至包含了至少 100 亿岁的恒星，这些恒星属于银河系中最古老的一批天体。

星系卫星

在银河系中，球状星团绕着我们这个星系运行。这一特点，连同它们的形状和年龄，使我们怀疑它们可能是被银河系吸收的小型星系的核心。

球状星团

这些极其致密的恒星群由数十万颗甚至数百万颗非常古老的恒星组成。这些恒星的金属含量较低，意味着它比我们的太阳更为古老，也表明它们形成于星际介质中除氢、氦外其他元素还非常匮乏的时期。

M15 星团

M15 是银河系中已知的 170 个球状星团之一。它由超过 10 万颗恒星组成，估计已有 120 亿年的历史。

半人马 ω 星团

这是围绕银河系运行的最明亮的星团。中心的恒星紧密地聚集在一起，它们之间仅仅相距 0.1 光年。

红巨星

经过数十亿年的氢聚变，恒星最终耗尽了它们的燃料。它们逐渐冷却下来，但却变得越来越大，最后演变成红巨星。

当像太阳这样的恒星（0.08 ~ 8 倍太阳质量的小质量恒星）核心的氢元素被耗尽时，氦就成为主要元素。由于恒星的温度还不足以开启氦聚变，所以恒星再也抵挡不住引力的挤压。恒星逐渐向内坍缩，并将所有外层的氢元素聚集在足够热的区域，在核心周围的壳层中再次开启氢聚变。

最后的聚变反应

恒星的氦核在邻近层氢聚变的强大压力下，被不断加热。当温度达到 1 亿摄氏度时，这颗恒星将开启它最后一次核聚变，通过一个被称为三 α 的过程将氦转化为碳。

成为一颗巨星

当恒星核心使用氦作为燃料时，它的内部开始收缩。内部温度的升高开启了邻近层的氦聚变。这颗恒星现在有一个碳氧核心，周围环绕着几层物质，在那里氢和氦的聚变将持续几百万年。这颗恒星会随着表面的冷却而膨胀，成为一颗红巨星。

三 α 过程

红巨星通过一个被称为三 α 过程的聚变过程产生了宇宙中绝大多数的碳。当氢聚变结束时，恒星会开启新的能量生产机制。在这里 3 个氦核（^4He，也称 α 粒子）几乎同时碰撞，其中一个氦核与中间产物铍（^8Be）合并产生碳核（^{12}C），同时以伽马射线的形式释放能量。

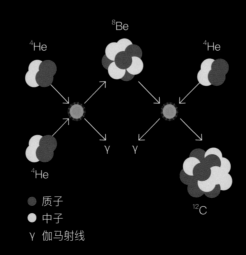

^8Be

^4He　　^4He

^4He

γ　γ

^{12}C

● 质子
● 中子
γ 伽马射线

玉夫座 R

阿塔卡马大型毫米波阵（ALMA）位于智利阿塔卡马沙漠，它捕捉到了被气体包围着的红巨星玉夫座 R 的壮观景象。这种奇怪的旋涡状气体可能是因为这颗红巨星存在一颗伴星。

恒星演化的赫罗图

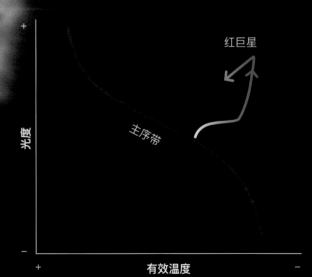

当一颗恒星耗尽燃料时，它就会离开主序带，沿着红巨星的轨道前行。它的表面温度降低，而光度却在增加，两者都是恒星变大后带来的结果。一旦氦聚变开始，恒星就会再次收缩，其表面温度也会重新升高。

太阳成为红巨星

　　数十亿年后，当我们的太阳最终演变成一颗红巨星时，它将膨胀得无比巨大，直径达到现在的 150 倍以上，并吞噬掉地球。在它抵达地球之前，我们的家园早已燃烧殆尽，海床裸露在外，地球早已是一片没有滴水的不毛之地。

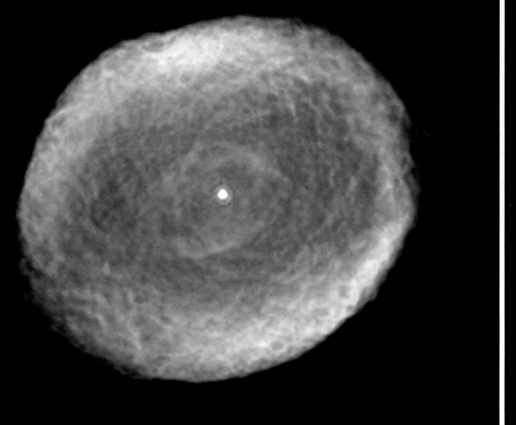

万花尺星云

IC418，或称万花尺星云，其中心有一颗红巨星的残骸，周围环绕着一层引人注目的几何形状的覆盖物。

红蜘蛛星云

白矮星的极度高温和强大的星风会在气体云中造就奇奇怪怪的形状。红蜘蛛星云就是一个壮观瑰丽的例子。

行星状星云

当红巨星的生命走到尽头时，它会将其外层剥离，只剩下裸露的核心，在核心的周围环绕着一层膨胀着的电离气体，也即行星状星云。

红巨星内部的氢聚变终将停止。为了继续生存下去，这颗恒星将在壳层中开启不受控制的氦聚变。在这之前，壳层中一直进行的是氢聚变。在聚变过程中，核心周围的壳层逐渐剥离，形成一个幽灵般的行星状星云。这颗恒星的碳核仍然位于中心，成为一颗致密、炽热的恒星，被称为白矮星。它的紫外辐射将周围的星云电离化，使它们闪耀出壮观的光芒。

类行星球体

行星状星云的首次发现是在 18 世纪，由于其球形、对称的形状与那个时代从望远镜中看到的行星相似，所以天文学家们称它们为"行星"。然而，二者唯一的共同点只是它们的名字。

猫眼星云

围绕着一颗垂死恒星核心的壳层被高速喷出，创造出像猫眼一样美丽的星云，这张图片由哈勃空间望远镜捕捉拍摄。

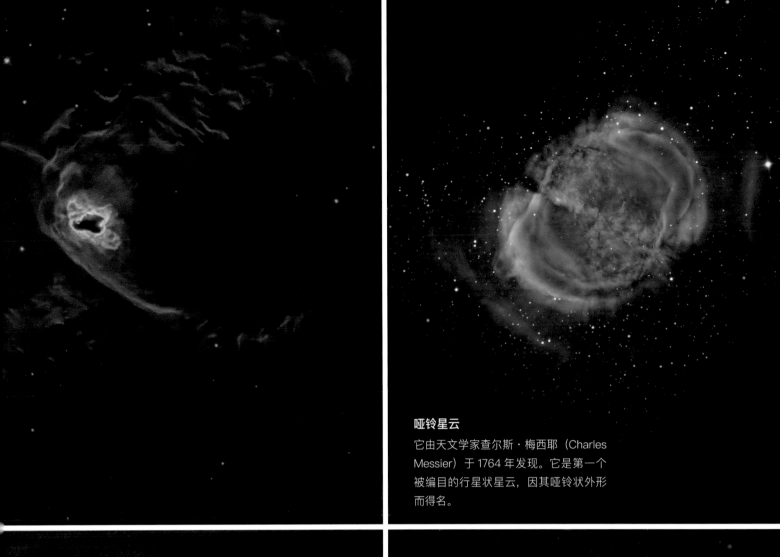

哑铃星云

它由天文学家查尔斯·梅西耶（Charles
Messier）于 1764 年发现。它是第一个
被编目的行星状星云，因其哑铃状外形
而得名。

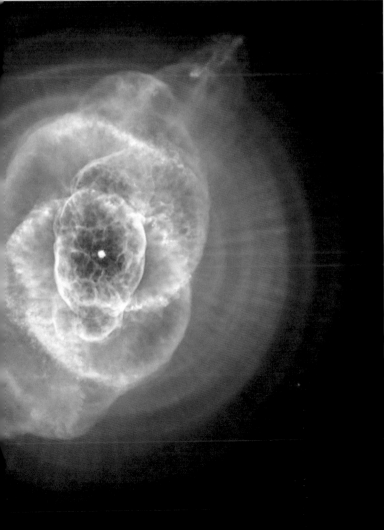

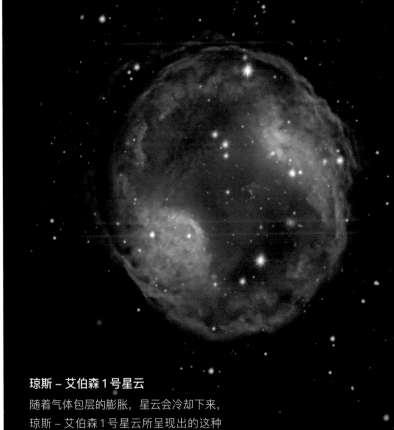

琼斯 – 艾伯森 1 号星云

随着气体包层的膨胀，星云会冷却下来，
琼斯 – 艾伯森 1 号星云所呈现出的这种
壮观景象也将逐渐消散。

白矮星

大多数恒星一旦外层剥落，就只能任凭引力摆布，再经历数
十亿年的冷却和衰亡，最终变成白矮星。

白矮星是曾经的恒星核心，它的初始温度高达 10 万摄氏度，密度极大。在这
种情况下，恒星内部的物质处于一种被称为"简并"的状态，其中原子中的电子抵
抗着引力压缩（如下图所示）。它的质量仍然有太阳那么大，但是体积却不比地球大，
它的密度大到其中一茶匙大小的物质便足有 5 吨重。白矮星的归宿就是彻底冷却下
来，成为一个冰冷、暗淡的天体。但是，白矮星上热量的流失非常之慢，科学家们
认为宇宙还没有足够长的寿命让任何一颗白矮星完全冷却下来。

宇宙中最古老的钻石

当白矮星慢慢冷却时，它的物质会结晶。宇宙中最古老的白矮星，温度最低，
由碳晶体结构组成，与巨大的钻石并无二致。

简并物质压力

在简并气体中，压力将电子
压缩到最小能量状态。根据
量子力学定律，两个以上的
电子不能占据相同的能级，
因此引力无法进一步地压缩
矮星。因此，白矮星的存活
依靠的不是内部的核聚变，
而是量子力学原理，后者使
它免于完全坍缩。

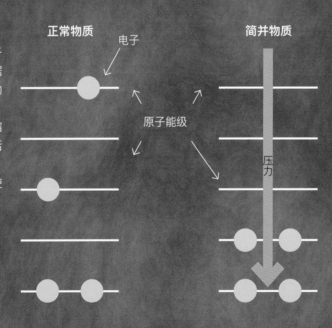

大质量的小恒星

这张图显示了一颗白矮星从一颗红巨星的前方经过时，它的引力使红巨星发出的光发生了扭曲。这正说明白矮星体积虽小，但质量很大。

白矮星和地球的对比 （为方便比较，表中数值取整）

	直径	质量	密度	表面重力加速度
 白矮星	 13 000 千米	 2×10^{30} 千克	 2×10^{6} 克每立方厘米	 3×10^{6} 米每二次方秒
 地球	 13 000 千米	 6×10^{24} 千克	 6 克每立方厘米	 10 米每二次方秒

大质量恒星和恒星系统

大质量恒星短暂的一生

大多数大质量恒星会发出强烈的光芒，但它们的燃料也消耗得相对较快。这就是它们只能存在几百万年的原因。

为了保持流体静力学平衡，即恒星内部的压力与引力平衡，大质量恒星必须以疯狂的速度进行核聚变以维持这种平衡。但引力始终存在，并且随着恒星内部温度的升高，新的循环反应也将不断进行下去。

聚变反应的演化

当充当燃料的某种元素在恒星中心耗尽时，使用该元素的核聚变就会熄灭，反应的剩余物则会被堆积到邻近层。恒星的核心在巨大的引力作用下收缩，之后温度的升高使它开启一轮新的聚变反应。通过这种方式，恒星的结构形成分层，不同的核聚变在不同分层中同时发生（如下图所示）。只要这些分层继续进行聚变反应，它们就一直会保持这种状态。氢聚变和氦聚变之后，碳聚变就会发生，产生氧、氖、钠、镁和硅。这些元素也经历了无数级联聚变反应，但是这些聚变反应能量更低，每次反应持续的时间更短，对恒星而言，产能效率变得更低。在每一个新的反应周期里，恒星都在绝望的斗争中拼命争取时间来维持流体静力学平衡。

大质量恒星的分层

古老的大质量恒星内部具有分层结构，其特征是不同化学元素在不同的分层中占主导地位。

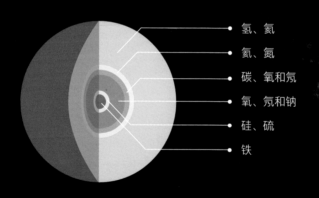

- 氢、氦
- 氦、氮
- 碳、氧和氖
- 氧、氖和钠
- 硅、硫
- 铁

核聚变过程	中心温度 （开尔文）	中心密度 （千克/米³）	持续时间
氢聚变 (H ▸ He)	3 700 万	3 800	730 万年
氦聚变 (He ▸ C+O)	1.8 亿	62 万	66 万年
碳聚变 (C ▸ Ne)	7.2 亿	6.4 亿	165 年
氖聚变 (Ne ▸ Mg+Si)	14 亿	37 亿	1.2 年
氧聚变 (O ▸ SI)	18 亿	130 亿	6 个月
硅聚变 (Si ▸ Fe)	34 亿	1 100 亿	1.5 天

一颗具有 25 倍太阳质量的恒星的核聚变过程。表格显示了每个阶段核聚变产生的主要元素以及其他相关情况。

船底座 η

这颗位于船底座的恒星距离地球 7 500 光年，是已知最大的恒星之一，它的质量是太阳的 100 ~ 150 倍。环绕它的是构成侏儒星云（Homunculus Nebula）的远古喷发的遗迹。

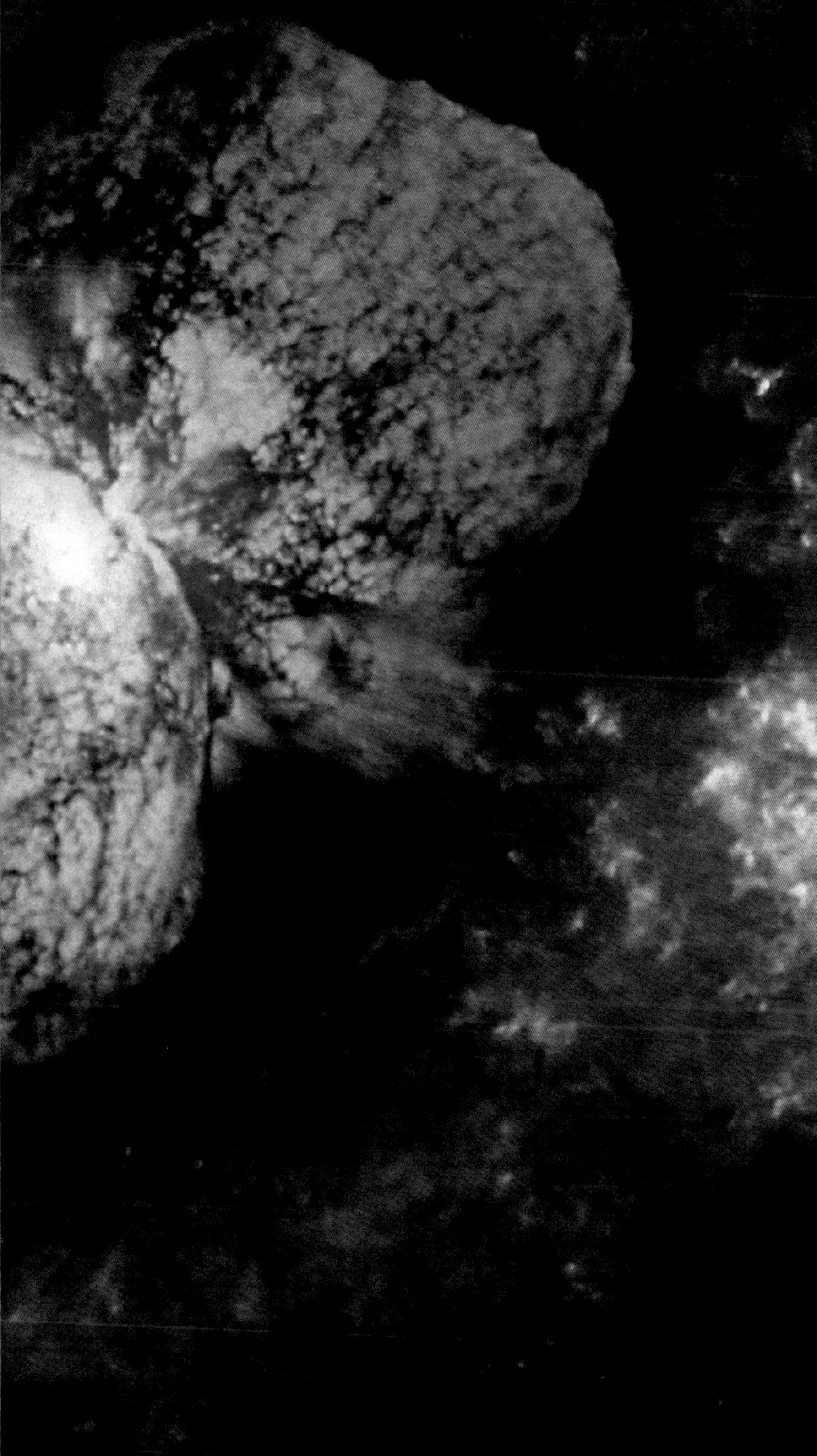

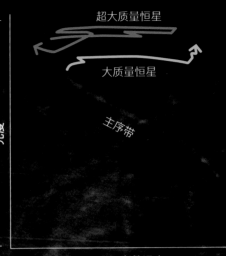

恒星演化的赫罗图

超大质量恒星

大质量恒星

主序带

光度

有效温度

在短暂的生命中，一颗大质量恒星随着每一个新的聚变周期在赫罗图上移动。恒星的演化轨迹与多种因素相关，这些因素包括自身外层的膨胀、强大的星风导致的质量逐渐损失，以及新的核聚变引起的其核心的温度变化。

恒星生命的尽头

宇宙中发现的一些大质量恒星，如船底座 η 和 WR 124（上图），很快就将成为超新星。环绕它们的是被强大的星风吹走的外层物质组成的云团。

超新星

大多数大质量恒星在它们生命的最后阶段终将屈服于引力，在所谓的超新星爆发中终结。

当一颗恒星开始产生铁元素时，它就停止制造新元素了。在那一刻之前，所有的聚变元素都是一种能够使它保持流体静力学平衡的能量来源。然而，铁的聚变不再释放能量，而是开始吸收能量。当核心没有能量来维持平衡，它就会变得不稳定，从而无法抵抗自身的引力作用。不过，并非所有的恒星都是这般命运，只有那些核心质量超过 1.4 倍太阳质量（这个数字被称为钱德拉塞卡极限）的恒星才会如此。在这场战斗中，电子与质子碰撞，产生中子、中微子和伽马射线，并造成灾难性的坍缩，整个过程只需要几分之一秒。这种现象产生了一个巨大的冲击波，它会以超音速穿过恒星的外层，将恒星的残骸散射开来。尽管这颗恒星已经死亡，但它在生命周期中聚变产生的元素将会孕育新的恒星。

一颗巨星的毁灭之路

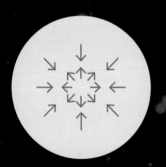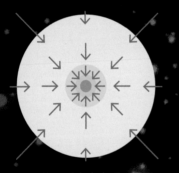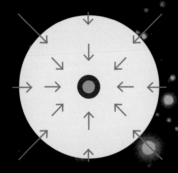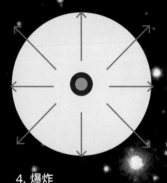

1. 抗争
恒星的核心含有抗压的电子，因此能抵抗自身的引力。

2. 不能承受自身之重
当恒星的核心超过 1.4 倍太阳质量时，它的结构就会坍缩。

3. 坍缩
恒星以接近光速的速度向内坍缩。

4. 爆炸
来自恒星残骸的冲击波以大爆炸的形式向外四散开来。

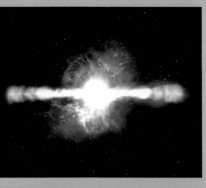

特超新星

一颗超大质量恒星（超过 100 倍太阳质量，如左图的手枪星）在坍缩时，会产生一颗超高光度的超新星或特超新星。这类恒星死亡时（见右图）的光度至少是普通超新星的 10 倍，并且会在坍缩过程中制造出一个旋转的黑洞。

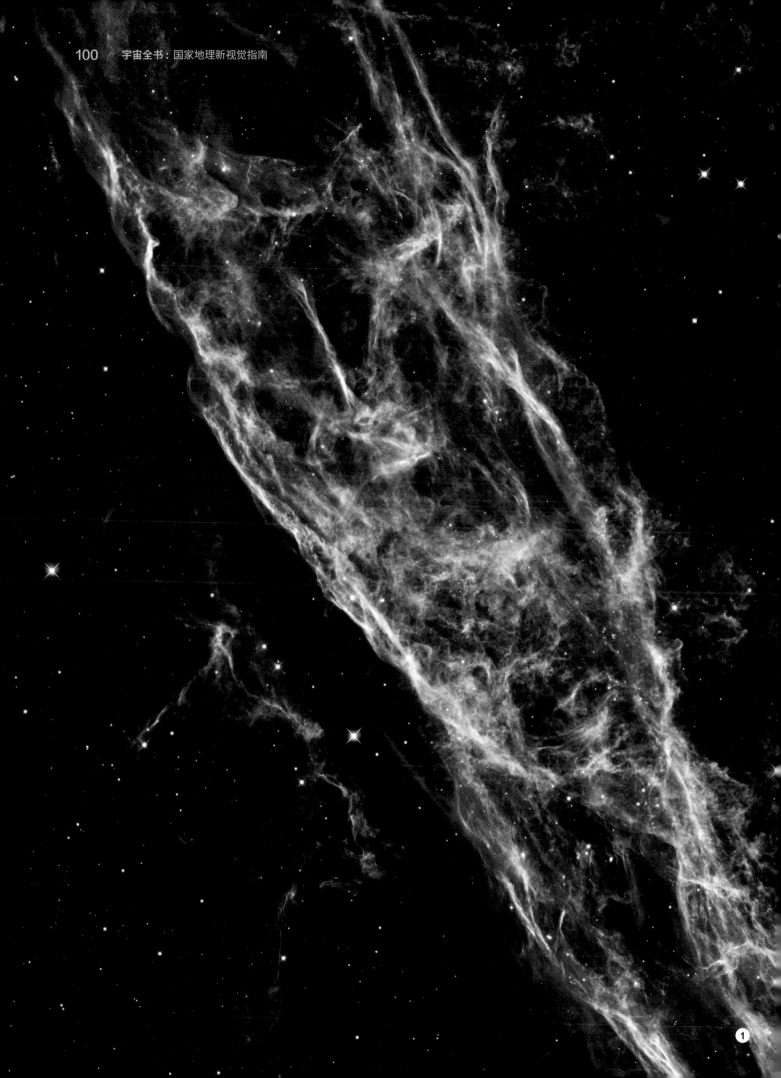

①

大质量恒星的工厂

蜘蛛星云的一角是一颗名为 SK-69 的恒星的所在地，它是超新星 1987A 的前身。蜘蛛星云是一个恒星形成非常活跃的区域，造就了许多大质量的恒星。这张图片的中心显示了超新星 1987A 的遗迹，它被一个明亮的光环和两个模糊的光环所包围。

物质熔炉

一颗超新星释放的能量是太阳产生能量的数十亿倍。它的光度甚至可以超过银河系的总光度。爆炸中产生的部分物质的放射性衰变使得超新星遗迹在数周内保持着较高的光度。一颗巨星的死亡将释放出该恒星在其生命周期中形成的化学元素。超新星爆发初期普遍存在的异常条件，是产生自然界大量重元素的理想实验室。

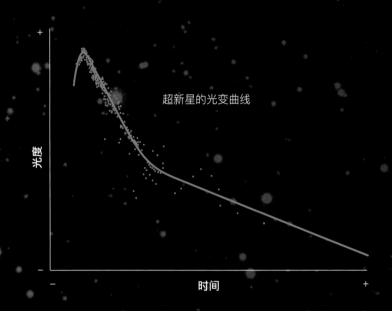

超新星的光变曲线

光度　时间

超新星爆发模拟

这个模型模拟了恒星在爆发后 350 秒（左图）和 9 000 秒（右图）时核心外层的一些元素的混合过程。在这个图中，碳、氧、镍分别用绿色、红色和蓝色表示。从中我们可以看到，一部分氧和镍如何穿过恒星内核，并以 4 500 千米每秒的平均速度被喷射到星际介质之中。

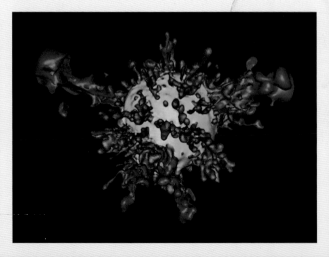

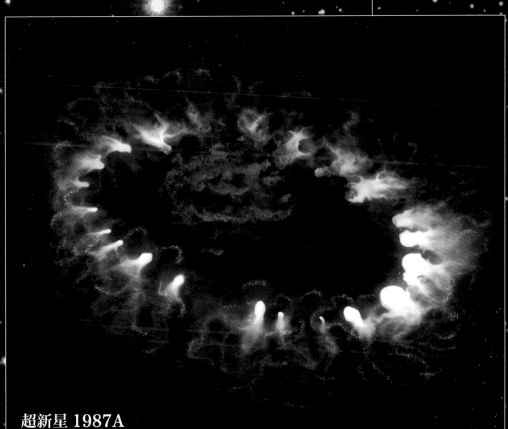

超新星 1987A

　　1987 年 2 月 23 日，经过 16 万光年的太空旅行，一颗晚期大质量恒星的强烈光线抵达地球。最新的哈勃图像显示了恒星死亡期间释放出来的高速物质，它们接触到超巨星爆发时逃离的气体，与之碰撞且照亮了它。

②

超新星遗迹

遗迹是超新星爆发后形成的星云结构。它由爆发过程中释放的物质和被爆震波拖曳的星际介质组成。

超新星爆发释放出大量的恒星物质，并在喷射物质的前端形成冲击波，随着它的膨胀，冲击波会加热星际介质。这种物质最终会达到相当高的温度并释放出 X 射线。超新星遗迹是重元素（特别是氧）的主要来源。如果一颗大质量恒星的爆炸发生在形成它的分子云中，那么它的遗迹就会导致附近的星际气体被压缩，并触发恒星形成过程，从而产生更多的恒星。

恒星物质及其他

当一颗恒星的外层被剥离时，它的气体将会膨胀。大质量恒星因引力坍缩而成为超新星的过程中，它的核心会收缩，并根据质量的不同，最终内爆成黑洞或中子星。另一方面，热核超新星，也被称为 Ia 型超新星，将会完全消失。这种结局发生在由一颗白矮星和另一颗恒星组成的双星系统中。前者捕获了伴星的质量，并在达到临界质量时发生爆炸。

1 帷幕星云

这种由超新星引发的结构被称为超新星遗迹。帷幕星云是一颗大质量恒星在大约 8 000 年前的一次爆炸后的遗迹。哈勃空间望远镜拍摄的这些照片让我们看到了它的冰山一角。

2 W49B

这张彩色图片结合了 3 个天文台不同波长（X 射线、射电波和红外线）的观测数据，是迄今为止对超新星遗迹 W49B 拍摄的最好的照片之一。W49B 内部很可能隐藏着一个银河系中最年轻的黑洞，它距离地球大约 2.6 万光年，是 1 000 年前爆发形成的。

3 RCW 103

RCW 103 是一颗 2 000 多年前爆炸的超大质量恒星的气态残骸。20 世纪末，在超新星遗迹 RCW 103 的中心发现了一个神秘的天体。该天体距离我们的太阳系约 1 万光年，很有可能是一颗脉冲星，即周期性释放辐射的中子星。

4 N49

这是大麦哲伦星系中最亮的超新星遗迹。其中的丝状气体，是一颗大约 5 000 年前爆炸的恒星的残骸，分布在 30 光年的跨度内。根据钱德拉 X 射线天文台的测量数据，N49 距地球约 16.3 万光年，很有可能包含中子星。

5 仙后座 A

这一发现于大约 1.1 万光年之外的超新星遗迹是太阳系外最强大的射电波来源。虽然没有证据测定该恒星在爆炸成超新星之前的性质，但据估计，它的第一缕光是在 3 个世纪前到达地球的。

中子星

在一颗大质量恒星爆炸成超新星后，它的核心会以两种截然不同的方式演化。如果恒星的核心小于3倍太阳质量，那么引力收缩会导致它坍缩成一种特别的天体——中子星。

大质量恒星的超新星爆发是宇宙中最壮观的现象之一。然而，超新星深处发生的事情更加不可思议。当恒星物质被巨大的冲击波喷射出来时，宇宙中一些最神秘、最有趣的天体开始在其内部酝酿成形，那就是黑洞或中子星。恒星核心的原子被压缩成中子，这些中子具有抵抗引力的结构。这颗恒星最后成为一颗致密的由中子构成的球体，即中子星。

超乎寻常的致密

中子星主要由中子组成。一颗质量高于太阳的中子星，直径却可以被压缩到小于10千米，其密度高得令人难以置信，一茶匙中子星物质可以重达数亿吨。相同质量的物体在其表面受到的引力相当于我们地球上的10亿倍，因此一颗从近处经过的天体需要至少以一半的光速运动才能逃脱这样一个大质量天体的引力场。

脉冲星：宇宙的灯塔

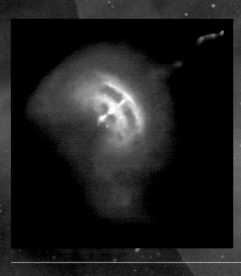

当一颗超新星有足够的动量和能量向外爆发时，它会使剩余的核心朝着相反方向旋转。当中子星的核心收缩时，它的旋转速度加快，并且当它沿着磁场向外喷发辐射时，旋转使得这种辐射像灯塔的光束一样散开——它变成了一颗脉冲星。如果脉冲星的喷流指向地球，我们就可以看到与其旋转同步的、闪烁的"灯塔"效应。这张图片展示的是帷幕星云中的脉冲星，它与1968年发现的超新星遗迹密切相关。也就是说，超新星可以制造出中子星。

辐射喷流

中子星的磁极在射电波、X射线和伽马射线的电磁波谱范围内产生辐射喷流。

固体外层，超流体内层

科学家们认为，中子星含有主要由中子构成的超流体物质，而它的固态表面则由离子和电子构成，中子星的核心则可能包含某种未知的物质状态。

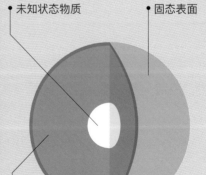

未知状态物质　　　　固态表面

超流体中子

黑洞

这种神秘莫测的天体极其致密并且有着巨大的质量，其引力场非常之强，以至于它会吞噬任何靠近的物体。

如果一颗爆后超新星的核心质量非常大（超过 3 倍太阳质量），那么它就会继续收缩，直至引力把它挤压成空间中一个无限致密的点，此时物质不再存在。它变成了一个黑洞，那里的引力非常之强，以至于任何东西都无法从中逃脱。

神秘的迹象

事件视界是黑洞的边界，包括光在内的任何东西到了这里之后都无法逃离。当物质开始坠入黑洞时，它会被加热到一定程度，在事件视界处消失之前发出辐射，帮助科学家们探测到这个本来无法察知的天体。尽管科学家们还不确定黑洞内部发生了什么，但他们从理论上推断，黑洞的中心有一个引力奇点。奇点是在一个无限小的空间中包含着巨大质量的一维点，在那里我们所知道的空间和时间不复存在。

黑洞的结构

黑洞是一个时空区域。在进入事件视界之后，甚至光也不能逃脱其引力的拖曳。基于当前物理定律的预测，黑洞的中心存在一个奇点，一个违背了我们现有时空观念、具有无穷大密度的一维点。

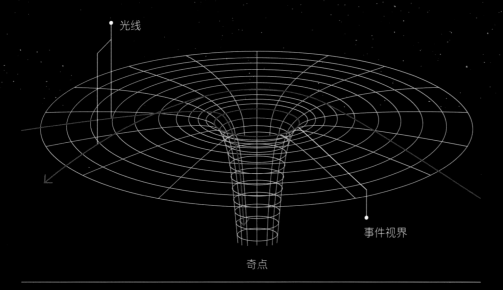

光线

事件视界

奇点

旋转运动

　　艺术家有关黑洞的假想包括吸积盘。吸积盘是一种由对中心体有所贡献的气体和尘埃构成的结构。

超大质量黑洞

　　2019 年 4 月 10 日，世界上首张黑洞照片[1]发布（见左图）。该黑洞位于 M87 星系的中心，后者是位于室女星系团中的一个椭圆星系。从图中能够看到，一个不对称的光环围在一个超大质量黑洞附近，并且出现了明显的弯曲。这张照片是由事件视界望远镜所拍摄的。

① 这张照片于 2017 年 4 月拍摄，经过两年才"冲洗"完成。它是黑洞存在的直接"视觉"证据，同时也从引力场的角度验证了爱因斯坦的广义相对论的正确性。2019 年 11 月，我国科学家借助郭守敬望远镜（LAMOST）发现了一颗迄今为止最大质量（70 倍太阳质量）的恒星级黑洞，这一发现将深刻改变现有的恒星演化理论。科学家将继续利用视向速度监测方法观测其他数个天区，预计很快将发现更多黑洞，这将有可能开创批量发现黑洞的新纪元。

双星

大多数恒星都有伴星，它们通过引力场相互关联，并围绕一个共同的质心运行。

大量的恒星在星云中诞生，其中一些通过引力束缚形成了所谓的聚星系统。一个最简单的聚星系统是双星，它由两颗恒星组成。聚星系统可以由各种不同质量的恒星组合而成，因此它们的特征也千变万化。

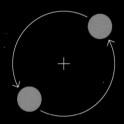

质量相似

如果两颗恒星的质量相似，双星系统的质心位于两颗恒星之间。

质量不同

如果两颗恒星的质量不同，质量较大的恒星将更接近它们共同的质心。

质量迥异

如果两颗恒星的质量差异非常大，那么该系统的质心可能位于质量较大的恒星内部。

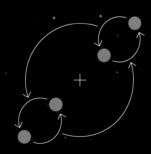

四合星系统

如果这个系统是由两个双星系统组成的，那么整个系统的质心将位于两个双星系统之间。

开普勒 35 双星

该双星系统由两颗与太阳质量相似的 G 型星组成。它们之间相距仅 2 500 万千米，以 21 天的轨道周期相互绕行。

食双星

食双星是一种特殊的双星系统，它的轨道侧面朝向地球，因此我们可以从地球上看到恒星全食或偏食。科学家们通过分析恒星的光变曲线和视向速度，可以计算出诸如恒星的质量和尺寸等关键参数。这种系统对于我们理解恒星至关重要。

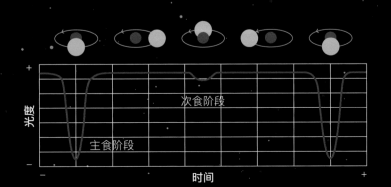

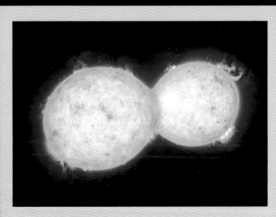

恒星的共同演化

恒星系统中的恒星演化以几种不同的方式进行。双星系统中的一颗恒星可能比另一颗演化得更快，从而明显改变它们之间的关系。在这幅图中，能量的不均衡导致一颗恒星正从它的伴星中摄取物质。

大陵五

　　大陵五由两颗质量差异很大的恒星组成。大陵 A（右）是一颗 B 型星，它的质量比它的 K 型伴星大陵 B（左）要大得多。这种质量的不平衡，以及它们之间非常接近的距离（相距仅 900 万千米），使得物质持续地在它们之间转移。

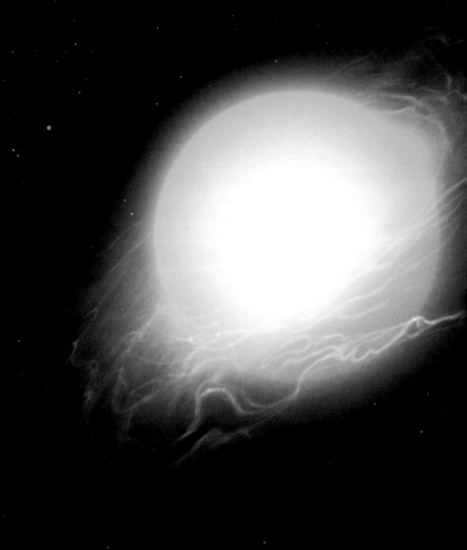

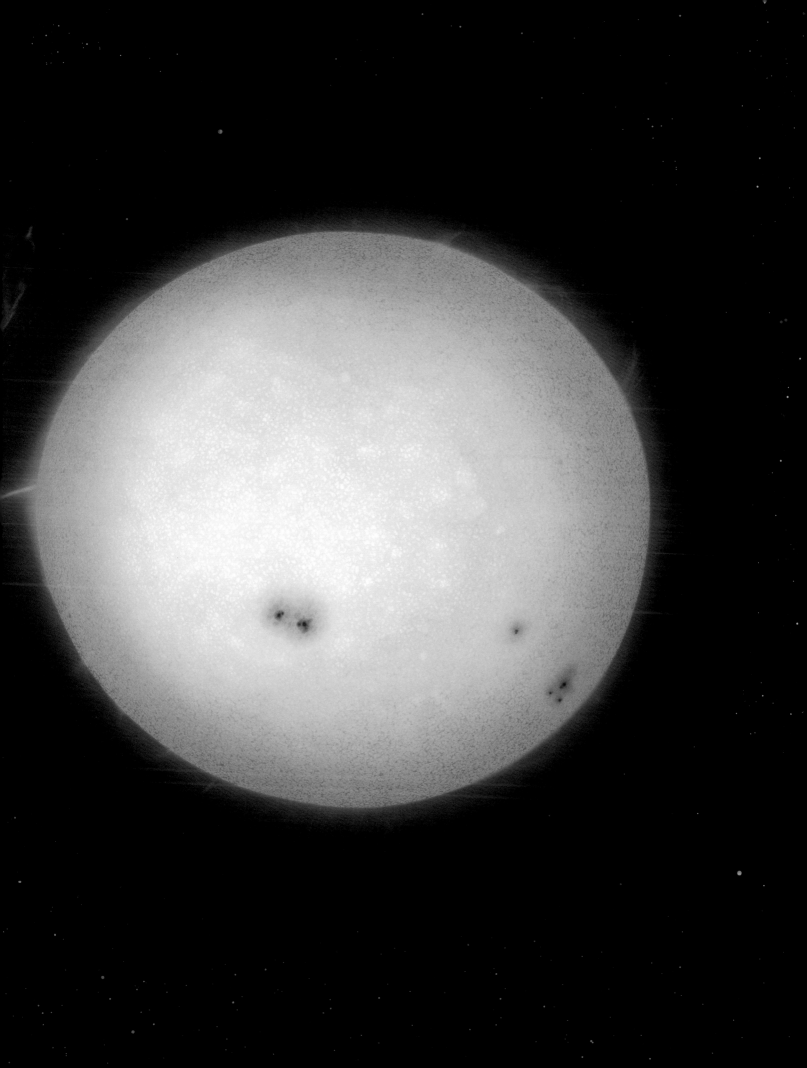

新星

在其中一颗恒星成为白矮星的双星系统中，白矮星在获取伴星的物质时会导致剧烈的能量释放，成为新星。

当双星系统中的恒星演化时，其中一颗可能变成白矮星。双星中"正常"的恒星将物质转移到白矮星，白矮星开始在其表面积聚物质。聚集的物质在白矮星的外层不断增加，使得它的压力和温度持续增高，直到剧烈的、不受控制的氢聚变开始。

恒星爆炸

这种氢聚变会导致能量爆发，使得双星系统的总光度暂时提高数百倍甚至数千倍。白矮星内部不受爆炸的影响，受影响的只是外部气体层。这一过程在双星系统中有时会发生多次，每隔一段时间就会发生一场新的爆炸。

爆炸过程

V959 Mon 新星沿着双星系统的赤道喷射物质，随后与来自两极的强风相撞，以伽马射线（红色区域）形式喷射出大量能量。在演化的最后阶段，物质消散到空间中，双星系统重新恢复到宁静状态。

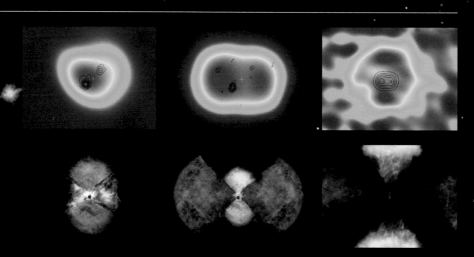

英仙座 GK 新星

英仙座 GK 新星是在 20 世纪初被发现的，光度的骤增使它成为当时夜空中最亮的天体之一。我们每隔几年就会观测到新星爆发。

首次完整观测到新星爆发

1992 年 2 月 19 日，欧洲空间局捕捉到距离地球 1 万多光年的天鹅座（Cygnus）双星系统发生热核爆炸的壮观画面。这是人类首次进行了完整观测的新星爆发。

恒星研究前沿

过去几十年的科技进步已经彻底改变了我们观察恒星的方式。

宇宙的巨大规模使得对太阳系之外的探索非常困难，但是多亏了地基望远镜和空间望远镜的发展，我们现在能够通过跟踪电磁辐射来观测遥远的天体。自20世纪90年代以来，哈勃空间望远镜一直是空间望远镜的巅峰之作，它拍摄的图像对于验证恒星形成、行星诞生、星系动力学，以及宇宙的构成和膨胀等理论至关重要。同样，光谱学和星震学等学科的发展也让我们对恒星有了全新的认识。

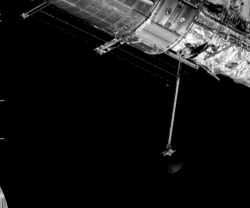

星震学

我们可能无法抵达任何恒星的内部，但是通过分析它们内部的振动，我们就能获得恒星内部的信息。这张图片展示了星震学是如何通过研究恒星的脉动模式来研究恒星内部的，其中蓝色和红色部分表示模拟的声波运动。

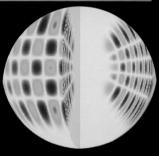

哈勃空间望远镜

自从哈勃空间望远镜1990年入轨以来，它观测太空比之前的望远镜都更为深远，这极大地增进了我们对宇宙的理解。

哈勃空间望远镜的视野

当今宇宙		正常星系	多结构星系	
				哈勃深场

| 0 | | 距离（百万光年） | | 12 200 |

引力波

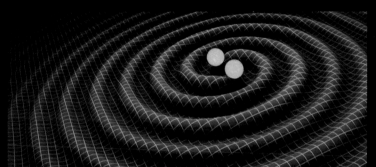

研究这些由极端引力场变化引起的时空振动，有助于我们更好地认识中子星和黑洞等致密天体的特性。

多波段观测

目前的望远镜和天文台能够捕捉恒星的整个电磁波谱，从哈勃空间望远镜等所看到的可见光（它们对近红外和近紫外也很敏感），到美国国家射电天文台的甚大阵列望远镜（VLA）所探测到的射电波，再到钱德拉 X 射线天文台捕获的 X 射线，直至斯皮策空间望远镜的红外透视等。这些照片显示了不同波长观测下巨蟹星云的模样。

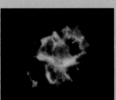
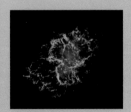

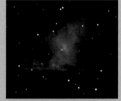

| 射电波 | 红外线 | 可见光 | 紫外线 | X 射线 |

AN ORDINARY STAR

CALLED THE SUN

一颗叫太阳的普通恒星

太阳，最早被观测的恒星

最初关于恒星演化的研究是将太阳作为参照物，并以热力学原理为基础而发展起来的。但由于忽视了核聚变过程，因此这些解释都有局限性。

早在我们了解核聚变之前，科学家们就想知道是什么机制赋予了太阳能量。19世纪的计算显示，如果太阳的能量来源是化学反应（比如燃烧反应），那么太阳仅能维持数千年。赫尔曼·冯·亥姆霍兹（Hermann von Helmholtz）等科学家声称，太阳的光度是由它自身的重量或质量引起的压缩造成的，这是一种受热力学定律支配、将引力挤压或引力能转化为热能的机制。

放射性和相对论

19世纪末放射性的发现和阿尔伯特·爱因斯坦1905年提出的狭义相对论，将空间和时间、能量和质量联系起来，使人们终于能够理解太阳和其他恒星能量的真实性质。

聚变之路

1920年，弗朗西斯·威廉·阿斯顿（Francis William Aston）做了一个实验，证明了4个氢原子核的质量大于1个氦核，这个发现启发了天体物理学家阿瑟·爱丁顿（Arthur Eddington）。他提出太阳能量来自氢转化为氦的剩余质量的见解。今天我们已经知道核聚变是维持一颗恒星长亮数十亿年的原因。

太阳辐射的能量

太阳所具有的巨大能量对于离它很近的水星和金星而言尤其强烈。我们的地球离这个热源和光源不远不近，这是生命得以存在的原因。

太阳系是什么？

太阳系由太阳以及围绕太阳运行的天体组成，它们包括8颗主行星及它们各自的卫星，以及矮行星、小行星、彗星、尘埃带和成千上万的其他天体。

八大行星

太阳系中的八大行星离太阳从最近到最远分别是水星、金星、地球、火星、木星、土星、天王星和海王星。冥王星过去一直被认为是第九大行星，直到 2006 年它被重新归类为矮行星。这幅图中显示的行星分别是水星、金星和地球。

基于热力学定律的恒星演化

20 世纪初，天文学家亨利·诺里斯·拉塞尔（Henry Norris Russell）和诺曼·洛克耶（Norman Lockyer）提出假设：当分散的恒星物质聚集在一起时，恒星就会愈发致密并产生高温。一颗冷恒星（由红色标示）被压缩，在达到最大亮度和最高温度（由蓝色标示）之后开始冷却并收缩，直至最终死亡。

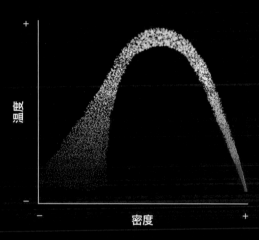

太阳的年龄

19 世纪中叶，威廉·汤姆森（William Thomson，也就是后来的开尔文勋爵）建议用另一种模型来解释恒星密度的不断增大。他的理论如下图所示：恒星出生时呈蓝色或白色，在收缩时逐渐变冷。基于热传导原理，他认为太阳正处于其演化的中间阶段，并计算出它有 3 200 万年的历史，后来又宣布它有 3 亿年的历史。目前，科学家估计太阳的年龄是 50 亿年。

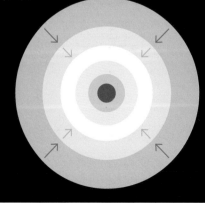

银河系中的太阳

太阳是我们太阳系的中心，但不是银河系的中心。太阳的轨道距离银心约 2.7 万光年，距离银河系外环数万光年。不过，太阳以及受到它拖曳的整个太阳系在银河系中的位置是不断变化的。

在先进的望远镜出现之前，很难想象我们的太阳系只不过是更大的银河系的一小部分。银河系拥有 2 000 亿～4 000 亿颗恒星，银河系有很大一部分被巨大的尘埃云和气体云所遮挡，所以我们观测起来很困难。不过，20 世纪初对星团的研究帮助我们确定了太阳系在银河系中的位置。太阳绕银河系中心运行一周需要 2.25 亿～2.5 亿年的时间。

宜居带

太阳的成分告诉我们它的形成位置靠近星系的中心。宇宙中第一代恒星只有氢、氦和其他一些微量元素，而接近银河系中心的超新星释放出更重的元素，为我们的太阳星云提供了生命所需的原材料。如果太阳系处于银河系的边缘，那么它就无法像现在这样获取形成生命所需的物质。银河系的宜居带，也就是生命能够存在的环带，从距离银心 1.5 万光年延伸至 3.5 万光年处。

我们在星系中的位置

太阳系位于银河系的猎户臂上，在那里发现了生命所必需的成分，特别是水和碳。

太阳的速度

太阳以 225 千米每秒至 250 千米每秒的速度围绕着银心运动，并朝着矩尺座星团（Norma Cluster）方向移动。相比地球围绕太阳公转的速度，这已经非常之快了，地球绕太阳公转的速度仅为 30 千米每秒。

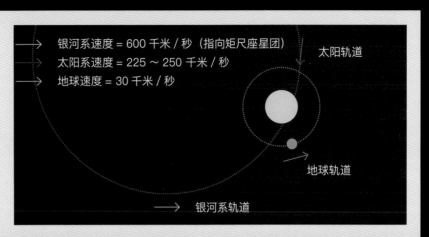

银河系速度 = 600 千米 / 秒（指向矩尺座星团）

太阳系速度 = 225 ～ 250 千米 / 秒

地球速度 = 30 千米 / 秒

太阳轨道

地球轨道

银河系轨道

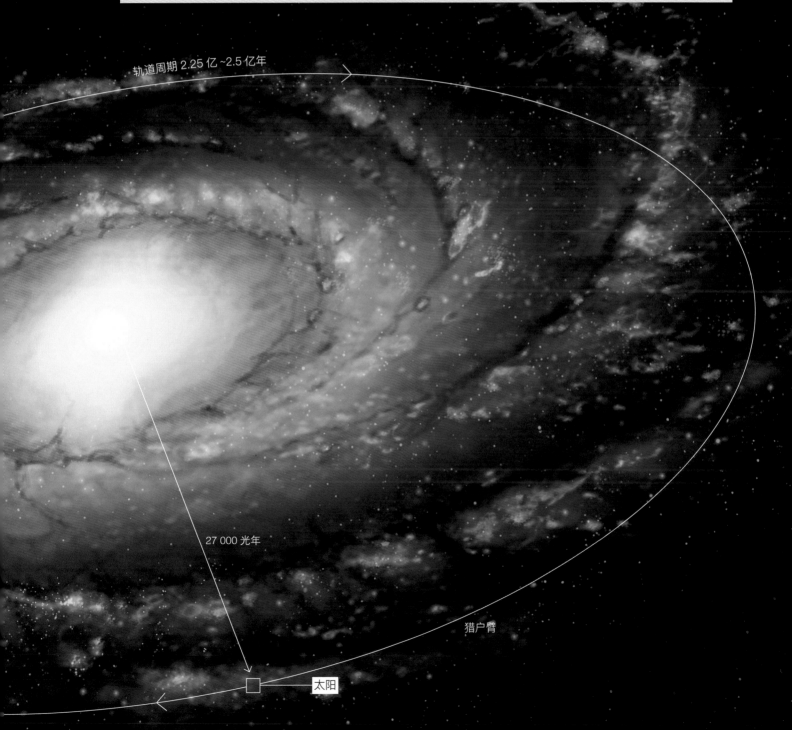

轨道周期 2.25 亿 ~2.5 亿年

27 000 光年

猎户臂

太阳

银河臂

从我们所在的银河系来看，气体和尘埃云使我们无法看到整个星系。即便如此，科学家们也已经找到了我们所处的位置，即由于靠近猎户座而被称为猎户臂的一片区域。

弧矢一

狮子座 η

参宿四

猎户腰带

猎户臂，也称近域旋臂，位于人马臂和英仙臂之间。它宽约 3 500 光年，长1.6 万 ~ 2.5 万光年。天狼星（Sirius）就位于这片区域，它是地球上能观测到的夜空中最亮的恒星，距离地球约 8.6 光年。猎户臂中一些最远的恒星，包括双星系统参宿七（Rigel），距离我们 700 ~ 900光年。与银心相比，尽管银河系邻域的恒星密度不高，但以 50 光年为半径的区域也可以找到大约 2 000 颗恒星。

古德带（Gould Belt）

猎户臂上有一条直径约 3 000 光年的环状结构，被称为古德带。在这里聚集着大量年轻的 O 型星和 B 型星，太阳也位于古德带中。尽管不能确认这条古德带从何而来，但是我们通常认为它可能是超新星爆发导致的结果，或者是星系盘中气体云的碰撞导致的星际介质中的一种波动。这种波动使多个分子云收缩，形成邻近的恒星。

最明亮的恒星

　　银河系两个较大的旋臂——人马臂和英仙臂，位于猎户臂的侧翼。图中标注了一些最明亮的恒星。

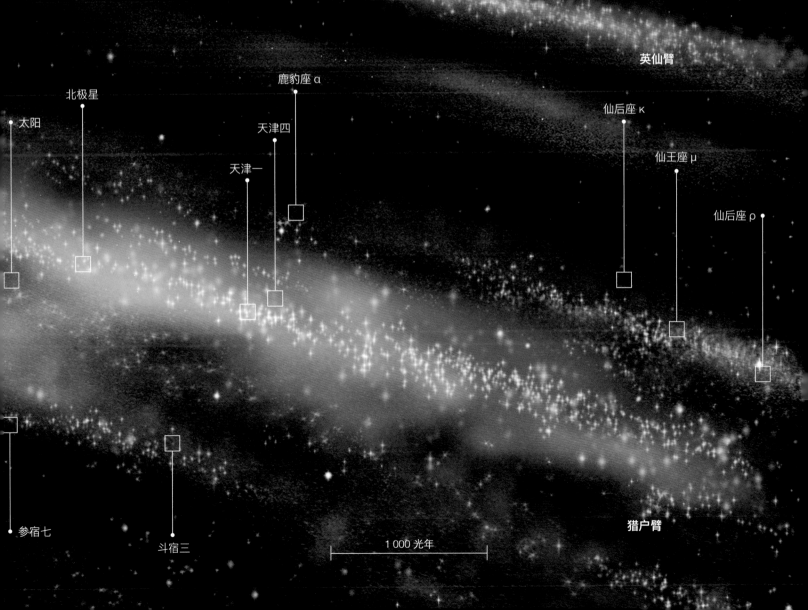

英仙臂

鹿豹座 α

仙后座 κ

北极星

仙王座 μ

太阳

天津四

仙后座 ρ

天津一

参宿七

斗宿三

1 000 光年

猎户臂

近距恒星

对近距恒星的研究有助于我们了解星系中其他恒星的样子。

在哈佛恒星分类系统中，只有少数恒星属于 B 型、A 型或 F 型（温度最高），而大多数恒星属于 G 型或 K 型（中档温度），还有一些是 M 型（温度最低）。O 型星虽然罕见，但却是最大、最亮、寿命最短的恒星。有些近距恒星拥有环绕其运行的行星，如罗斯 128b（Ross 128b）和比邻星 b（Proxima Centauri b），这两颗行星的温度与地球相似。在距离太阳系不到 20 光年的范围内，我们已经发现了 14 颗行星。人们相信许多恒星都有着各自的行星。

恒星名称	与太阳的距离
比邻星（半人马座 α 星 C）	4.24 光年
半人马座 α 星 A，B	4.37 光年
巴纳德星	5.96 光年
沃尔夫 359	7.78 光年
拉兰德 21185	8.29 光年
天狼星 A，B	8.58 光年
格利泽 65A（鲁坦 726-8A）	8.73 光年
鲸鱼座 UV（鲁坦 726-8B）	8.73 光年
罗斯 248（仙女座 HH，格利泽 905）	10.30 光年
波江座 ε（Ran）	10.47 光年
拉卡耶 9352	10.68 光年
罗斯 128	11.03 光年
宝瓶座 EZ A，B，C	11.10 光年
天鹅座 61 A，B	11.41 光年
南河三 A，B	11.46 光年
格鲁姆布里奇 34 A，B	11.62 光年
印第安座 ε	11.81 光年
鲸鱼座 τ	11.91 光年
格利泽 1061	12.04 光年
鲸鱼座 YZ	12.20 光年
鲁坦星	12.20 光年
蒂加登星	12.52 光年
卡普坦星	12.75 光年
拉卡耶 8760	12.87 光年

恒星名称	与太阳的距离
克鲁格 60 A，B	13.18 光年
罗斯 614 A，B	13.36 光年
格利泽 628（沃尔夫 1061）	14 光年
格利泽 1	14.15 光年
沃尔夫 424 A，B	14.30 光年
格利泽 687	14.77 光年
格利泽 674	14.81 光年
GJ1245A，B，C	14.81 光年
格利泽 440（LP 145-141）	15.11 光年
格利泽 876	15.20 光年
LHS 288	15.60 光年
格利泽 1002	15.31 光年
格利泽 412 A，B	15.81 光年
格鲁姆布里奇 1618	15.89 光年
狮子座 AD	16 光年
格利泽 166 A，B，C	16.26 光年
格利泽 702 A，B	16.58 光年
河鼓二（牛郎星）	16.73 光年
格利泽 570 A，B，C	19 光年
仙后座 η A，B	19.42 光年
格利泽 663 A，B	19.50 光年
格利泽 664	19.50 光年
格利泽 783 A，B（HR 7703）	19.62 光年
孔雀座 δ	19.62 光年

最近恒星的位置

这张图列出了与太阳相距不到 20 光年的恒星。图中最大的 3 颗恒星河鼓二（A 型星）、天狼星 A（A 型星）和南河三 A（F 型星）是较热的恒星，红色（M 型星）则是最冷的恒星。

20 光年标尺

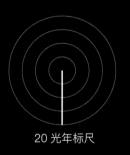

格利泽 166

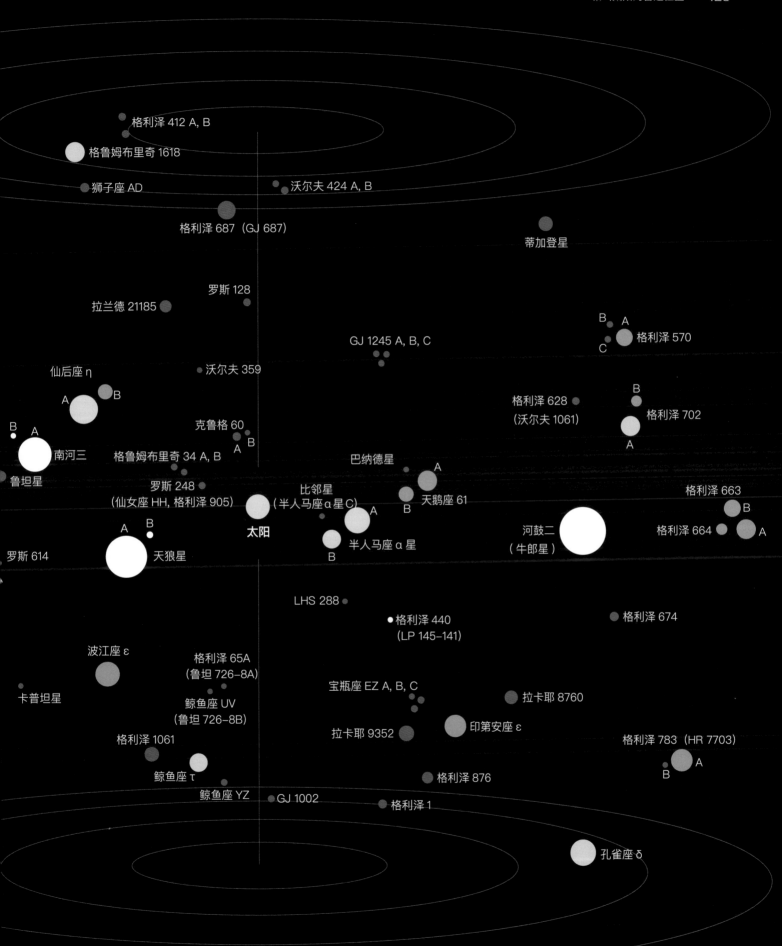

格利泽 412 A, B

格鲁姆布里奇 1618

狮子座 AD

沃尔夫 424 A, B

格利泽 687（GJ 687）

蒂加登星

罗斯 128

拉兰德 21185

GJ 1245 A, B, C

B A
格利泽 570
C

仙后座 η

沃尔夫 359

A B

格利泽 628
（沃尔夫 1061）

B
格利泽 702
A

克鲁格 60

B A
南河三

格鲁姆布里奇 34 A, B

A B

巴纳德星

A

格利泽 663

鲁坦星

罗斯 248
（仙女座 HH, 格利泽 905）

比邻星
（半人马座α星C）

太阳

天鹅座 61

B

B
格利泽 664
A

A B
天狼星

罗斯 614

A
半人马座α星
B

河鼓二
（牛郎星）

LHS 288

格利泽 440
（LP 145–141）

格利泽 674

波江座 ε

格利泽 65A
（鲁坦 726–8A）

宝瓶座 EZ A, B, C

拉卡耶 8760

卡普坦星

鲸鱼座 UV
（鲁坦 726–8B）

拉卡耶 9352

印第安座 ε

格利泽 783（HR 7703）

格利泽 1061

鲸鱼座 τ

A
B

格利泽 876

鲸鱼座 YZ

GJ 1002

格利泽 1

孔雀座 δ

太阳系的绝对核心

在银河系中，我们的太阳并不引人注目，但在太阳系中，它却是最大的天体。与它周围的一切相比，它的质量巨大无比，并且能够制造极丰富的能量。

从银河系的角度来说，太阳是一颗非常普通的恒星。事实上，与宇宙中大多数恒星相比，它只是一颗中等质量大小的恒星。然而，它却是太阳系中最大的天体，占太阳系总质量的 99.86%。它的光球（即太阳大气最内层，光线都从这里辐射出来）处的重力加速度是地球表面的 28 倍，它的半径超过地球的 109 倍，其体积超过地球的 130.4 万倍。但是，它的自转速度比地球要慢得多，并且随纬度变化而变化。太阳的赤道部分完成一次自转大约需要 26 天，而两极则需要 30 天以上。

太阳成分

太阳的确切成分仍有争议，但我们知道它主要由氢以及通过氢聚变形成的氦共同组成。按人类目前的能源消耗率来算，这颗 G 型星每秒钟产生的能量可以满足未来 67.5 万年的人类所需。

平均自转周期	27 天 6.5 小时
直径	139.2 万千米
质量	1.9891×10^{30} 千克
体积	1.4123×10^{18} 立方千米
表面重力加速度	274 米每二次方秒
密度	1 411 千克每立方米
光度	$3\,827 \times 10^{26}$ 瓦特
视星等	−26.74
核心温度	1 550 万摄氏度
表面温度	5 500 摄氏度

太阳的组成

太阳主要由氢及其核聚变产物——氦组成，但也含有少量其他元素。到目前为止，我们已经发现了其中 70 种元素成分。

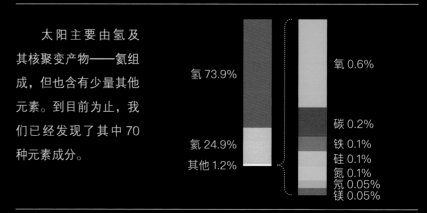

氢 73.9%
氦 24.9%
其他 1.2%

氧 0.6%
碳 0.2%
铁 0.1%
硅 0.1%
氮 0.1%
氖 0.05%
镁 0.05%

一颗巨大的恒星

这张照片显示了从太空中看到的太阳的一小部分。太阳宽广表面上的这些几乎无法辨识的微小颗粒细节，实际上是巨大的特征组织。

阳光的旅行

太阳核心产生的能量需要数千年才能到达它的表面。光子（一种以光的形式携带能量的粒子）沿着一条蜿蜒曲折的路线前进，不断与其他粒子碰撞，之后才逃离太阳大气层，并穿越整个太阳系。这张图列出了阳光到达太阳系中每颗行星大概所需的时间。图中距离未严格按照比例尺。

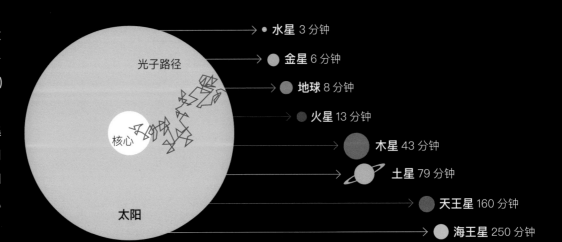

光子路径

核心

太阳

水星 3 分钟
金星 6 分钟
地球 8 分钟
火星 13 分钟
木星 43 分钟
土星 79 分钟
天王星 160 分钟
海王星 250 分钟

太阳是一个巨大的核反应堆。在太阳核心通过核聚变产生的能量，经过太阳的各分层结构进入它的大气层，最终被释放到广袤的宇宙空间中。

太阳核心所具有的极端温度（约1 550万摄氏度）和密度，使得氢原子核被迫结合在一起并形成氦原子核。这个被称为质子–质子链反应的聚变过程产生了大量的能量。在太阳核心产生的光子可以传输这些能量，从辐射层逃逸出去。辐射层是一个温度在150万 ~ 1 500万摄氏度范围内的高密度区域。辐射层的不透明度（即光子等电磁辐射的不可穿透性）非常之高，因此光子穿过它并有效传输能量的过程并非轻而易举。对流层中称为等离子体的高温气体，不断向上运动，并在一个由此形成的对流系统中完成能量的传输。等离子体在冷却后将再次下沉，就这样，能量被一次又一次地推向太阳表面。

能量释放

光子到达对流层的上部后，就可以通过光球层逃逸到太空中，光球层是在地球上可以看到的太阳表面。在光球层之上是色球层，温度在这里从5 500摄氏度上升到2万多摄氏度。太阳大气层的最外层是日冕，它由非常稀薄但非常炽热的等离子体构成。人类尚不能解释日冕的温度为何会如此之高。

这张照片显示了太阳的光球层，它是唯一能用肉眼观察到的太阳分层。

太阳的分层

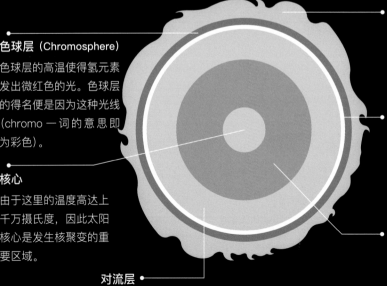

色球层（Chromosphere）
色球层的高温使得氢元素发出微红色的光。色球层的得名便是因为这种光线（chromo 一词的意思即为彩色）。

核心
由于这里的温度高达上千万摄氏度，因此太阳核心是发生核聚变的重要区域。

对流层
在对流层中，热等离子体（能够导电的气体）向上抬升并转移能量，随后冷却，然后通过被称为对流的循环运动再次下沉到底部。对流层底部的温度为20万摄氏度，而它顶部（接近太阳表面）的温度却只有5 700摄氏度。

日冕
日冕是太阳大气的最外层，它的温度可高达几百万摄氏度。在日全食时，它看起来像一团白色的光晕。

光球层
从这里发出的辐射或可见光能够到达地球，因此它是我们能够看到的太阳表面。太阳是一个气态球，并没有固体表面。

辐射层
辐射层从距离太阳中心0.2个太阳半径处延伸到0.7个太阳半径处。这一层的密度如此之大，以至于一部分以光子形式存在的核心能量会在这里被吸收。

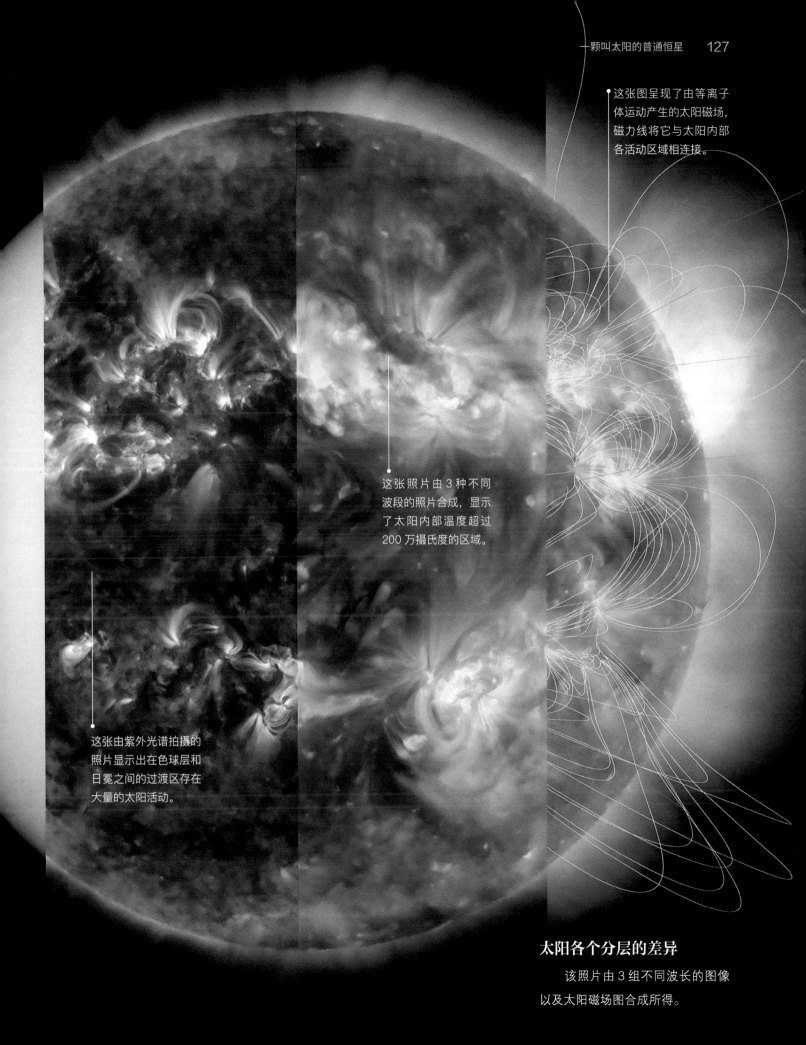

这张图呈现了由等离子体运动产生的太阳磁场，磁力线将它与太阳内部各活动区域相连接。

这张照片由3种不同波段的照片合成，显示了太阳内部温度超过200万摄氏度的区域。

这张由紫外光谱拍摄的照片显示出在色球层和日冕之间的过渡区存在大量的太阳活动。

太阳各个分层的差异

该照片由3组不同波长的图像以及太阳磁场图合成所得。

太阳活动周期

太阳是由带电气体或等离子体组成的。这些气体的运动会产生一个强大的磁场。磁场的周期性变化，以及太阳黑子和耀斑形式的太阳表观变化，都是太阳活动周期的种种表现，这种周期性变化也被称为太阳磁活动周期。

大约每隔 11 年,太阳的磁场就会发生翻转,即北极变成南极,南极变成北极。再过 11 年左右,两极又会翻转回来。随着磁场的变化,太阳活动的水平也会发生变化,并伴随产生太阳黑子、耀斑（或太阳爆发）,以及被称为日冕物质抛射的巨大爆炸。我们可以通过太阳黑子计数来跟踪太阳活动周期。每个太阳活动周期的初期被称为太阳活动极小期,也就是太阳黑子数最少的时候。随着时间的推移,太阳活动增强,太阳黑子的数量也随之增加。太阳活动周期的中间阶段,也就是太阳活动极大期,是太阳活动最活跃的时候,因此太阳黑子数也最多。当这个阶段结束后,太阳再次回到极小期,一个新的活动周期又重新开始。

什么是太阳黑子？

太阳黑子是太阳表面较暗、较冷的点。这些区域是太阳磁场最强的地方,阻止了核心的热量被传递到太阳表面,因而这些区域与其他区域相比温度较低。

两极翻转

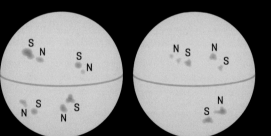

第一个 11 年周期   第二个 11 年周期

在太阳活动的极大期,太阳磁极会发生反转,北极变成南极,南极变成北极。太阳大约每隔 11 年就会出现这种现象。

太阳辐照度

太阳辐照度,即每单位面积和单位时间内接收的太阳辐射能量。尽管这个值会随着太阳活动而有所变化,但它对于地球而言几乎是恒定的。从图中可以看出,太阳黑子的数量与太阳辐照度之间存在着密切的相关性。

太阳活动极小期
太阳活动极小期时,日冕处于最宁静的状态,几乎没有明显的活动区域。

1999
2000 年
2001 年
2002 年
2003

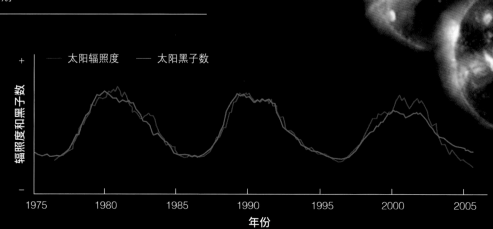

── 太阳辐照度   ── 太阳黑子数

辐照度和黑子数

1975   1980   1985   1990   1995   2000   2005
年份

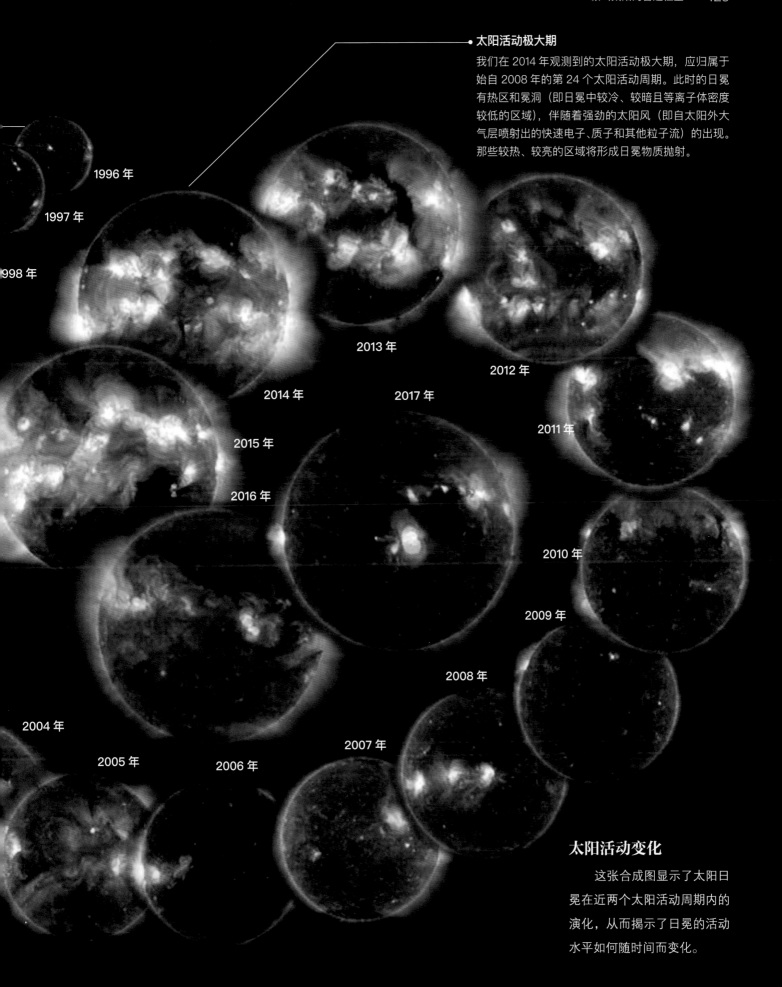

太阳活动极大期

我们在 2014 年观测到的太阳活动极大期，应归属于始自 2008 年的第 24 个太阳活动周期。此时的日冕有热区和冕洞（即日冕中较冷、较暗且等离子体密度较低的区域），伴随着强劲的太阳风（即自太阳外大气层喷射出的快速电子、质子和其他粒子流）的出现。那些较热、较亮的区域将形成日冕物质抛射。

1996 年

1997 年

1998 年

2013 年

2012 年

2014 年

2017 年

2011 年

2015 年

2016 年

2010 年

2009 年

2008 年

2004 年

2007 年

2005 年

2006 年

太阳活动变化

这张合成图显示了太阳日冕在近两个太阳活动周期内的演化，从而揭示了日冕的活动水平如何随时间而变化。

太阳大气

太阳的大气层向太空释放能量。它由光球层、色球层和日冕
构成，各个分层的温度从几千摄氏度到几百万摄氏度不等。

光球层是太阳大气层的最内层。它赋予了太阳
特有的颜色，而我们在地球上看到的其实也就是光
球层。光球层与对流层相邻，光子可以穿过光球层
逃逸到太空中。

与空间的强烈联系

太阳大气的第二层是色球层，它将光球层和太
阳大气的最外层分隔开。色球层的厚度可达 1 000
多千米，太阳耀斑和日珥爆发等最剧烈的太阳活动
就是在这里产生的。这些活动会导致大量高能等离
子体团的喷射，它们会对绕地球轨道运行的宇宙飞
船和卫星造成威胁。日冕作为太阳的最外层，充满
了温度极高的气体。

太阳大气密度

这张图显示了太阳大气层的密度相对于光球层或太
阳表面高度的变化。

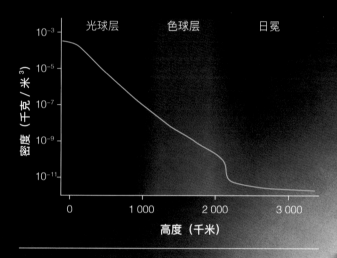

太阳的外层空间

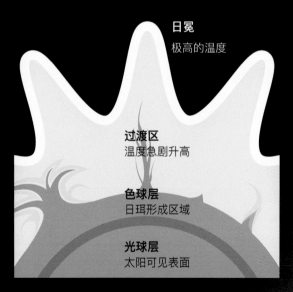

太阳的外层空间
剧烈的爆发现象发生在太阳的外层空间，
这里的特性极为复杂，令人费解。

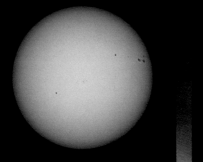 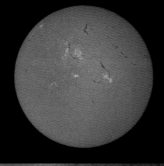 

光球层

在这个区域，等离子体的不透明度降低，光子因此能够逃逸到太空中，并产生太阳黑子和光斑（太阳亮点）。

色球层

这一层是形成太阳耀斑（以爆发著称）和日珥（巨大的气体环）的地方。

日冕

尽管这个最外层区域的温度很高，但它的密度很低，因此人们无法看到它。等离子体伴随着太阳风从日冕中逃逸出来。

剧烈的太阳耀斑

太阳磁场的扰动会在太阳大气中引起强烈的耀斑爆发。

太阳光谱

太阳光，无论可见光还是不可见光，都蕴含着太阳丰富的物理和化学信息。

太阳光谱（电磁波谱）包含了可见光和其他电磁辐射。它就像一道彩虹，但有着许多阴影。到达地球的太阳光谱非常之强，低精度的仪器也可以测量得出。由于太阳大气中每种元素的原子都倾向于吸收特定波长的光线，因此太阳光线和恒星物质的相互作用可以在光谱中以暗带的形式被探测到。光谱中的暗带（又称吸收线）代表了光线的缺失，因为它们被对应元素的原子吸收了，这种性质可被用来识别形成这些暗带的元素。

信号线

铁、钠、镁、钙和另外一些元素的吸收线表明，太阳是由早期恒星的残余物形成的，因为在第一代恒星刚问世时，这些元素还不存在。

电磁波谱

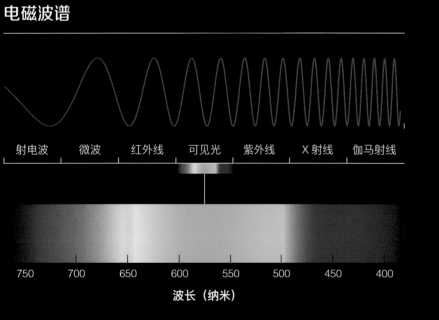

| 射电波 | 微波 | 红外线 | 可见光 | 紫外线 | X 射线 | 伽马射线 |

波长（纳米）

750 700 650 600 550 500 450 400

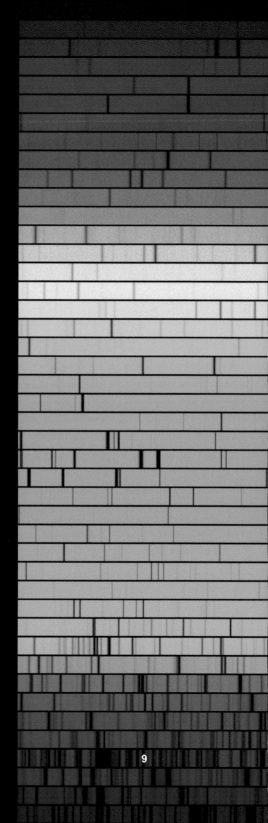

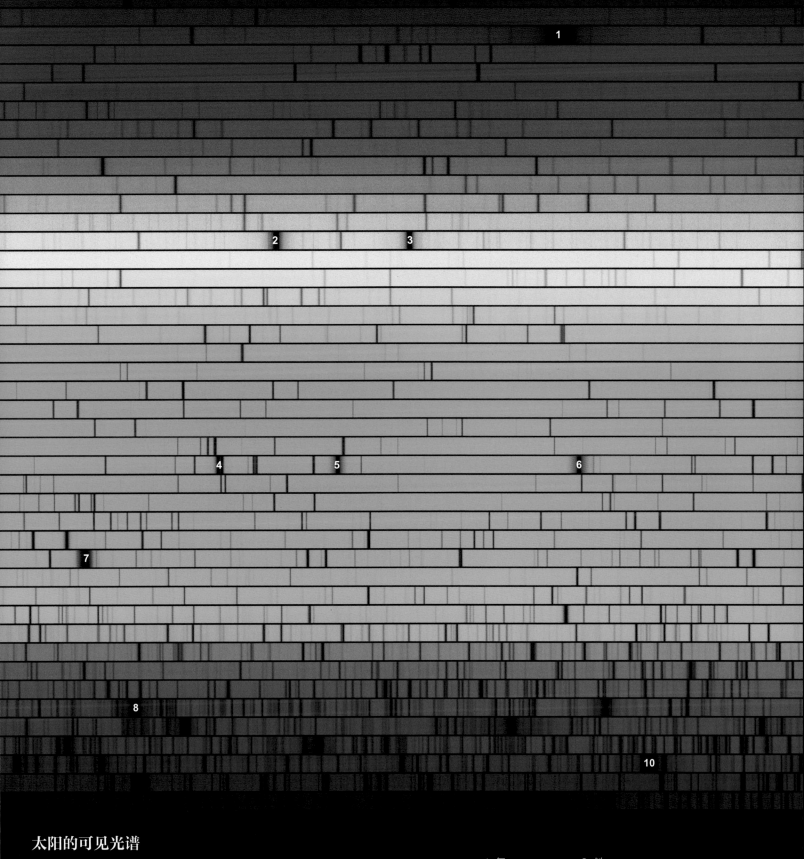

太阳的可见光谱

　　这张太阳光谱由波长 400 纳米（右下）
至 700 纳米（左上）的可见光构成。大量的
吸收线揭示了各种化学元素的存在。

1: 氢	8: 铁
2、3: 钠	9: 铁（一组非常紧密的吸收线）
4、5、6: 镁	10: 钙
7: 氢	

太阳的诞生

大约 50 亿年前，一颗超新星的爆发扰动了附近的一片分子云，也可以说，它在某个银河旋臂中传递了密度波动。这种扰动破坏了分子云团的内部平衡，它在坍缩后产生了包括太阳在内的一些恒星。

分子云，有时被称为恒星摇篮，是极低温气体和尘埃的巨大堆积物。它们体积巨大，质量达到数百万倍太阳质量，而直径可达数百光年。在这些分子云内部，高密度的恒星物质团块开始收缩，最终分裂成几个致密的区域，每个区域都演变成一颗恒星。最终，分子云演化成一个包含数十到数千颗恒星的疏散星团。在很久之前，我们的太阳就是某个星团的一分子，但随着时间的推移，星团中的恒星逐渐漂移开来。天体物理学家正在寻找那些很久以前就消失在浩瀚银河系中的太阳的姊妹恒星。

引力导向的过程

原始云团
太阳形成于一片巨大的气体云（主要成分是氢，外加一些氦）和尘埃中，这类气体云及尘埃在宇宙中十分常见。

触发机制
大约 50 亿年前，可能是由于附近超新星的冲击波的影响，一部分分子云开始收缩。引力持续掌控着这个进程。

内部分化
气体云收缩成几个团块，而非只是一个。这些团块又形成了另外一个更大更致密的群组。

恒星种子
云团中一个受压缩的部分，分裂成几颗恒星的种子。接下来，它们各自独立演化，其中一颗成了我们的太阳。

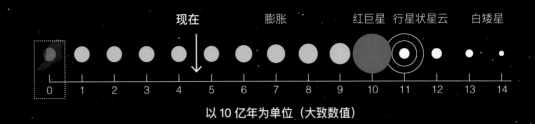

现在　　　　　膨胀　　　　红巨星　行星状星云　白矮星

以 10 亿年为单位（大致数值）

生命周期

　　太阳自诞生以来，就进入了一个漫长而相对稳定的演化阶段。它将沿着这一方向走下去，逐渐演变成一颗红巨星，以及再之后的行星状星云和白矮星。

恒星胚胎

恒星种子最终收缩形成了太阳的早期形态，即原太阳。原太阳周围环绕着一个旋转的物质盘。它的引力作用吸积了太阳系约 99.9% 的质量。

恒星诞生

随着质量的增大，原太阳最终达到了临界压力和临界温度，开启了氢聚变并产生氦原子，同时释放出大量能量。

太阳周围的原行星盘

　　在这幅图中，原太阳被大量的尘埃和气体包围，这些尘埃和气体随时可以凝结成星子。星子是太阳系中未来的行星及其他天体的种子。

挣脱恒星摇篮

在可见光下，鹰状星云中的年轻恒星正在慢慢地远离它，就像太阳当初脱离分子云一样。孕育恒星的气态茧正被紫外辐射吹散。

"中年"太阳

在太阳的婴儿期，围绕它运动的物质盘逐渐演化为其他天体。而当太阳
进入中年时，这个圆盘消失，取而代之的是环绕它旋转的各颗行星。

太阳最初的光度比现在要低 30%，根据物理学理论，它的光度应该会随着体积的膨胀而继续增加。虽然太阳不再是一颗年轻的恒星，但它目前还不会由于年老而走向衰退。当衰退过程开始时，太阳将经历剧烈的结构变化，不再像现在那样释放能量。

稳定的生命维持剂

太阳已经稳定存在了很长时间。这对地球上的生命来说是一件非常重要的事。地球已经享受了一段漫长而和平的时期，它提供了令人类等物种得以进化的理想条件。这种稳定状态还将存在几百万年，但平静时期一定不会永远持续下去。

鸿蒙之初
从轮廓上看，这个围绕太阳的明亮物质盘（原行星盘）形成了各大行星。

行星胚胎
来自原行星盘的物质形成了星子，即构成行星的基石。

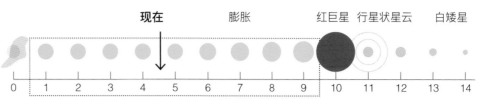

现在　　　膨胀　　　红巨星　行星状星云　白矮星

0　1　2　3　4　5　6　7　8　9　10　11　12　13　14

以 10 亿年为单位（大致数值）

太阳"波动"

正如地震学家通过研究地球的振动来了解地球内部一样，太阳物理学家和日震学家也可以用同样的方法来了解太阳内部。他们分析可探测的太阳振动或太阳光球层的"波"，然后构建计算机模型（如右图所示）。研究发现，这些波的传播速度比声音在空气中的传播速度快 100 倍。

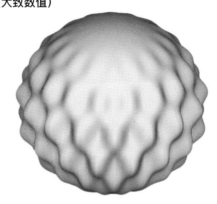

尘埃落定

在太阳进入成年之前，每颗星子都已经形成了明显的行星形状。

美丽新世界

随着地球最终成形，太阳进入漫长的中年时期。此时的太阳处于流体静力学平衡状态，持续稳定燃烧，为人类提供了完美的生存环境。

成为红巨星的太阳

当太阳核心的氢燃烧殆尽时，维持其平衡的压力也
会随之消失。它的核心将开始收缩，释放出引力能量，
而这标志着这颗恒星开始走向生命的终结。

在太阳诞生大约 100 亿年后，它核心中的氢元素将基本耗尽，只
剩下太阳内部温度不足以将其点燃的氦元素。如果没有氢聚变来抵抗
引力，太阳将向内坍缩。随着密度的增大和温度的升高，它将启动核
心周围的氢元素的聚变反应。然后，太阳将膨胀并逐渐冷却，成为一
颗红巨星。新一轮的活动使它的氦核受热，一旦核心温度达到 1 亿摄
氏度左右，氦聚变将开始并形成碳原子。太阳核心将通过氦聚变继续
燃烧约 1 亿年，而外层仍在进行氢聚变，燃烧着氢的外壳会产生一个
向外的推力，导致太阳的膨胀。

宜居带的演化

在太阳周围，可以存在液态水的区域从地球一直延伸到火星，但
这个区域不会一成不变。一旦太阳演变为红巨星并吞噬了水星和金星，
这个宜居带将迁移至火星和天王星之间。下图显示了宜居带所占区域
的变化，图中尺度未严格按比例显示。

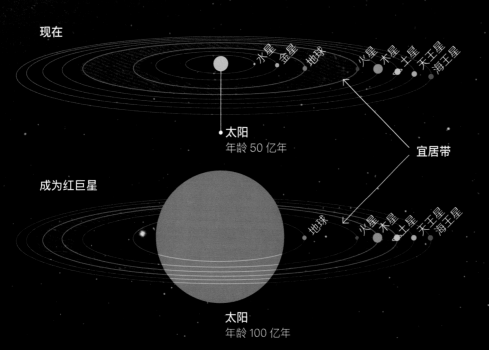

现在

太阳
年龄 50 亿年

宜居带

成为红巨星

太阳
年龄 100 亿年

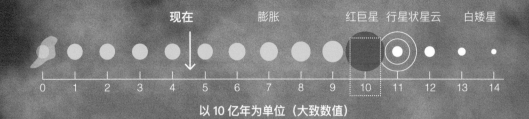

最后的边疆

　　体积暴胀的红巨星可以大到吞噬离它较近的轨道行星，就像我们的太阳最终会吞噬水星和金星一样。

成为红巨星

由于核心将随着外壳的膨胀而收缩，因此太阳将变成一颗具有简并碳氧核的红巨星。

行星状星云

强烈的太阳风将太阳的外壳喷射而出，使其变为一片行星状星云，而太阳裸露的核心将成为一颗原白矮星。

太阳之死

太阳的质量决定了它的终点。由于太阳是一颗小质量的主序星，因此当它耗尽燃料时，就会变成一片行星状星云，环绕着最终将变成白矮星的核心。

太阳获取能量的过程包括 4 个质子转变为 1 个氦核的不可逆核反应。在 50 亿年之后，太阳将耗尽它的氢燃料，它的中心区域将只剩下氦。由于质子 – 质子链反应的消失，它的核心开始向内坍缩。在坍缩过程中，核心的温度会再次上升，在温度达到 1 亿摄氏度时，氦聚变被启动并生成碳和氧。一段时间内，太阳将通过这些核聚变获取能量。但当氦核也燃烧殆尽时，

由于太阳的质量不足以引发碳聚变，因此它将失去能量的来源。

没有外壳的内核

伴随着氢和氦的两级核聚变，强烈的太阳风将撕裂太阳的外壳，仅仅留下它的碳氧内核。这个内核将变成一颗非常年轻的白矮星，而以往的外壳则变成一片美丽的行星状星云。

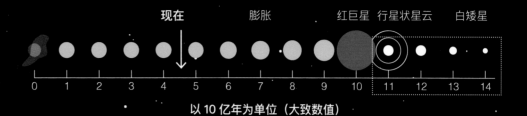

现在　　　　膨胀　　　　红巨星　行星状星云　白矮星

0　1　2　3　4　5　6　7　8　9　10　11　12　13　14

以 10 亿年为单位（大致数值）

生命尽头

　　太阳的最后一个生命阶段将从它变成一颗红巨星开始，而当它摆脱掉外层，剩下的核心变成一颗亮度微弱的白矮星时，这个阶段便宣告终结。

裸露的内核

当外壳被喷射出去时，太阳仅仅剩下它的中心内核，这时的表面温度在 10 万摄氏度左右。

终结：白矮星

数十亿年后，太阳内核的温度继续下降，而这颗白矮星在失去大部分热能之后将变得几乎不可见。

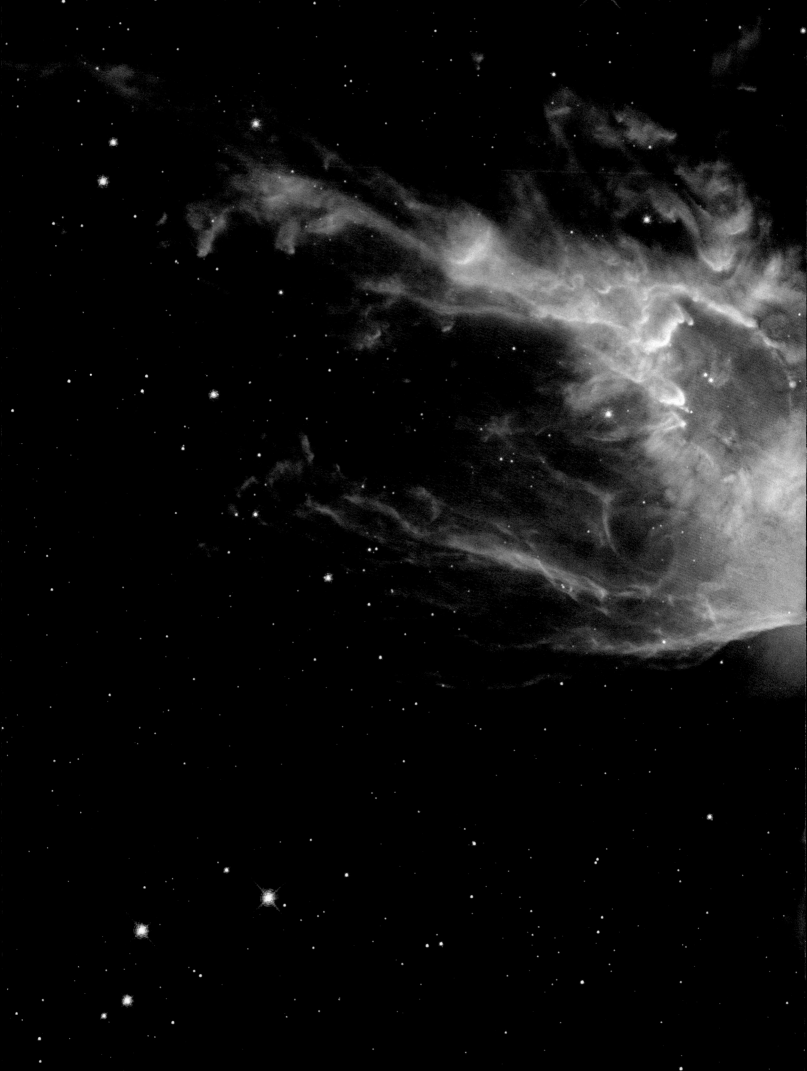

太阳的压轴秀

　　当太阳的生命抵达尽头时，它将把大部分气体外壳抛撒到太空中，形成一片闪闪发光的行星状星云。太阳的最后时光，很可能会与蝴蝶星云（NGC 6302）一样壮观绚丽。

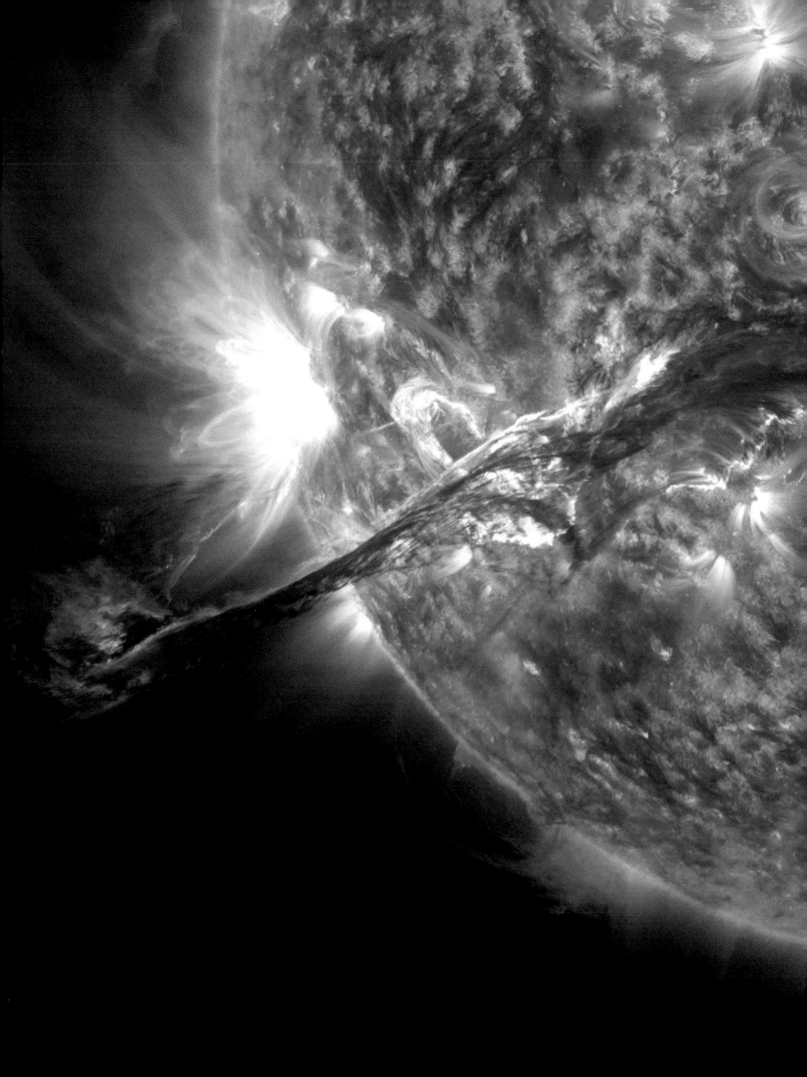

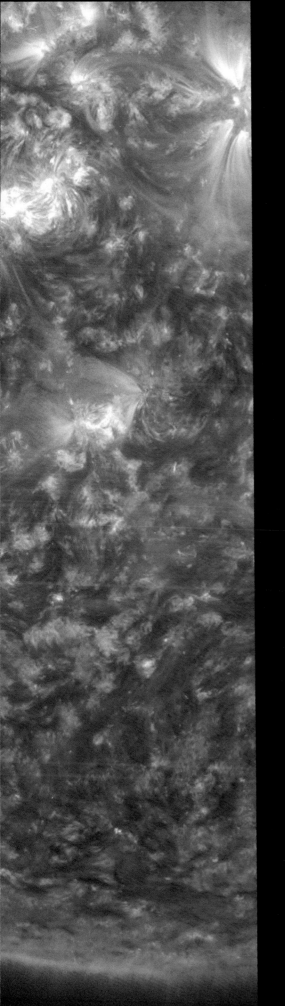

太阳
及日地关系

太阳爆发是一种发生在太阳最活跃时期的现象。日冕物质抛射释放
的能量非常之大，以至于可以破坏电子网络、卫星，以及地球上其他的
技术系统。

太阳磁场

太阳磁场会影响太阳黑子和耀斑等太阳活动，同时也会影响太阳系的各大行星。

太阳风将太阳磁场传导至整个日球层，日球层是指环绕太阳和各大行星的整片区域。这个行星际磁场（又称日球磁场），是由于太阳自转（太阳大约每 27 天自转一周）形成的一个螺旋状磁场。

黑色的斑点

太阳磁场抑制对流运动，从而降低了它的热传导效率。这些黑色的斑点，也就是太阳黑子，通常出现在磁场最强的地方。太阳黑子区域的温度比光球其他部分大约要低 1 300 开尔文，这就是为什么它们看起来比周围的等离子体更暗沉。

太阳磁场的螺旋结构

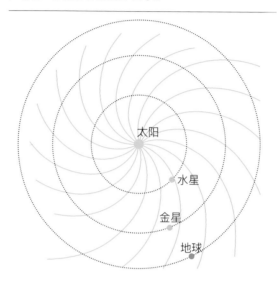

太阳
水星
金星
地球

太阳风是由质子、电子和其他高能粒子构成的，能够将磁场传导至太阳系之外。这种行星际磁场呈螺旋状向外运动，充满了太阳及其各大行星之间的空间。

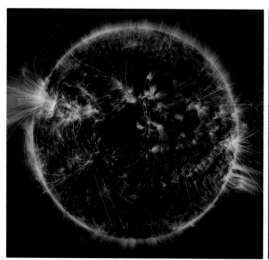

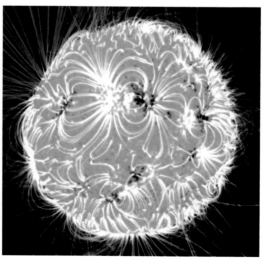

太阳磁场图像
左图是将磁力线添加到太阳动力学观测台（SDO）拍摄的照片上所得到的图像，右图是由计算机模型外推得到的太阳磁场图像。

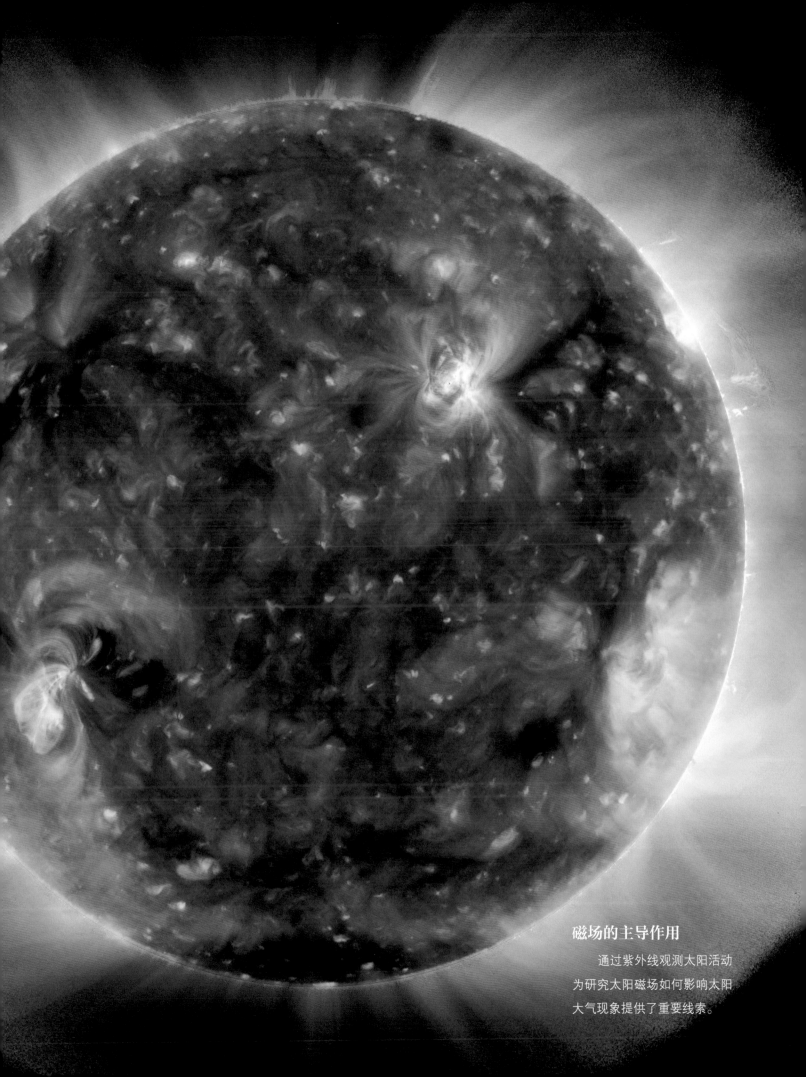

磁场的主导作用

通过紫外线观测太阳活动
为研究太阳磁场如何影响太阳
大气现象提供了重要线索。

太阳风

太阳风在离开日冕时将太阳磁力线传导至太空，形成了行星际磁场。太阳风的速度从 300 千米每秒至 1 000 千米每秒不等。太阳由于电子、质子和其他带电粒子的外流，损失了其质量的万分之一。

研究太阳风有助于科学家了解太阳的成分和磁场。阿波罗计划期间在月球上进行的实验和美国航天局的起源号探测器都为此提供了分析数据。

太阳风的影响

与大多数其他天体一样，地球也有自己的磁场，这个磁场又被称为磁层。磁层就像一个保护罩，能够偏转太阳风，并减少穿透地球大气层的太阳带电粒子数量。火星没有这样一个保护性的磁层，因而失去了大部分大气。

磁场的变化速度

- 红线：行星际磁场远离太阳
- 蓝线：行星际磁场靠近太阳

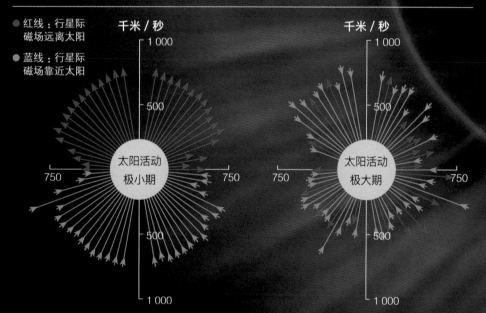

尤利西斯号（Ulysses）太阳探测器在大范围的纬度上观测了我们的太阳，揭示了日球层的新信息。图中这些直线的长度代表速度，而颜色则表示行星际磁场的运动方向——红线意味着正在远离太阳，蓝线则是正在靠近太阳。在太阳活动极小期，太阳赤道附近的太阳风速度较低，在两极地区的太阳风速度则较高，而且行星际磁场为两极磁场。在太阳活动极大期，太阳的磁场结构要复杂得多，在所有纬度都能发现快速太阳风和慢速太阳风。

日球层（0 ~ 121 au）
太阳风在太阳影响区域
内运动。

终端激波（80 ~ 100 au）
太阳风的速度迅速降低到亚
音速的位置。

星际介质
在太阳系外，星际介质是
由星系间的气体和尘埃构
成的。

太阳
太阳每年被太阳风带走的粒
子约为 $2×10^{-14}$ 倍太阳质量。

海王星（30 au）
它是离太阳最远的行星，也
是最后一个受到太阳风影响
的行星。

弓形激波（230 au）
在太阳前进方向上产生的激
波，源于星际介质和太阳风
的交互作用。

日球层顶（121 au）
这是太阳风和星际介质之间不
断变化的锋面，即太阳风遭遇
星际介质而停滞的边界。

太阳风的影响

　　太阳风可以延伸到海王星轨道外很远的地方。终端激波（termination
shock）是太阳风迅速减弱的区域，而日球层顶是太阳风与相对致密的星际介
质的交界处。弓形激波（bow shock，也译作艏波）以船首在水中运动时产
生的波而得名，它产生于两股气流碰撞的地方。太阳就像在水里穿行的小船，
在穿过星际介质时会形成月牙形的激波。这张图片中的距离均以天文单位（au，
即地球到太阳的平均距离，1 au 等于 149 597 870.7 千米）测量。

挪威上空的极光
从地球的表面看，这里的极光看起来像一个幽灵般的半透明窗帘。

太空中看极光
从国际空间站可以清楚地观测到极光，在那里可以比从地球上看到更多的细节。

阿拉斯加的极光
这张由埃尔森空军基地拍摄的图像显示了极光的微妙性质。

极光

　　绚丽多彩的极光是自然界中最壮观、最美丽的现象之一。它们是由太阳风携带的太阳带电粒子和地球上层大气之间的碰撞引起的。

　　尽管大部分太阳带电粒子被地球的磁层阻挡在外，但仍然会有一些溜进来。这些逃逸的粒子会被地球的磁极所吸引，在那里与地球大气中的化学物质发生碰撞，从而产生绚丽的光影秀，也就是所谓的极光。产生于北半球的称为北极光，在南半球的则称为南极光。极光只有在日冕物质抛射等极端情况下发生，并且在纬度高于50度的地区才能被看到。

极光的形成

　　地球大气中的分子或原子（基本上是氮和氧）受到太阳粒子的碰撞时会被激发，从而产生发光的化学反应：绿色和红色的光源自氧，而蓝色和紫红色的光源自氮。极光几乎像波浪一样运动，在我们的头顶创造出精妙绝伦的光幕。这种现象也可以在太阳系的其他行星和卫星上看到。

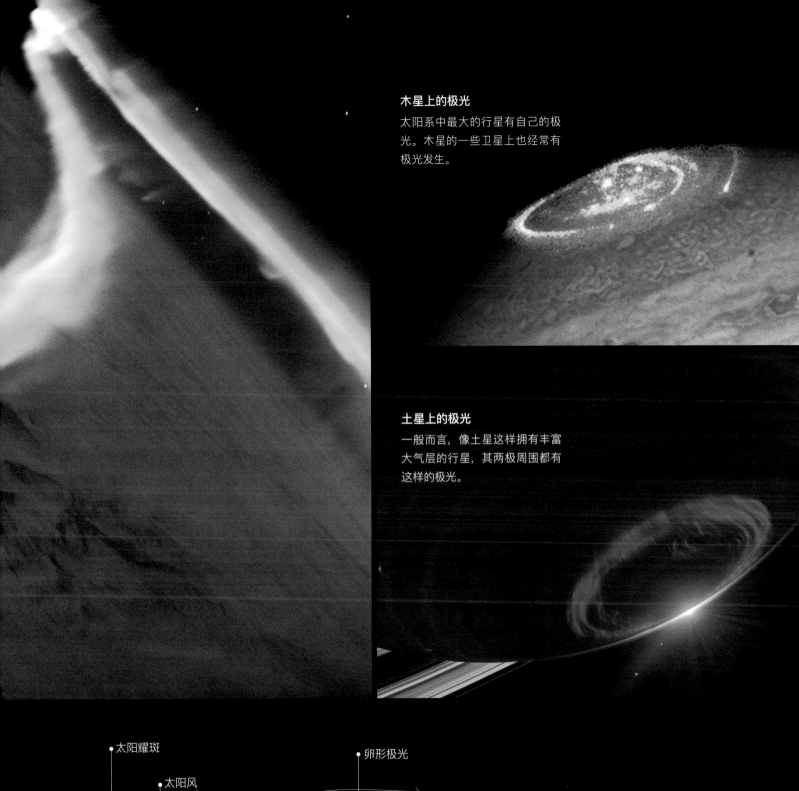

木星上的极光
太阳系中最大的行星有自己的极
光。木星的一些卫星上也经常有
极光发生。

土星上的极光
一般而言，像土星这样拥有丰富
大气层的行星，其两极周围都有
这样的极光。

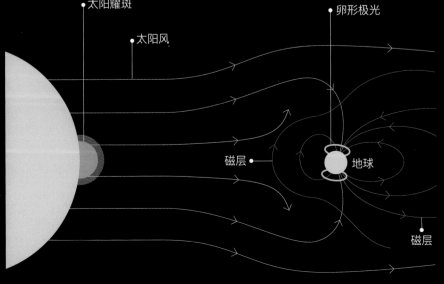

太阳耀斑

太阳风

卵形极光

磁层

地球

磁层

带电粒子的入境通道

　　太阳风拉长了地球的磁层，并
沿着它的磁力线输送带电粒子流。穿
透地球磁层的带电粒子与两极上空的
大气化学物质发生碰撞，形成了绚丽
多彩的极光。极光通常发生在距地表
100 千米以上的空中。

太阳爆发

当太阳活动非常活跃的时候，太阳有时会产生巨大的爆炸，并伴随着壮观的物质喷射。由太阳爆发或耀斑产生的电磁辐射可以持续数分钟到数小时不等。

科学家根据太阳耀斑在 X 射线波长中的亮度对其进行分类，主要有三大类：X 级耀斑是能在地球上层大气中触发无线电中断和辐射风暴的重大事件；M 级耀斑属于中等大小的耀斑，它能引起两极周边地区短暂的无线电中断，有时也会引发一些小的辐射风暴；A 级、B 级和 C 级耀斑很小，对地球几乎没有明显的影响。

狭窄的观测窗口

我们通过 H-α 滤波器观察太阳爆发。该滤波器仅允许很窄的波长范围内的辐射穿过，该范围位于电磁波谱的红色部分。由于它们显示了在黑暗太空背景下的爆发，所以拍摄的图像总是非常壮观。

耀斑类型

每一等级的太阳耀斑（A、B、C、M 和 X）都再细分 1 到 9 级，其中 9 代表这一级别中最强的耀斑。在同一等级内部，M9 耀斑强度是 M1 的 9 倍，M2 强度是 M1 的 2 倍；跨等级时，B2 是 A2 的 10 倍，C3 是 B3 的 10 倍。以此类推，我们也可以得出 X2 的强度是 M5 的 4 倍。M 和 X 是最强级别的耀斑，出现的频率不高，但对地球的影响很大。

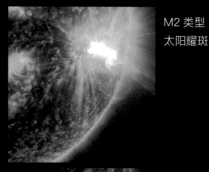

M2 类型
太阳耀斑

X2 类型
太阳耀斑

分类	X 射线峰值流量
A	$<10^{-7}$ 瓦特每平方米
B	$10^{-7} \sim <10^{-6}$ 瓦特每平方米
C	$10^{-6} \sim <10^{-5}$ 瓦特每平方米
M	$10^{-5} \sim <10^{-4}$ 瓦特每平方米
X	$\geq 10^{-4}$ 瓦特每平方米

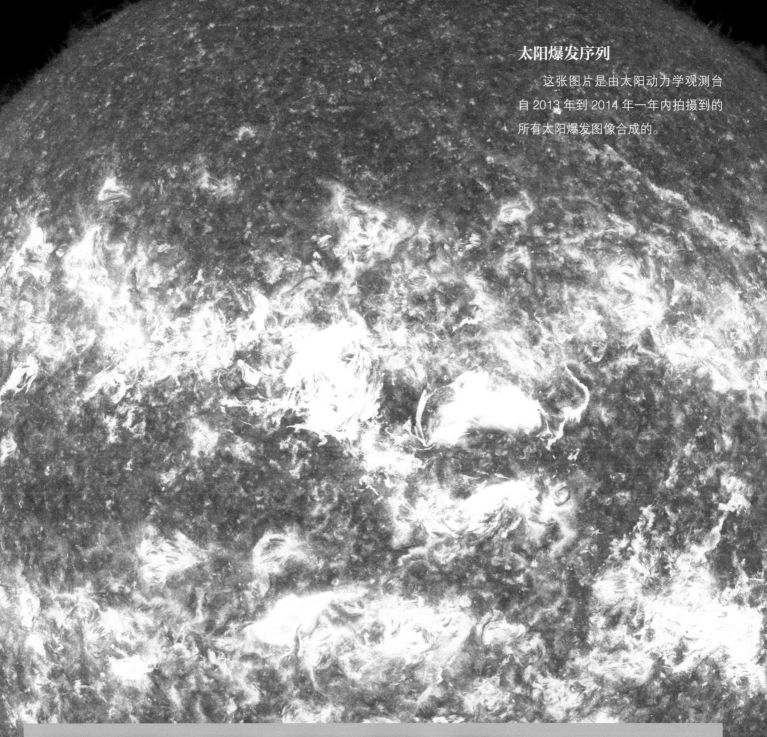

太阳爆发序列

这张图片是由太阳动力学观测台自 2013 年到 2014 年一年内拍摄到的所有太阳爆发图像合成的。

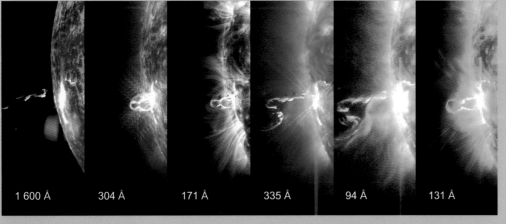

1 600 Å 304 Å 171 Å 335 Å 94 Å 131 Å

太阳耀斑的多波段观测

这个序列显示了不同波长观测下的太阳耀斑，波长单位用埃（Å）表示，1 埃等于 10^{-10} 米。从左至右分别显示的是：光球层、色球层、未激发日冕、活动区日冕，最后是 94Å 和 131Å 发射区域。

耀斑爆发的特殊视角

滤光片能够让我们捕捉到太阳表面类似这样的图像，该图像是由太阳动力学观测台拍摄的 3 336 张照片合成所得。人们能够很容易从周围环境中发现耀斑，从而研究太阳爆发。

太阳风暴的危害

　　大型太阳风暴会影响地球的磁层，产生地磁事件，并对卫星和地面电网造成破坏性影响。

　　太阳风暴发生在日冕物质抛射和太阳风高发时期。它们的强度有时足以改变地球的磁层结构，并引发所谓的地磁暴，地磁暴会增加地球上层大气中的电流，并可能产生极光。太阳风暴还会破坏全球定位系统、雷达、飞机与空中交通管制之间的高频无线电通信、电网，以及依赖卫星的通信技术，如手机。它也会影响国际空间站的正常运行。

保护措施

　　为了防止地球上电力的破坏性中断，科学家们密切监测着太阳的活动，特别是在太阳风暴的活跃期。一旦探测到太阳风暴，卫星将会被重新定位或关闭，电网也需暂时中断。

威胁卫星网络

强大的地磁暴可以影响卫星的电子设备，使它们暂时或永久性地停止工作。

宇航员的风险

地球磁层之外国际空间站上的宇航员在面临太阳风暴时保护较少，特别是当他们进行太空行走时。当他们在轨道上工作时，身体会受到辐射累积的影响，这可能会导致更高的患癌率。作为预防措施，在太阳风暴期间，他们必须待在宇宙飞船中防护最好的区域。

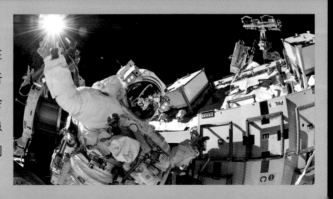

太阳常数

地球上的气候很大程度上取决于我们的星球从太阳获取了多少能量。计算太阳常数有助于我们测量它的影响。

太阳常数是衡量地球接收太阳能量的一个物理量，即地球大气层顶单位面积在单位时间内所接收的太阳辐射的总能量。由于地球沿椭圆轨道运行，在一年的里相对太阳的位置会发生变化，所以这种单位时间和单位面积获得的能量也将随地球相对太阳的位置而变化。不过，地球上的四季并不是由这些变化决定的，当北半球经历冬季时，地球实际上离太阳更近。地球有四季，是因为我们行星的自转轴相对于地球绕太阳的公转轨道面是倾斜的。

原太阳

当我们的太阳还很年轻的时候，它的光度只有目前水平的70%，太阳常数也相对较低。奇怪的是，那个时候地球表面的温度并不低，水仍然以液体的形式存在。这种现象被称为"暗淡太阳悖论"。

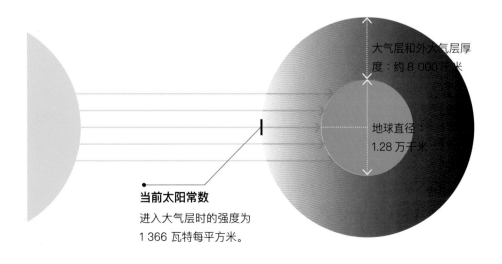

大气层和外大气层厚度：约8 000千米

地球直径：1.28万千米

当前太阳常数
进入大气层时的强度为1 366瓦特每平方米。

测定太阳常数

这个数值是在大气层外通过测量垂直于太阳方向的确定区域上的太阳辐射流量来获得的。

太阳能

　　当太阳能穿过地球大气层时，其中一些会被云层或地球表面反射回太空。而其余的被温室气体吸收、捕获，这造成地球表面温度升高，并发出红外辐射。这个过程被称为"温室效应"。

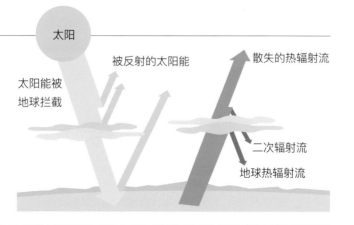

太阳

太阳能被地球拦截

被反射的太阳能

散失的热辐射流

二次辐射流

地球热辐射流

地球释放的能量

　　上方的两张地球图片显示了地球反射太阳光的量值（左图）以及热量逃逸到太空中的空间强度分布（右图），黄色表示热量最大值。

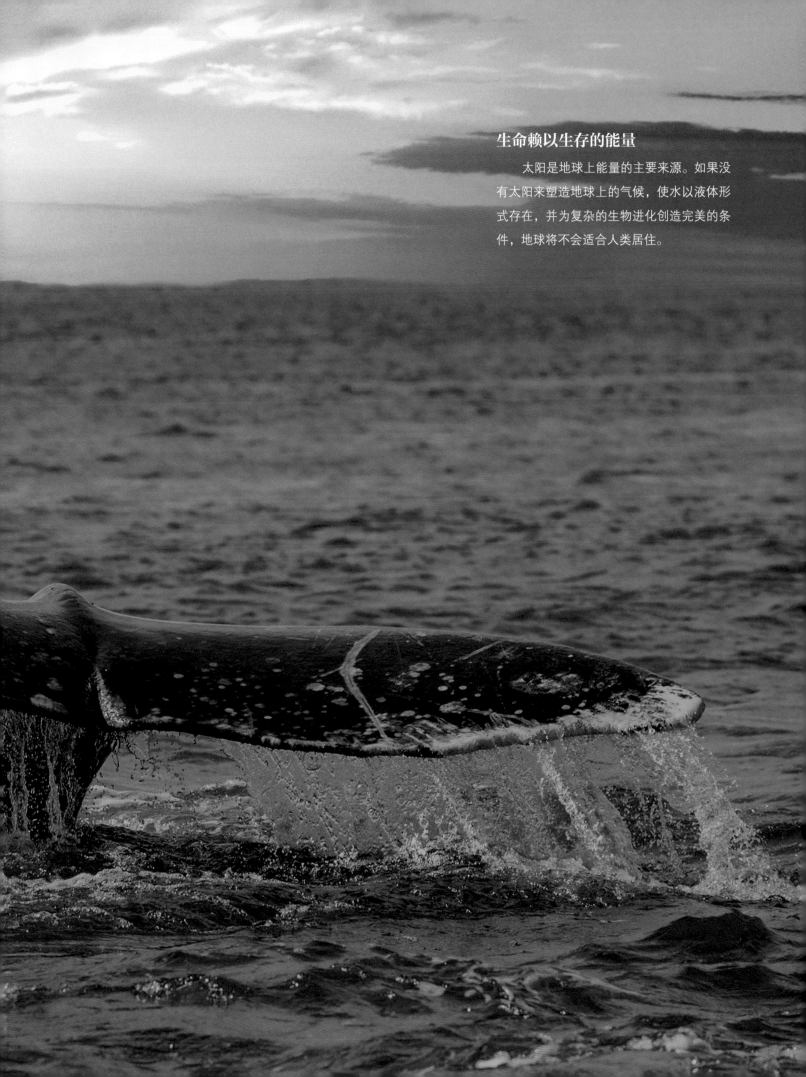

生命赖以生存的能量

太阳是地球上能量的主要来源。如果没有太阳来塑造地球上的气候，使水以液体形式存在，并为复杂的生物进化创造完美的条件，地球将不会适合人类居住。

太阳探测任务

自 1960 年以来，许多空间观测任务从地球轨道和太阳轨道上研究太阳及太阳风。

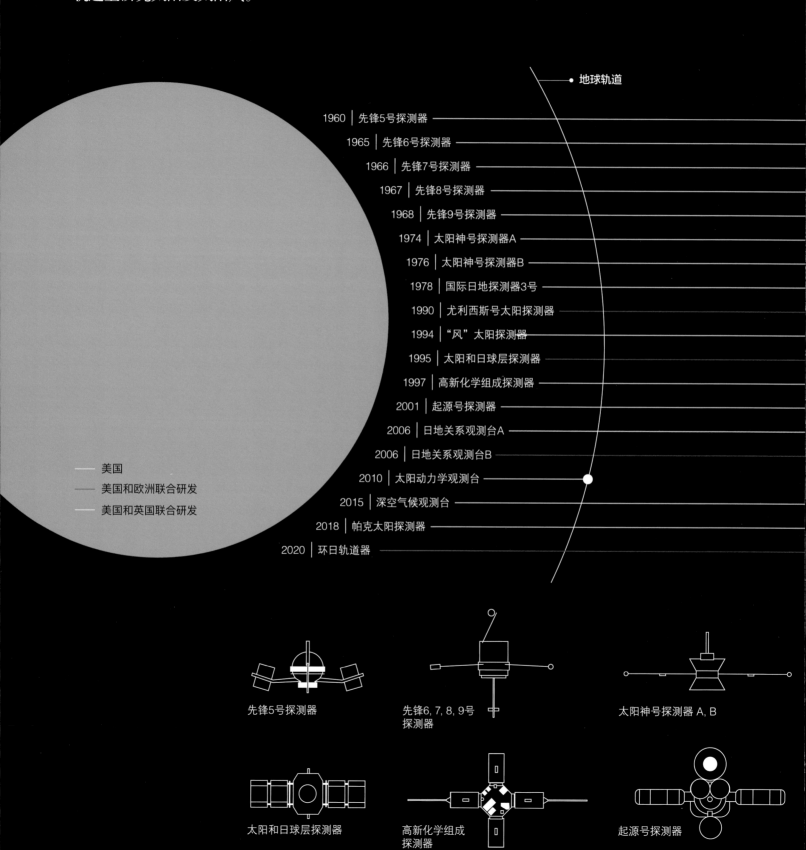

地球轨道

1960	先锋5号探测器
1965	先锋6号探测器
1966	先锋7号探测器
1967	先锋8号探测器
1968	先锋9号探测器
1974	太阳神号探测器A
1976	太阳神号探测器B
1978	国际日地探测器3号
1990	尤利西斯号太阳探测器
1994	"风"太阳探测器
1995	太阳和日球层探测器
1997	高新化学组成探测器
2001	起源号探测器
2006	日地关系观测台A
2006	日地关系观测台B
2010	太阳动力学观测台
2015	深空气候观测台
2018	帕克太阳探测器
2020	环日轨道器

—— 美国
—— 美国和欧洲联合研发
—— 美国和英国联合研发

先锋5号探测器

先锋6, 7, 8, 9号探测器

太阳神号探测器 A, B

太阳和日球层探测器

高新化学组成探测器

起源号探测器

太阳探测任务

由于没有地球大气层这道屏障，所以诸如"风"太阳探测器（Wind）和起源号探测器（Genesis）这样的空间观测站可以更方便地研究太阳活动。美国航天局于2010年发射的太阳动力学观测台（SDO）的目标是通过研究太阳大气，更好地了解太阳对地球的影响。美国航天局的帕克太阳探测器（Parker Solar Probe）于2018年发射升空，它比之前任何航天器都要更靠近太阳，距离太阳表面仅有64 373 776千米。而欧洲空间局的环日轨道器（Solar Orbiter）则将对日球层和太阳风进行详细的测量。

太阳轨道 ●

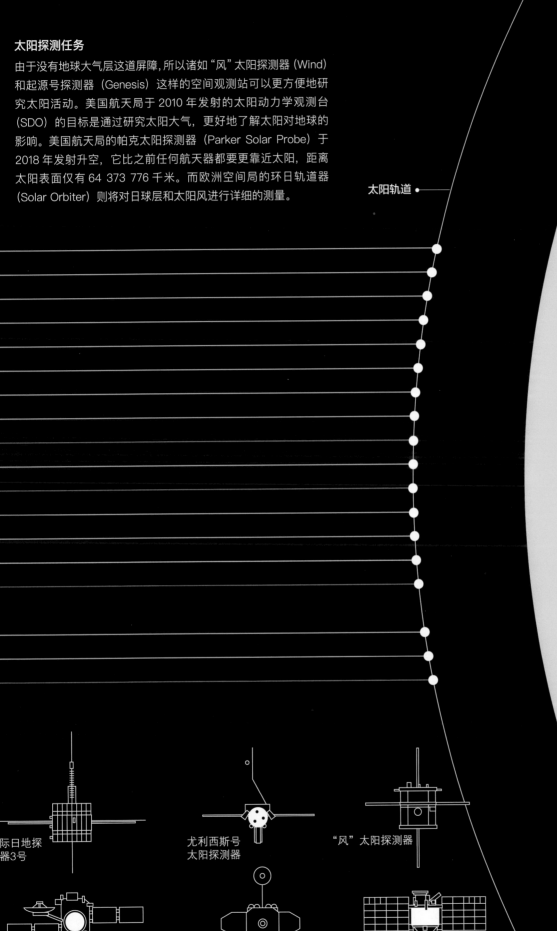

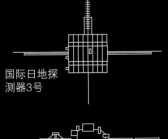

国际日地探
测器3号

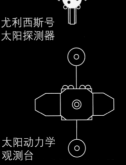

尤利西斯号
太阳探测器

"风"太阳探测器

日地关系观测台A，B

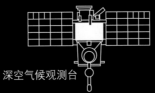

太阳动力学
观测台

深空气候观测台

THE SOLAR SYSTEM:

A HOME FOR LIFE

太阳系，生命的家园

太阳系的形成

我们的行星系统是由围绕年轻太阳运行的物质形成的。这些物质聚集成团，越来越大，最后形成了我们熟知的行星。

关于行星形成，目前最广为接受的理论是，围绕原太阳旋转的宇宙尘埃开始形成被称为星子的碎片。这些星子吸附附近的其他粒子，体积迅速增大。只有少数几颗星子能够成长为"寡头"，即如今行星的前身。离太阳最近的"寡头"们相互碰撞，形成岩石状的带内行星（轨道在小行星带以内的行星），它们的主要构成是岩石和金属。离太阳较远的星子变得更大，吸收了更多数量的星子。带外行星（轨道在小行星带以外的行星）主要由气体（以氢气和氦气为主）以及一个相对较小的岩石内核构成。行星的形成过程历时数千万年。

新的行星

冥王星曾一度被认为是太阳系的第九大行星，直到 2006 年才被降级为矮行星。但是，几个遥远天体的轨道观测表明，在太阳系中可能还有另一颗大行星，尽管我们目前尚未探测到它。它与太阳的距离可能为 200 ～ 1 200 个天文单位（au），质量大约是地球的 10 倍。

从一片星云到行星系统

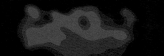   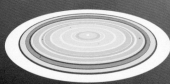

尘埃和气体云

大约 50 亿年前，一场极其高能的事件（很可能是附近的超新星爆发）使得一大团气体和尘埃开始收缩。

形成恒星

收缩过程产生了一个由气体和尘埃组成的、旋转的扁平圆盘。引力作用将物质推入它的核心，原太阳就此形成，并最终积聚了这个圆盘约 99.9% 的总质量。

太阳诞生

当原太阳的核心温度达到临界点时，氢原子开始聚变，释放出大量的能量并产生氦原子。我们所知的太阳就此诞生。

行星形成

大部分没有被原太阳吸收的物质聚集成越来越大的碎片，它又被称为星子，即行星的种子。其余的物质则演变成卫星、小行星和彗星。

金牛座 HL：一个正在形成的行星系统

金牛座 HL 是一颗位于金牛座分子云中的恒星，距离地球 450 光年，只有 10 万年的历史，它的周围目前正在诞生行星。从这张来自阿塔卡马大型毫米波阵的惊人图片中可以看出，金牛座 HL 位于尘埃和气体盘的中心，盘体上的暗色沟壑可能表明有年轻的行星正在形成。

早期的太阳系

太阳风把那些最轻的物质吹离原太阳。离原太阳较远的星子，由于温度较低，通过吸积大量的气体增大质量；而那些离原太阳较近的星子吸积重物质，形成小的岩质天体。

一个成熟的行星系统

在这幅表现行星系统形成的插图中，原行星盘把它的大部分质量给了恒星和行星。

太阳系的大小

太阳系的绝大部分物质被分配给太阳（99%以上）、八大行星及其 185 颗卫星。

太阳系的质量

太阳
99.86%

岩质行星
1%

木星
70%

行星
0.1%

土星
20%

天王星 4%
海王星 5%

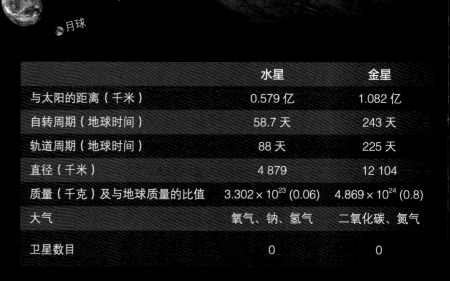

	水星	金星
与太阳的距离（千米）	0.579 亿	1.082 亿
自转周期（地球时间）	58.7 天	243 天
轨道周期（地球时间）	88 天	225 天
直径（千米）	4 879	12 104
质量（千克）及与地球质量的比值	3.302×10^{23} (0.06)	4.869×10^{24} (0.8)
大气	氧气、钠、氢气	二氧化碳、氮气
卫星数目	0	0

土星

木星

火星

地球

火卫一
火卫二

金星

月球

水星

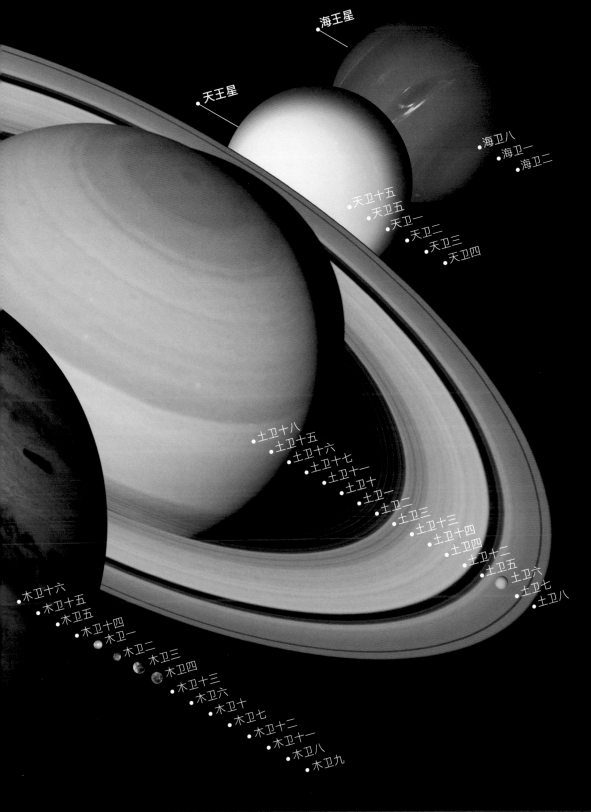

地球	火星	木星	土星	天王星	海王星
1.5 亿	2.28 亿	7.78 亿	14.33 亿	28.72 亿	44.97 亿
1 天	24.62 小时	9.8 小时	10.55 小时	17 小时	16 小时
1 年	1.88 年	11.86 年	29.45 年	84.3 年	164.78 年
12 756	6 787	142 796	120 660	51 118	49 528
5.972×10^{24} (1)	6.42×10^{23} (0.1)	1.898×10^{27} (318)	5.688×10^{26} (95)	8.681×10^{25} (14.5)	1.024×10^{26} (17)
氧气、氮气	二氧化碳、氮气、氩气	氢气、氦气	氢气、氦气	氢气、氦气、甲烷	氢气、氦气、甲烷
1（月球）	2	79（木卫一、木卫二、木卫三、木卫四等）	62（土卫六等）	27	14

太阳系中的距离

太阳系的直径约为 15 万亿千米，不过它的质量主要集中在直径为 45 亿千米的区域之内，即太阳和围绕它运行的行星的活动区域。

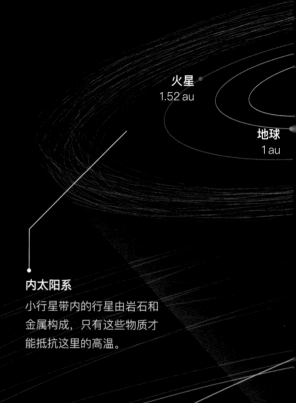

火星
1.52 au

地球
1 au

内太阳系
小行星带内的行星由岩石和金属构成，只有这些物质才能抵抗这里的高温。

从太阳到冥王星

太阳系中行星之间的距离是如此之远，以至于用千米来测量它们是不实用的。目前，这些距离是用天文单位（au）来测量的。从太阳到冥王星的距离是 39.5 个天文单位，即 39.5 au。

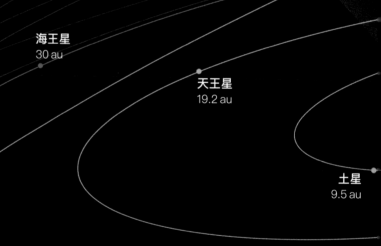

海王星
30 au

天王星
19.2 au

土星
9.5 au

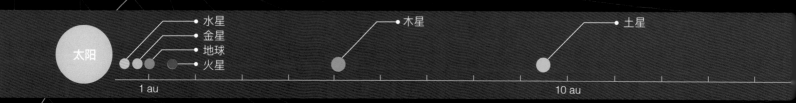

太阳　水星　金星　地球　火星　木星　土星

1 au　　　10 au

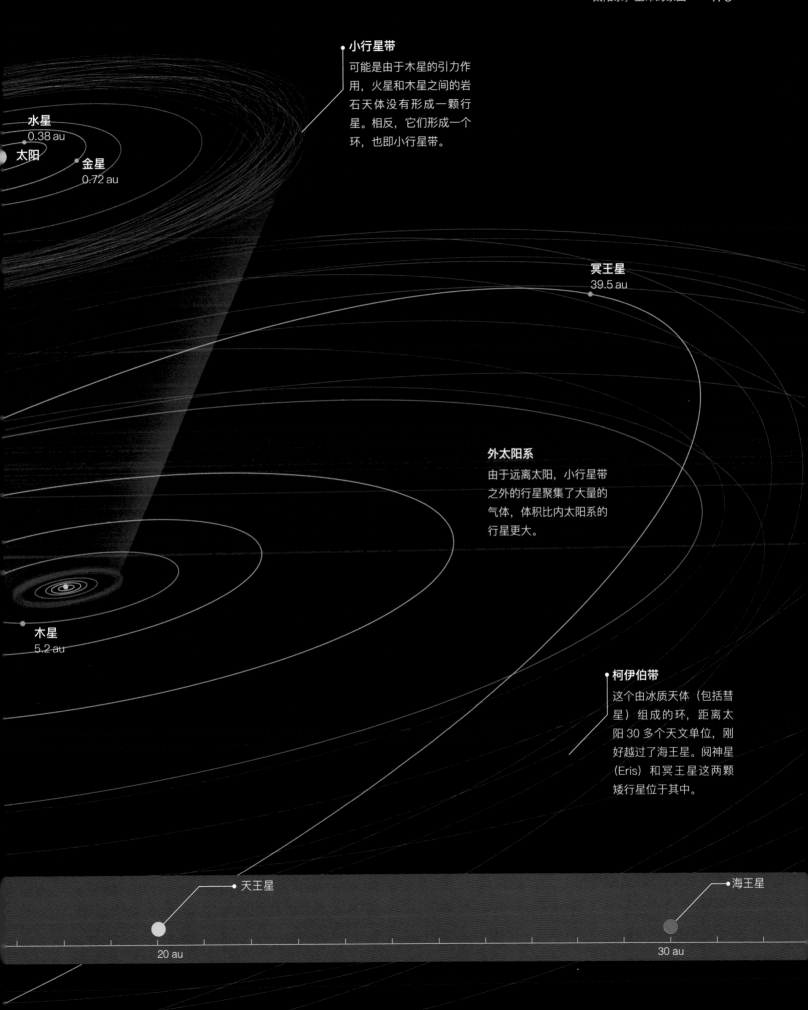

小行星带
可能是由于木星的引力作用，火星和木星之间的岩石天体没有形成一颗行星。相反，它们形成一个环，也即小行星带。

水星
0.38 au

太阳

金星
0.72 au

冥王星
39.5 au

外太阳系
由于远离太阳，小行星带之外的行星聚集了大量的气体，体积比内太阳系的行星更大。

木星
5.2 au

柯伊伯带
这个由冰质天体（包括彗星）组成的环，距离太阳 30 多个天文单位，刚好越过了海王星。阅神星（Eris）和冥王星这两颗矮行星位于其中。

天王星

海王星

20 au

30 au

轨道，持久的"纽带"

　　轨道是天体围绕恒星、行星或卫星运行的路径，一般呈椭圆形，并受引力场的影响。它的规律性和连续性遵循简单而强大的物理定律。

　　根据天文学家第谷·布拉赫（Tycho Brahe，1546—1601）收集到的观测数据，他的德国同事约翰内斯·开普勒（Johannes Kepler，1571—1630）写下了三条著名的定律，描述了围绕太阳运行的行星的轨道。第一定律指出行星沿着椭圆轨道运动，太阳在其中一个焦点上，也就是说，它摒弃了自古希腊继承而来的圆形轨道理论。

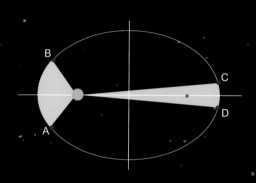

　　第三定律指出轨道周期（T），即天体环绕轨道一周所需的时间，与椭圆轨道的半长轴（r）之间的关系是恒定的。科学家们已经知道了地球的轨道周期和它到太阳的距离，因此，科学家们在利用其他行星的观测数据计算出它们的轨道周期后，可以基于开普勒第三定律推算出它们离太阳的距离。

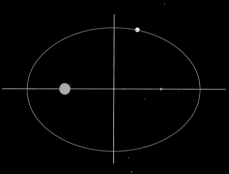

　　第二定律认为，如果你在太阳与行星之间画一条直线，它将在相等的时间间隔内扫过相等的面积。换句话说，无论处于轨道的哪个位置，直线相同时间内扫过的面积总是一样的。行星从 A 点移动到 B 点（离太阳较近）的时间与从 C 点移动到 D 点（离太阳较远）的时间相同，因为距离太阳越近，它的移动速度越快。想象一下抛向空中的石头：当它上升时，速度会变慢；而当它下降时，速度会加快。

所有行星遵循万有引力定律

　　开普勒从非常普遍的物理原理中推导出他的三大定律，解释了行星的运动轨迹。据说，艾萨克·牛顿（Isaac Newton，1642—1727）看到一个苹果从树上掉下来，由此便理解了行星轨道的形状。这位英国物理学家和数学家意识到，苹果的运动与行星的运动本质上没有什么不同，都遵循相同的宇宙定律——万有引力定律。他声称，所有的轨道都是引力综合作用的结果，轨道上的天体倾向于朝着相同的方向以恒定的速度运动。如果没有引力，行星将沿直线运动，而不是沿椭圆轨道旋转。

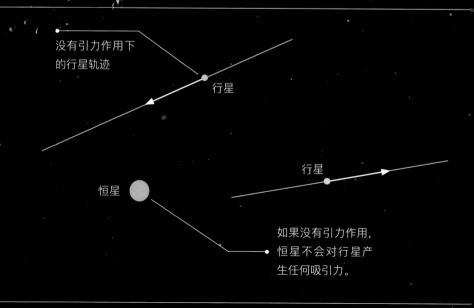

没有引力作用下的行星轨迹

行星

行星

恒星

如果没有引力作用，恒星不会对行星产生任何吸引力。

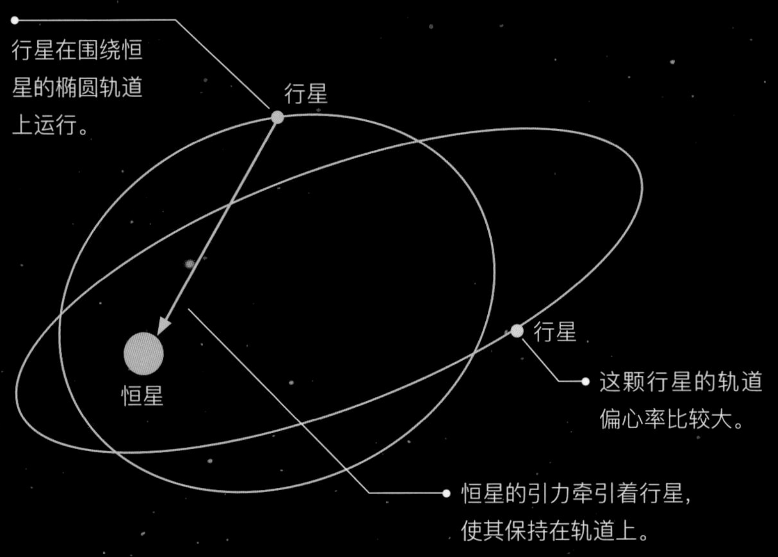

行星在围绕恒
星的椭圆轨道
上运行。

行星

行星

这颗行星的轨道
偏心率比较大。

恒星

恒星的引力牵引着行星，
使其保持在轨道上。

引力之舞

　　这张图展示了引力令人印象深
刻的效应之一：在引力的作用下，
由小岩石和冰晶组成的土星环，以
及 62 颗卫星之一的海女星，均被
保持在土星的轨道面上。

土卫二上有生命迹象吗？

2005 年，惠更斯号（Huygens）探测器发现，土星的冰质卫星具有活跃的地质活动。如图所示，土卫二南极附近的间歇泉喷射出的羽流中发现大量氢分子，这是底部海洋的热水与岩石相互作用产生的氢气。与地球上的热液喷口一样，科学家们猜测土卫二的海洋中可能存在微生物。

轨道倾角

各大行星经常像图中那样排成一条美丽的直线，这是因为它们的轨道倾角相差很小。换句话说，它们围绕太阳旋转时轨道面的倾斜度相近。要理解这一现象，我们必须追溯到太阳系的起源。

太阳系的行星们有着共同的过去，它们诞生于原行星盘的摇篮中，这一事实带来了一系列显著的后果。也许最值得注意的是行星各自轨道倾斜的相似性。如果我们画一个连接太阳和地球中心的平面，地球沿着轨道处于两个不同的位置，我们会得到地球的轨道面，或者称为黄道面。如果我们对每颗行星的质量和角动量取加权平均，就会得到一个不变平面。不同行星的轨道相对于不变平面的倾斜度很小。行星之间的排列，或者它们与太阳的排列，是很多天文现象发生的原因。行星的运动与太阳的关系，以及彼此之间的关系，也是黄道十二宫的基础内容。

轨道面和地球赤道

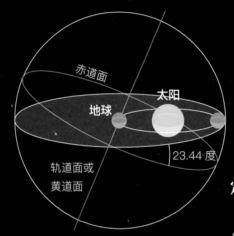

赤道面

地球　太阳

轨道面或
黄道面

23.44 度

火星

土星

定义

轨道面或黄道面是一个假想的平面，它是太阳穿越天空经过的路径所在的平面，也是地球公转轨道所在的平面。轨道倾角是行星或其他天体的轨道面与参考平面的夹角。不变平面是各行星轨道的平均平面。赤道是围绕地球或其他天体（如太阳及其他行星）中心的假想线，它与南北两极的距离相等。赤道面是经过地球或其他天体赤道的平面。

相对于不变平面的轨道偏离

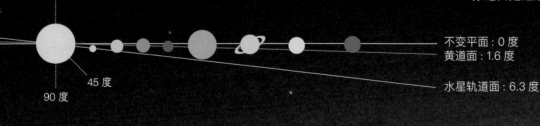

不变平面：0 度
黄道面：1.6 度

水星轨道面：6.3 度

90 度　　45 度

行星相对于不变平面的轨道偏离程度显示，只有水星有一个相对陡峭的倾斜度，即略大于 6 度。

水星	6.3 度	天王星	1.0 度
金星	2.2 度	土星	0.9 度
火星	1.7 度	海王星	0.7 度
地球	1.6 度	木星	0.3 度

黄道十二宫的星座

　　天球上以黄道面为中心，两侧各延伸约 9 度的环带状区域被称为黄道带，太阳和八大行星的视运动轨迹都位于这条带内。古人将黄道带均分为十二段，每段均称为宫，且以其所含黄道星座之名命名，总称黄道十二宫。在一年里，太阳穿过 13 个星座，即 12 个传统的黄道星座，再加上蛇夫座（Ophiuchus 或 Serpent-bearer）。

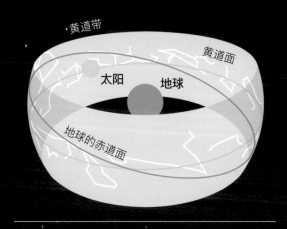

黄道带
黄道面
太阳　地球
地球的赤道面

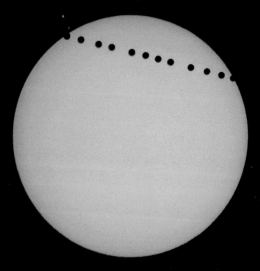

金星凌日

　　水星和金星绕日运行的轨道在地球内侧，所以它们有时会处于太阳和地球之间。这时它们的圆面投影在日面上，地球上的观测者可以看到一个小黑点在日面上缓慢移动，这就是"凌日"现象。对于 17 世纪的天文学家来说，观察金星凌日是一种精确测量地球和太阳之间距离的特别有用的方法。

水星

行星队列

　　这张 2006 年拍摄于西班牙特内里费岛（Tenerife）的照片，显示了我们肉眼可以看到的 5 颗行星中的 3 颗——火星、土星和水星，它们正以几乎完美的斜线排

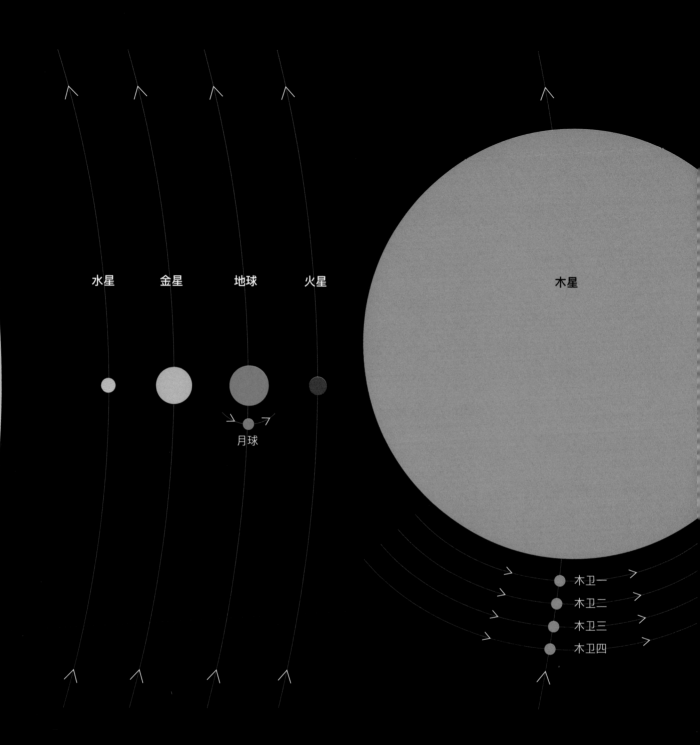

水星　　金星　　地球　　火星　　　　　　木星

月球

木卫一
木卫二
木卫三
木卫四

太阳系中的其他常数

所有的行星大致在同一个平面上运行，而且运行方向相同。它们的这种稳定性与原行星盘的起源有关。

如果从地球北极观察各大行星，我们可以看到它们都做逆时针方向的轨道运动，这与原行星盘开始旋转的方向相同。较大的卫星也是如此，它们可能是由于受到猛烈的撞击而脱离了行星。这一共同的旋转方向又被称为顺行（prograde motion）。

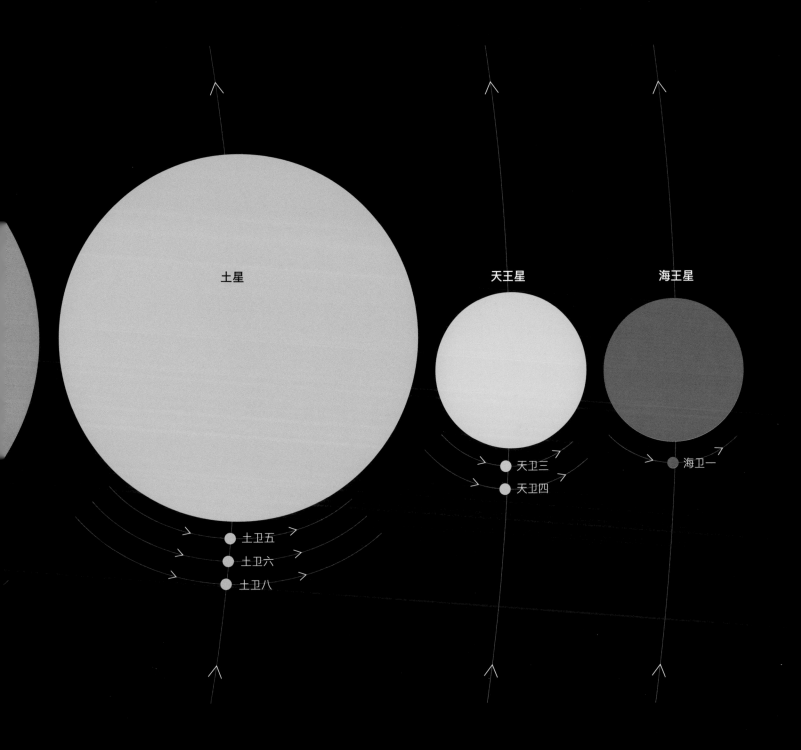

土星

天王星

海王星

天卫三
天卫四

海卫一

土卫五
土卫六
土卫八

行星自转

　　我们太阳系中的大多数
行星，除了天王星和金星，
都沿着同一个方向（逆时针）
自转。天王星和金星有一个
高度倾斜的自转轴，这可能
是它们在形成过程中受到其
他大天体撞击的结果。

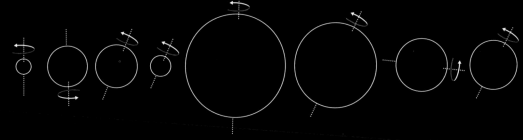

水星	金星	地球	火星	木星	土星	天王星	海王星
0 度	177.36 度	23.44 度	25.19 度	3.13 度	26.73 度	97.77 度	28.32 度

什么是行星？

一个天体是否是行星，取决于它的质量、它与周围天体的关系，以及它与离它最近的恒星的关系。

行星（planet）这个词来自希腊语planetes，即流浪者。古人认为肉眼可见的五大行星——水星、金星、火星、木星和土星，外加太阳和月亮，都围绕着地球运行。但是行星在天文学上是什么意思呢？国际天文学联合会（IAU, International Astronomical Union）将其定义为满足以下3个关键标准的天体。

围绕恒星运行

太阳系有的天体大小与行星相似，但由于它们并不围绕太阳运行，所以不被认为是行星。例如木星的两颗卫星——木卫三（Ganymede）和木卫四（Callisto），它们都比水星大。类似的例子还有土星最大的卫星——泰坦（Titan，即土卫六）。

近似球形

行星必须是球形的，或者近似球形。当一个天体有足够的质量使引力与其内部压力保持平衡，从而形成流体静力学平衡时，它就会呈现为球形或近似球形。太阳系中有许多较小的非球形的天体围绕太阳运行，比如火星和木星轨道之间小行星带中的大多数天体。

轨道优势

要算得上一颗行星，它还必须具有轨道优势，换句话说，就是要具有足够的引力来清除其轨道附近的其他天体碎片。不满足该标准但满足其他两个标准的行星被称为矮行星，譬如冥王星。

冥王星的细节
这张冥王星的彩色图像突出显示了其表面化学成分的多样性。在图中，深褐色的区域表示那里富含甲烷和氮。

冥王星和其他矮行星

矮行星的定义是由国际天文学联合会在2006年制定的，目的是对那些体积和外形接近大行星但没有能力清除其轨道附近碎片的天体进行分类。尽管冥王星具有大偏心率和高轨道倾角，且1978年人们发现其质量只有水星的5%，但它从1930年被发现到2006年被降级，70多年里一直被认为是一颗行星。小行星带中最大的天体谷神星（Ceres），也被划为矮行星。此外，矮行星还有柯伊伯带或更远地方的一些天体，如阋神星（Eris）、鸟神星（Makemake）和妊神星（Haumea）。

巨行星

木星是一个真正的庞然大物：它的质量是其他所有行星质量总和的两倍多。因此，它具有很强的引力，足以影响太阳系的形成。

行星不是恒星

国际天文学联合会定义，行星自身并不发光，尽管所有的天体都会发出一些光——随着温度的升高，发光的现象会愈加明显。真正区别行星和恒星的标准是，它是否聚集了足够的质量来产生持续的氢聚变。木星和太阳都主要由氢构成，但木星的质量是太阳的质量的一千分之一左右。如果把太阳的质量加到木星上，那么它密度的增大会导致引力、压力增大，从而使得它的体积缩小。一旦木星的质量达到目前的 13 倍，它的温度就会变得足够高，从而开启一系列的物理化学过程，成为一颗褐矮星。如果它要成为一颗正式的恒星，那么，只有当质量达到当前值的 80 倍时，氢聚变才能持续进行。下面是一些平均大小在太阳和木星之间的恒星，它们的质量和温度也被相应列出。

小到中等大小的恒星 1 倍太阳质量	5 530 摄氏度	**太阳**
最小的一类恒星 **（红矮星）** 小于 0.5 倍太阳质量	3 530 摄氏度	格利泽 229A
年轻的褐矮星 13 ~ 80 倍木星质量	2 225 摄氏度	泰德 1
古老的褐矮星 13 ~ 80 倍木星质量	2 025 摄氏度	格利泽 229B
行星质量的流浪天体 10 倍木星质量	1 225 摄氏度	猎户座 σ 70 (Sigma Ori 70)
行星 1 倍木星质量	−90 摄氏度	木星

行星成分

带内行星——水星、金星、地球和火星，主要由岩石和金属构成。这就是为什么它们被称为岩质行星或类地行星。带外行星——木星、土星、天王星和海王星，主要由气体和冰组成。

岩质行星由富含铁的金属核、幔和岩石构成。气态巨行星，尽管也有包括岩石和水等氢化物在内的小型固体核，但主要由氢、氦和甲烷构成。岩质行星有一个明确的固体表面，而气态巨行星的表面从外向内会从气态演变到液态，再到固态。行星的成分可以影响它们表面附近物体所受的引力。尽管岩质行星的质量相对较低，但它们的密度却更高，因此它们表面附近物体所受的引力可以与气态巨行星相近。行星的成分与它们在原行星盘中形成的位置直接相关，岩质行星形成于内太阳系，而气态巨行星则离太阳更远。

岩质行星

月球（等比例）

壳
幔
外核
内核

地球

壳
幔
外核
内核

金星

壳
幔
核

火星

外核   壳   幔
内核

水星

● 岩石
● 熔融或部分熔融的岩石
●● 金属铁核

红色"外衣"

火星表面大部分由玄武岩构成，但一层厚厚的氧化铁尘埃赋予了它特有的红色外表。

气态巨行星

地球（等比例）

上层大气

氢层

核

木星

上层大气

氢层

核

土星

幔 核
上层大气

下层大气

天王星

幔 核
上层大气

下层大气

海王星

- 氢、氦
- 液态氢和金属氢
- 氢、氦、甲烷
- 氢化物（水、氨、甲烷）
- 岩石、金属

蓝色王子

海王星是太阳系最外侧的行星。它的外表呈现冰蓝色，星球表面上时常有暴风肆虐。

卫星和环

气态巨行星的一个标志性特征是它们拥有体积巨大的卫星和环状系统。木星拥有的卫星最多，之后依次是土星、天王星和海王星。只有最大的一些卫星才呈球形。朦胧而巨大的土卫六的表面被液态碳氢化合物所覆盖，而土卫二的一极有间歇泉，可以将水喷射到太空中。这两颗卫星的表层之下可能存在液态水，因此可能蕴藏着某种形式的生命。

尘埃环

土星环绵延 28.2 万千米，但很稀薄（只有几层楼高），其中布满了卫星和小天体，它们在土星环上刻画出美丽的径迹。这张由卡西尼号探测器拍摄的土星环图像显示了土星环中不同大小的粒子。最大的粒子有 5 厘米或更大，用粉红色表示，而蓝色和绿色代表更小的粒子。粒子越小，看起来越接近于蓝色。

行星列队

　　行星一旦形成，它们之间的相互作用就决定了太阳系的分布。由于引力作用，外层的气体行星——木星、土星、天王星和海王星，逐渐远离了太阳。而许多原先环绕带外行星的岩石和冰的碎片演化成太阳系内层的岩质行星——水星、金星、地球和火星。

观测太阳系

1610

伽利略用原始的望远镜观察了太阳黑子、木星的卫星，最重要的还有月球不规则表面上的山谷和山脉，这一切都被他绘入了著作《星际使者》(Starry Messenger)。

1665

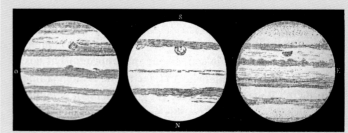

卡西尼发现了木星的自转，确定了它的自转周期，还画下了他通过望远镜看到的木星上的大红斑。

1977

旅行者1号和2号探测器的发射是为了利用木星、土星、天王星和海王星极其罕见的列队，实现首次对气态行星的探索。这两颗探测器现在都飞出了太阳系，但它们仍在传回有关星际空间环境的有价值的数据。

1986

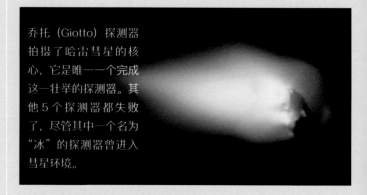

乔托（Giotto）探测器拍摄了哈雷彗星的核心，它是唯一一个完成这一壮举的探测器。其他5个探测器都失败了，尽管其中一个名为"冰"的探测器曾进入彗星环境。

2010

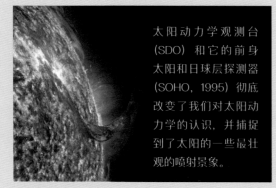

太阳动力学观测台（SDO）和它的前身太阳和日球层探测器（SOHO，1995）彻底改变了我们对太阳动力学的认识，并捕捉到了太阳的一些最壮观的喷射景象。

2012

自2004年以来，火星漫游车拍摄了一系列令人难忘的图像，比如机遇号火星车在火星表面奋进撞击坑东部边缘的"自拍照"。最新的洞察号火星无人着陆探测器于2018年11月登陆火星。

　　从伽利略（Galileo）和卡西尼（Cassini）通过望远镜看到的影像，到现代空间探测器获得的精密图像，人类对太阳系的观测取得了巨大的飞跃。以下是太空探索过程中一些具有里程碑意义的发现。

1845

第一张太阳照片是物理学家里昂·福柯（Léon Foucault）和希波吕特·费索（Hippolyte Fizeau）拍摄的。

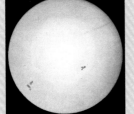

1959

苏联探测器月神3号（Luna 3）首次拍摄了月球的背面，展示了月球背面的地质形貌。

1976

海盗2号（Viking 2）探测器与海盗号宇宙飞船分离，降落在火星上的乌托邦平原，在那里第一次从火星表面拍摄照片。

1989

伽利略号探测器获得了木星4颗最大的卫星（即所谓的伽利略卫星）的新图像，这里选取的一张显示了木卫一表面上的火山活动。

1990

哈勃空间望远镜捕捉到了一些随机产生的现象，如土星和木星上的极光。哈勃望远镜至今仍在运行。

1997

卡西尼－惠更斯号（Cassini-Huygens）是美国航天局、欧洲空间局和意大利航天局合作研发的，它与土星环和其主要卫星进行了近距离接触。在拍摄了45.3万张有关土星的照片后，该探测器于2017年自毁。

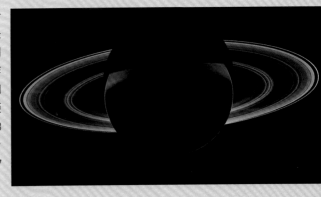

2015

罗塞塔号探测器进入了彗星67P/丘留莫夫－格拉西缅科的轨道，并在那里停留了一年。它在靠近的过程中拍下了一系列近距离的图像。

2015

新视野号探测器于2006年发射，在前往柯伊伯带和其他海外天体的途中，对冥王星及其卫星开展了为期6个月的考察。

2017

朱诺号探测器开始收集木星的数据。这些数据与地基的双子望远镜等的数据相结合，为了解气态巨行星及其大气提供了新的视角。

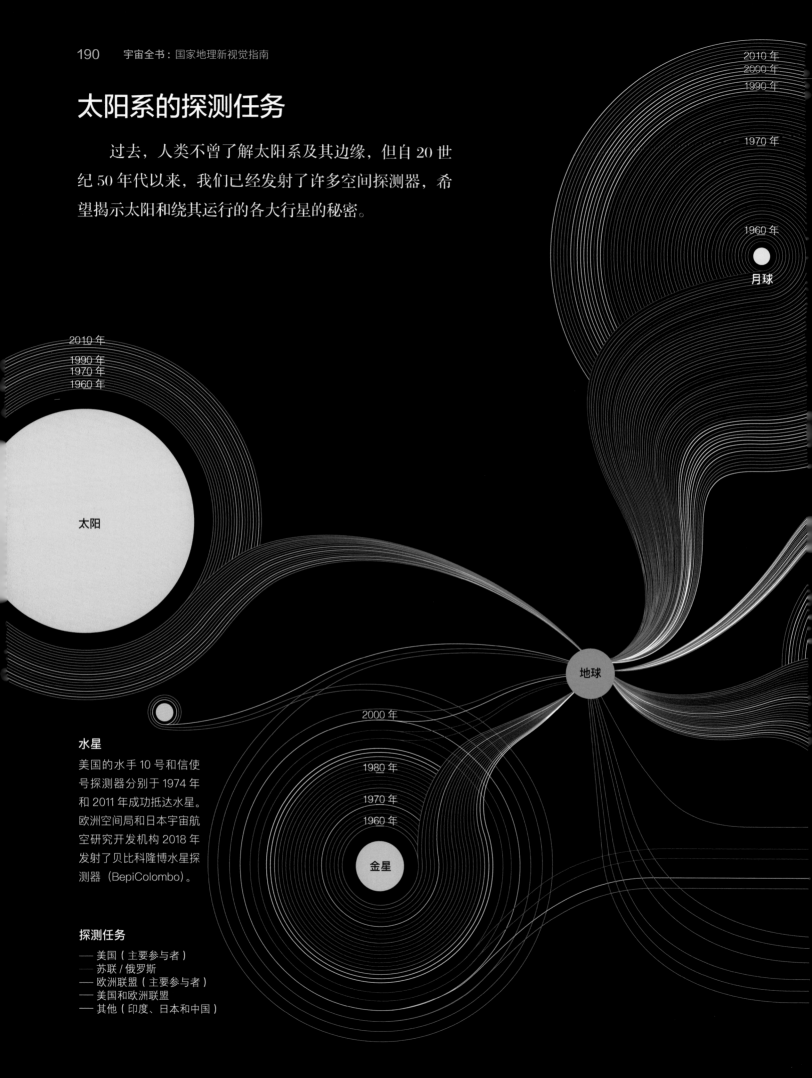

太阳系的探测任务

过去，人类不曾了解太阳系及其边缘，但自 20 世纪 50 年代以来，我们已经发射了许多空间探测器，希望揭示太阳和绕其运行的各大行星的秘密。

2010 年
2000 年
1990 年

1970 年

1960 年

月球

2010 年
1990 年
1970 年
1960 年

太阳

水星

水星

美国的水手 10 号和信使号探测器分别于 1974 年和 2011 年成功抵达水星。欧洲空间局和日本宇宙航空研究开发机构 2018 年发射了贝比科隆博水星探测器（BepiColombo）。

地球

2000 年

1980 年

1970 年

1960 年

金星

探测任务

—— 美国（主要参与者）
—— 苏联 / 俄罗斯
—— 欧洲联盟（主要参与者）
—— 美国和欧洲联盟
—— 其他（印度、日本和中国）

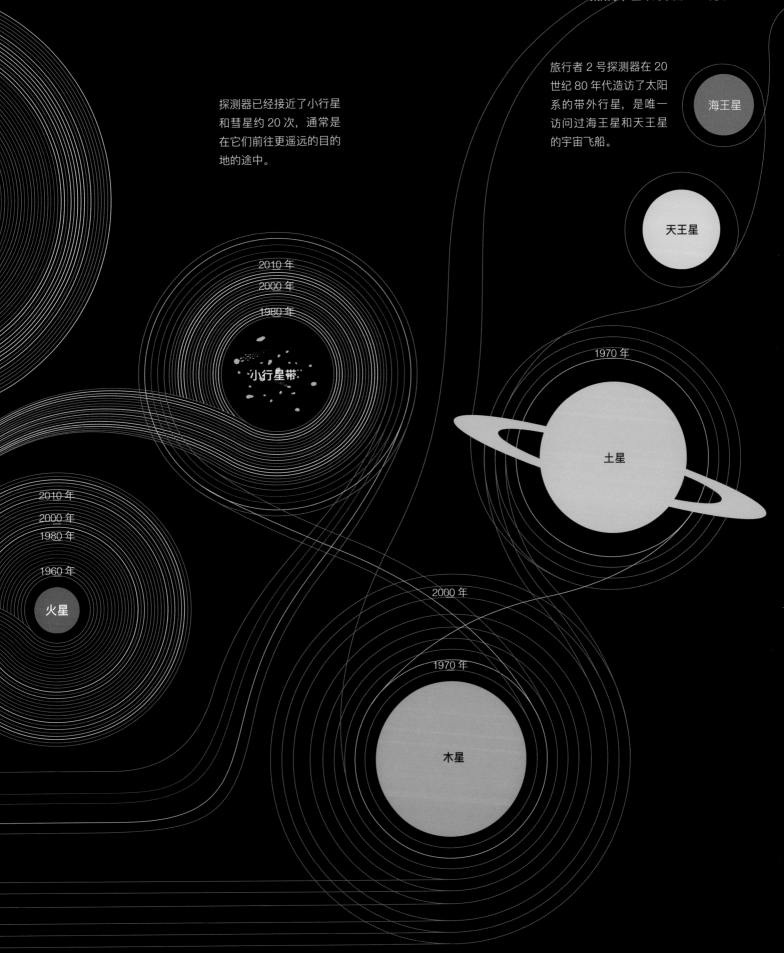

探测器已经接近了小行星
和彗星约 20 次，通常是
在它们前往更遥远的目的
地的途中。

旅行者 2 号探测器在 20
世纪 80 年代造访了太阳
系的带外行星，是唯一
访问过海王星和天王星
的宇宙飞船。

海王星

天王星

2010 年
2000 年
1980 年

小行星带

1970 年

土星

2010 年
2000 年
1980 年

1960 年

火星

2000 年

1970 年

木星

星际旅行的科学

　　穿越太阳系需要超高的导航精度，包括要懂得辨别何时克服引力以及何时利用引力。

　　相对论是物理学世界的基本理论，但在速度比光速慢得多的情况下，例如在目前探测器（包括速度最快的太阳神号探测器A）所能达到的速度下，牛顿引力定律仍然适用。太空探测任务的第一个障碍是地球引力。要想完全摆脱地球引力束缚，从地球上发射的探测器所需的最小速度为11.2千米每秒，这个速度被称为地球的逃逸速度（即第二宇宙速度）。探测器的发射速度大于这个速度时，将飞离地球进入环绕太阳运行的轨道。而从地球表面出发，为摆脱太阳系引力场的束缚从而飞出太阳系驶向星际空间，探测器所需的最小速度被称为太阳的逃逸速度（即第三宇宙速度），大小为16.7千米每秒。探测器在到达或离开目的地时，仍必须根据它所应对的引力不断调整速度。

轨道"盟友"

　　行星轨道的顺行运动意味着探测器可以在它们之间安全顺利地通过。探测器可以使用单一轨道访问不同的行星，就像卡西尼号探测器在土星之旅中所做的那样。

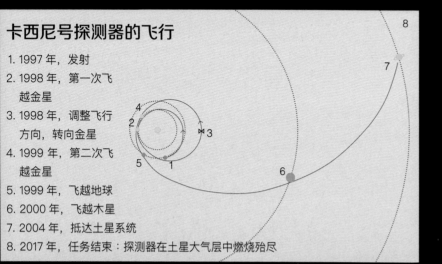

卡西尼号探测器的飞行

1. 1997年，发射
2. 1998年，第一次飞越金星
3. 1998年，调整飞行方向，转向金星
4. 1999年，第二次飞越金星
5. 1999年，飞越地球
6. 2000年，飞越木星
7. 2004年，抵达土星系统
8. 2017年，任务结束：探测器在土星大气层中燃烧殆尽

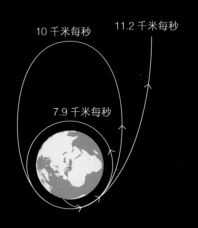

10千米每秒　　11.2千米每秒

7.9千米每秒

环绕地球

地球上发射的探测器要绕地球飞行所需的最小发射速度，即第一宇宙速度，又称为环绕速度，大小为7.9千米每秒。发射速度介于第一宇宙速度和第二宇宙速度之间的探测器，可以在偏心率不同的椭圆轨道上围绕地球运行。

时空旅行

光速（299 792 千米每秒）

太阳神号探测器A（252 793 千米每小时）

月球　　　　　金星 火星　　　　木星　　　土星　　　天王星 冥王星 阋神星 日球层顶

海王星

引力弹弓效应

速度

+   −

宇宙飞船

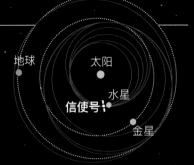

地球

太阳

水星

信使号

金星

当一个像宇宙飞船大小的物体进入一个比它大得多的天体（如行星）的椭圆轨道时，动能交换使得较小的物体可以在不使用燃料的情况下加速或减速，这种效应被称为引力助推或引力弹弓效应。为了加速，宇宙飞船相对行星轨道的入射角必须大于相对行星轨道的逃逸角（红色表示）；反之，为了减速，其相对行星轨道的入射角要小于相对行星轨道的逃逸角（蓝色表示）。

减速

为了进入围绕水星的稳定轨道，信使号探测器通过频繁使用引力助推，连续绕地球、金星和水星运行来降低速度，最终进入环水星轨道。

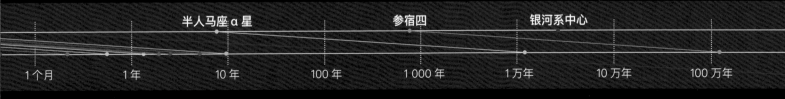

半人马座 α 星   参宿四   银河系中心

1 个月   1 年   10 年   100 年   1 000 年   1 万年   10 万年   100 万年

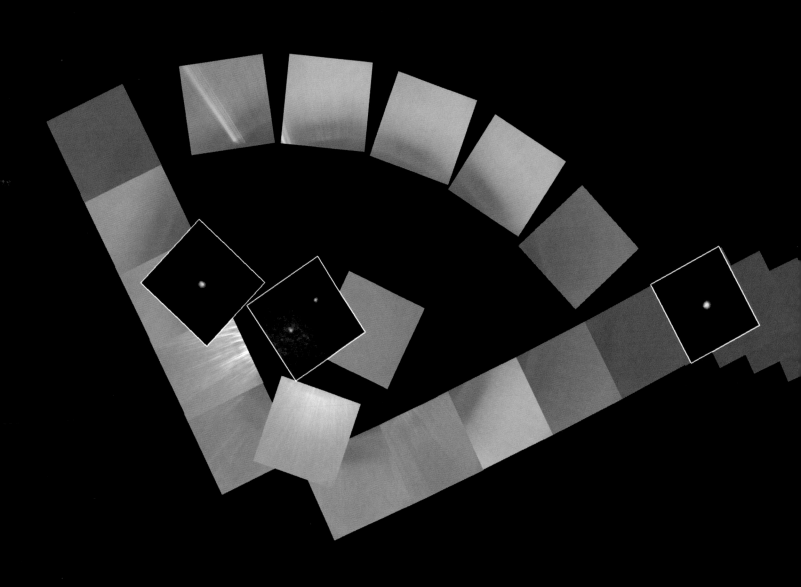

形排列反映了旅行者 1 号为了拍下行星所做的连续调姿。在这幅照片中，从左到右依次是：木星、地球 – 金星（由于它们距离很近，可以在一张照片中同框）、土星、天王星、海王星。

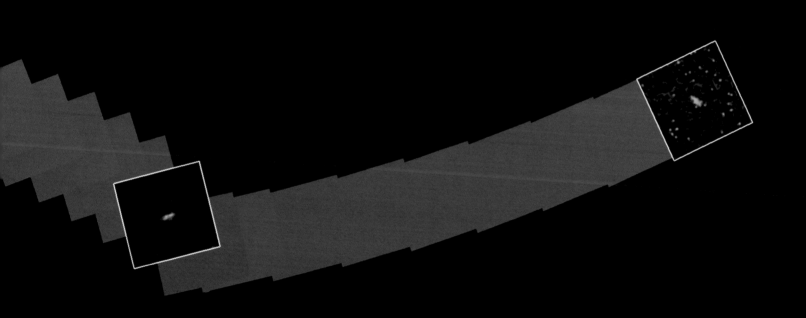

太阳系全家福

　　1990 年 2 月 14 日，旅行者 1 号在最后一次回首太阳系时拍下了这张照片。它被称为"太阳系全家福"，由 60 张独立的照片合成，照片的蛇形排列反映了旅行者 1 号为了拍下行星所做的连续调姿。在这幅照片中，从左到右依次是：木星、地球 – 金星（由于它们距离很近，可以在一张照片中同框）、土星、天王星、海王星。

气态巨行星，岩质行星

所有的行星都起源于曾经环绕太阳的原行星盘。天体们与太阳的距离决定了哪些天体会形成行星，以及它们将形成气态巨行星抑或岩质行星。

如果我们能回到过去，回到我们的恒星形成的那一刻，我们会看到它被一个由尘埃和气体组成的湍流盘包围着。这颗原恒星通过物质的吸积或逐渐聚集来积累质量，利用它的磁场吸收原盘物质。行星形成的过程与此相似，形成的类型取决于行星与"霜线"的相对位置。"霜线"与原恒星之间的距离使得那里的温度足够低，因此水、氨和甲烷等化合物可以凝结成固态冰。在霜线以外的天体凝聚并生长，吸积了大量气体。而在霜线以内，炽热的高温使较轻的元素被蒸发，只留下岩石和金属，以形成小型的、仍需通过相互碰撞而生长的行星种子。

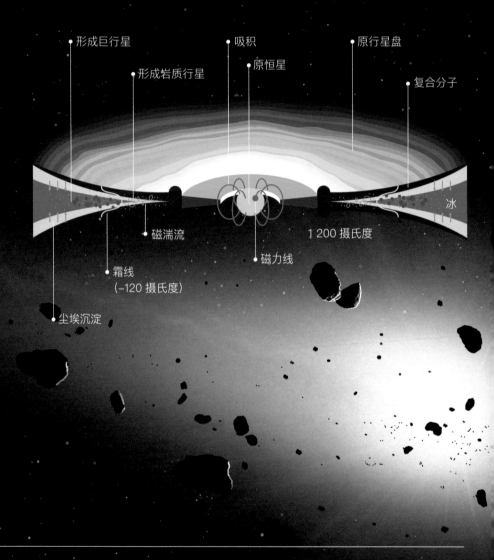

形成巨行星

形成岩质行星

吸积

原恒星

原行星盘

复合分子

磁湍流

冰

1 200 摄氏度

霜线
（−120 摄氏度）

磁力线

尘埃沉淀

原行星碰撞动力学

地球这一类岩质行星通过与其他有着相当质量的原行星碰撞、融合，形成它们的最终形态。

两个大小相似的天体相撞，撞击使它们变形。

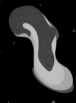

热使物质相互混合并在引力的作用下坍缩。

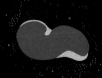

铁核移动到混合物质的中心。

新形成的原始地球开始快速旋转。

漂浮在原始地球周围的碎片最终形成了月球。

燃烧的巨人

　　这个岩质原行星非常接近它的中心恒星，由于质量足够大而呈现为球形，不过它的表面不断遭受小行星的撞击。

火星表面

这张好奇号火星车的自拍照是在夏普山脚下的莫瑞孤峰群（Murray Buttes）地区拍摄的，结合了 60 张照片，让我们对火星表面景观有了更全面的了解。火星地表的红色得自覆盖其表面的氧化铁。

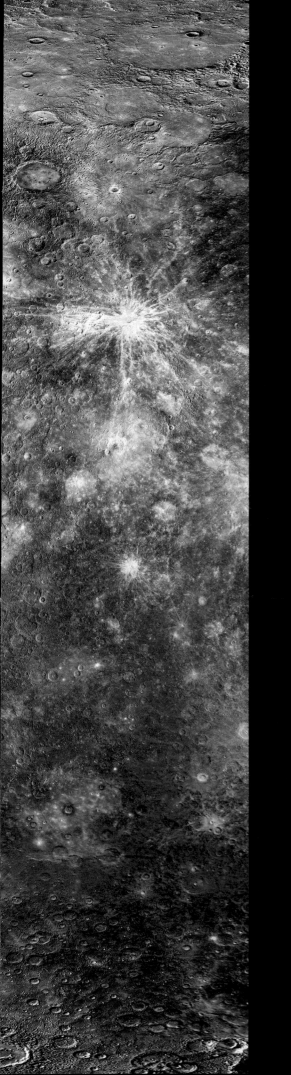

地球和
其他岩质行星

这张水星表面的拼接图像是由信使号探测器拍摄的。为了突出这颗行星表面的地形地貌，它将色彩调至高饱和的程度，以揭示更多人眼无法识别的特征。

1

2

岩石世界

1 地球

地球是太阳系中密度最大的行星，平均密度为 5.51 克每立方厘米，它也是最大的岩质行星。地核主要由铁、镍和硫构成。内核为固体，外核部分熔融，由于磁场作用而存在对流。地幔由镁铁硅酸盐组成，地壳则由镁铝硅酸盐组成。地球最显著的特征之一是表面存在液态水，表面平均温度为 14 摄氏度。

2 金星

金星的体积和质量与地球相似，这意味着它的成分和内部结构也可能与地球相似。金星表面的火山比其他任何一颗行星都要多，其中许多火山可以用很久以前的一次大撞击来解释，那次撞击还导致了金星的逆向自转。金星的表面平均温度很高，可达 460 摄氏度。由于强烈的温室效应和使热量重新分布的强风，它的温度几乎不发生变化。

3 火星

火星的体积为地球的 15%，而质量只有地球的 10.7%，因此它的密度比地球略小。火星的密度是 3.94 克每立方厘米，这表明它的内核含有大量的轻元素。火星的表面是最像地球的——它有沙丘（见上图）这一类的地质构造以及以冰和水蒸气的形式存在的水。火星的表面平均温度据估计为 −63 摄氏度。

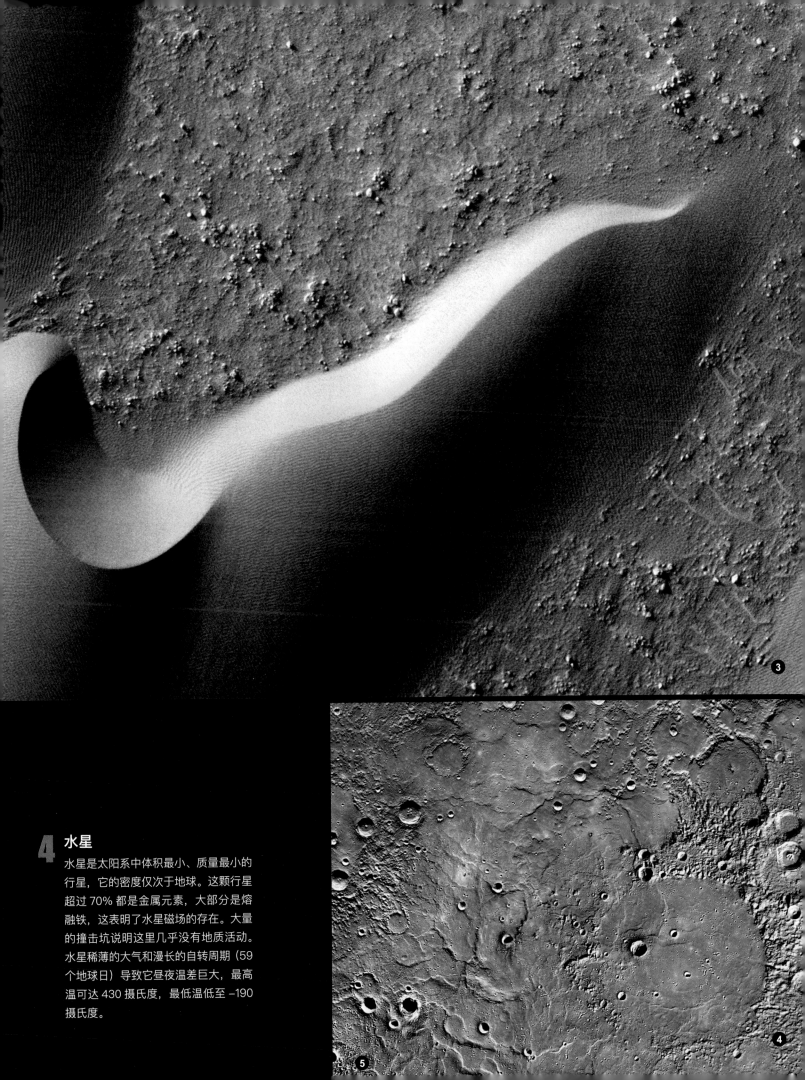

4 水星

水星是太阳系中体积最小、质量最小的行星，它的密度仅次于地球。这颗行星超过 70% 都是金属元素，大部分是熔融铁，这表明了水星磁场的存在。大量的撞击坑说明这里几乎没有地质活动。水星稀薄的大气和漫长的自转周期（59个地球日）导致它昼夜温差巨大，最高温可达 430 摄氏度，最低温低至 −190 摄氏度。

稀薄的大气层

与气态巨行星相比，岩质行星的大气层比较稀薄。就地球而言，稀薄的大气层正是生命得以存在的条件之一。

带外行星有足够的质量来捕获包括氢和氦在内的大量气体，而带内行星捕获数量不等的气体，因而形成了不同的大气组成。例如，地球和金星会吸引水蒸气、甲烷和氨，但火星却不会。值得一提的是，太阳系中还有另外一些具有大气层的天体，如土卫六和冥王星。

生命的保护者

大气层在保护地球上的生命免受极其危险的太阳辐射方面起着重要的作用。它主要由氮气和氧气组成，还有少量的其他气体。水蒸气和二氧化碳是至关重要的，因为它们可以以热的形式储存太阳能。

蓝色日落，红色行星

由于火星尘埃对光线的散射，火星日落呈现出均一的蓝色。由于蓝色相对于其他颜色被散射得较少，太阳周围被一层蓝色光晕所笼罩。火星上没有云层，所以光的强度没有变化。

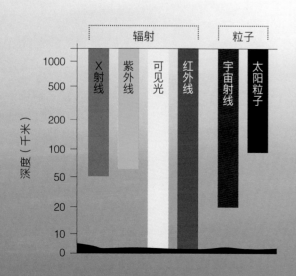

抵挡辐射的盾牌

太阳能以电磁辐射和带电粒子的形式到达地球。它们在抵达地球之前和从地表反射之后都会被大气吸收。电离辐射（X 射线、紫外线和宇宙射线）可以改变原子和分子的性质，对生命有害，但它们在大气层中穿越的距离不会超过 20 千米。

大气的组成和结构

火星大气

火星大气主要由二氧化碳、氮气和少量水蒸气组成，而且非常稀薄。火星表面的大气压约为地球平均海平面气压的 0.6%。

金星大气

金星大气的高密度使它的表面大气压是地球的 90 倍。硫酸云反射了太阳的大部分能量，但强烈的温室效应使金星成为太阳系中表面温度最高的行星。

地球大气

对流层是最接近地表的一层，大多数气象现象是在这里发生的。在它之上，平流层含有臭氧层，可以过滤掉紫外辐射。大气的温度取决于你所处的位置距地表有多远。热层温度的迅速升高，是由于它吸收了高频太阳辐射。大气的外逸层逐渐与太空相融合。

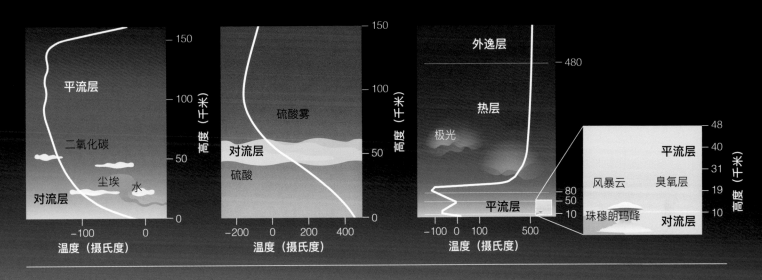

黑夜之光

夜光云，或称夜耀云，是由冰和流星碎片组成的。尽管它们的表面暗淡无光，但是它们处于大气层的中间层，这个高度使得太阳的最后一缕光线可以照亮它们。

水星，离太阳最近的行星

水星是太阳系中体积最小、质量也最小的行星。它离太阳很近，因此探测难度很高，但研究人员已经设法获得了关于它的构成以及大气的信息。

尽管水星比太阳系中的某些卫星还要小，但由于其巨大的铁核，它有着很高的密度。它的幔和壳相对较薄。根据目前最广为接受的理论，在太阳系形成过程中，水星在与一颗星子碰撞后失去了大部分壳和幔，从而形成了这种不寻常的结构。乍一看，水星的地表形貌与月球非常相似，其表面布满了行星形成时由天体碰撞形成的撞击坑。其中一些撞击坑被火山爆发喷出的熔岩流充填着，熔岩流的覆盖使得地表的一些区域变得平滑。这些火山在 7.5 亿年前停止了活动。水星上最引人注目的

撞击坑是卡洛里平原，它是在一次剧烈的撞击中形成的，这次撞击甚至导致水星的背面出现了裂缝和悬崖（即陡坡）。

稀薄而不稳定的大气

由于体积小、温度高（在朝向太阳的地区可以超过 430 摄氏度），水星无法维持稳定的大气层。它被一个非常薄的、被称为外逸层的气体层覆盖。水星表面的大气压只有 1 000~1 100 帕斯卡，而地球海平面上的大气压为 1.01×10^5 帕斯卡。

内部结构

壳

水星的壳由富含镁和其他硅酸盐的玄武岩构成，它的表面有许多撞击坑和绵延数千米的悬崖。

幔

水星的幔相对较薄，厚度仅 600 千米，它由熔融岩石构成，密度比核小得多。

外核

水星的外核是由硫化铁构成的固态层，它包裹着内核。

内核

致密的内核占水星总体积的 61%。它由部分熔融的铁构成，水星的磁场即由此而来。

太阳　　水星　金星　地球　火星　　　木星　　土星　　天王星　海王星

岩质行星　　　　　　　　　　气态巨行星

卡洛里平原

卡洛里平原（图中巨大的黄色圆斑）直径达 1 550 千米，是水星表面最显著的特征，也是太阳系中最大的撞击坑之一。撞击产生的能量将物质抛掷到距离坑边界 1 000 千米的地方。熔岩流出水星幔，形成了一个高度约为 2 千米的环。

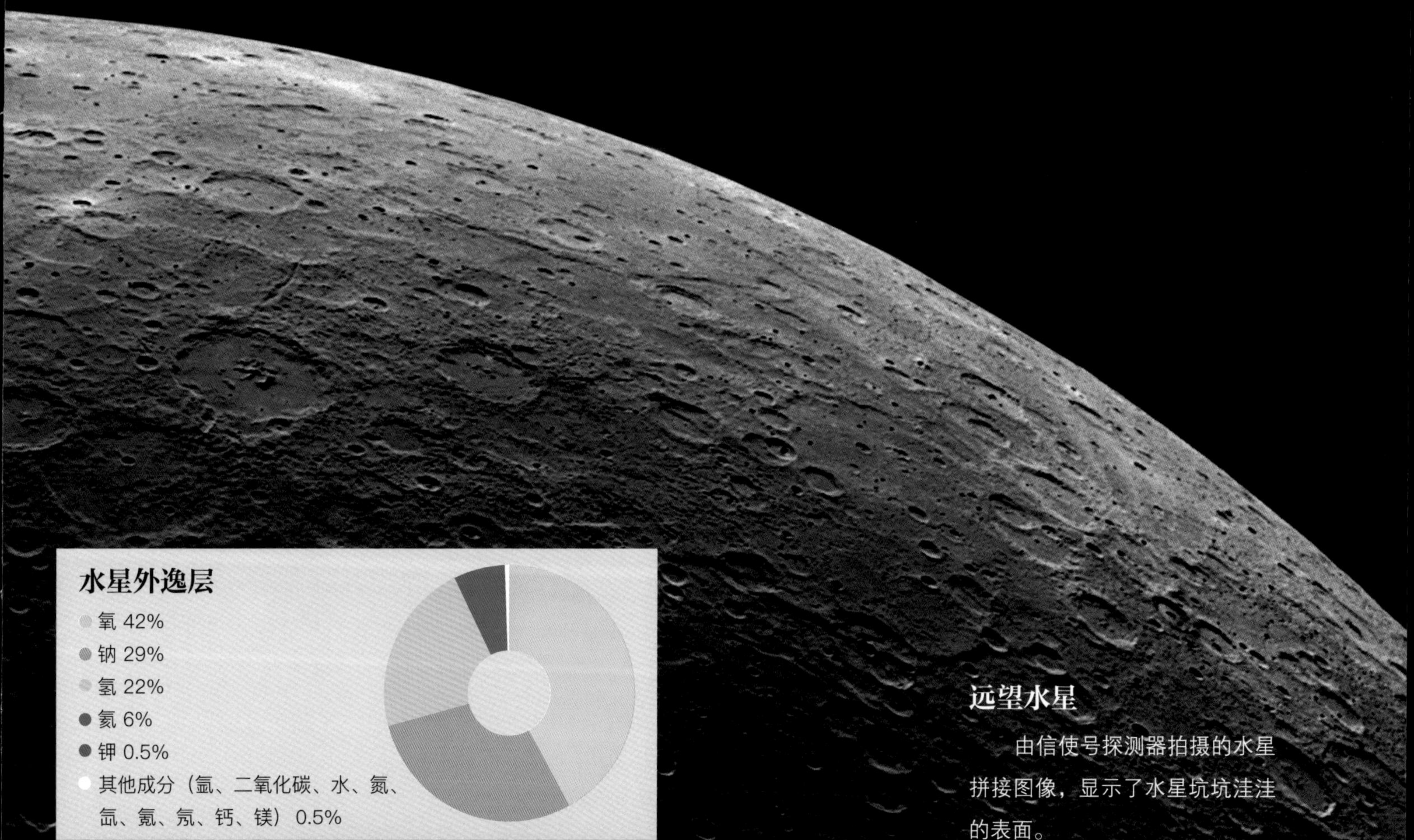

水星外逸层

- 氧 42%
- 钠 29%
- 氢 22%
- 氦 6%
- 钾 0.5%
- 其他成分（氩、二氧化碳、水、氮、氙、氪、氖、钙、镁）0.5%

远望水星

由信使号探测器拍摄的水星拼接图像，显示了水星坑坑洼洼的表面。

金星，最热的行星

金星是距离地球最近的行星邻居，就体积和构成来说也是最相似的，但二者的相似性仅限于此。在这个由火山活动塑造的星球上，稠密的大气层捕获了太阳辐射，让这颗星球产生了炼狱般的高温。

金星在许多方面与地球相似，如它的体积、质量和构成。金星甚至很可能在过去的某一时期是适宜人类居住的。然而，如今的金星可不是什么天堂。金星大气层的成分以二氧化碳为主，而覆盖着这颗星球的致密的硫酸云层捕获太阳辐射，导致了极其强烈的温室效应，令金星成为太阳系中最热的行星。它的表面平均温度可达 460 摄氏度。金星大气密度如此之大，以至于其表面大气压是地球表面的 90 倍。

火山形成的地貌

尽管金星的大气条件极端恶劣，但它是我们人类空间探测器造访的第一颗近邻行星。苏联的金星（Venera）7 号探测器于 1970 年出发远航，自金星表面传回了它的图像。这些照片呈现出一个由一度极为剧烈的火山活动所造就的星球表面，而一些证据表明那里可能仍然有活火山存在。金星的大部分表面似乎是几亿年前才形成的，这意味着金星可能曾遭受过一场灾难性的事件，该事件使它的壳层发生了重组。地球的这个脾性极端的邻居还有一个奇怪的特征，即它的自转，金星的自转与太阳系中除天王星以外的所有其他行星的自转方向相反。我们目前还不知道它为何会逆向自转，但这很有可能也是上文提到的那次灾难事件所致。

金星的表面

金星的表面相对较年轻，仅有 4 亿年的历史。其特点是平原上有纵横交错的熔岩流、火山和山脉。这幅图像由麦哲伦号探测器传回的数据生成。

宜居世界

金星的表面是我们所见到过的最恶劣的环境之一。但它一直都是这样吗？根据麦哲伦号探测器获得的数据，科学家们重建了金星在不同历史时期的气候。结果表明，30 亿年前，金星的表面平均温度约为 11 摄氏度，而且随着太阳的演化，在接下来的 12 亿年上升了 4 摄氏度。在左侧的图中，金星表面呈陆地－海洋模式，这种模式说明这颗行星可能曾是一颗适宜居住的星球。

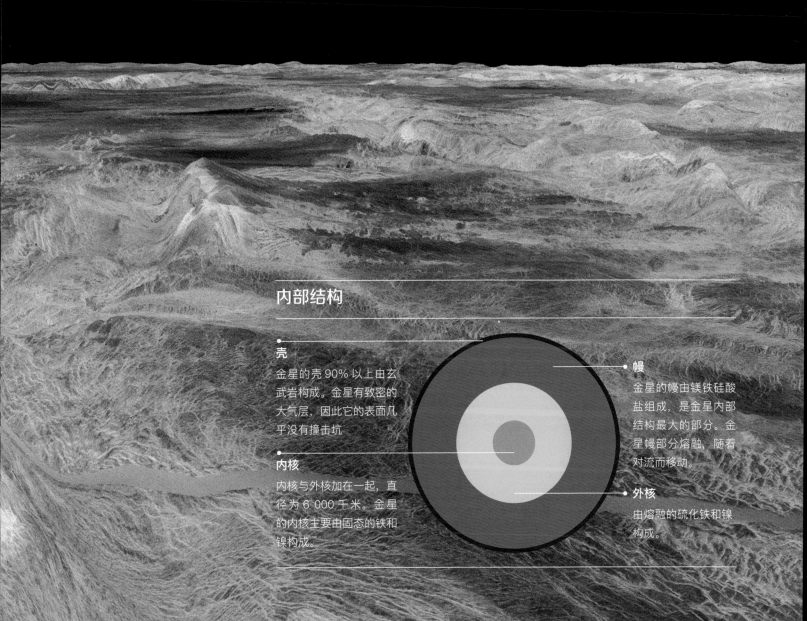

金星大气

- 二氧化碳 96%
- 氮 3.5%
- 其他成分（二氧化硫、氩、水、一氧化碳）0.5%

内部结构

壳

金星的壳 90% 以上由玄武岩构成。金星有致密的大气层，因此它的表面几乎没有撞击坑

内核

内核与外核加在一起，直径为 6 000 千米。金星的内核主要由固态的铁和镍构成。

幔

金星的幔由镁铁硅酸盐组成，是金星内部结构最大的部分。金星幔部分熔融，随着对流而移动。

外核

由熔融的硫化铁和镍构成。

地球，蓝色行星

地球的大小以及它与太阳相距的轨道距离，使得这颗太阳系中最大的岩质行星能够拥有有利于生命存在的保护性大气层和液态水。

地球比金星稍大，与太阳的距离仅次于水星、金星。尽管它的体积在八大行星中仅排第五位，但它的密度却是太阳系所有行星中最大的。

独一无二的特征

地球自身及其外部都具备得天独厚的条件。首先，地球位于太阳系的宜居带，这意味着太阳辐射的强度允许地球表面的水以液态形式存在。地球表面的温度与水的"三相点"非常接近，此时水的三种基本状态——固态、液态和气态，都可以存在。事实上，水覆盖了地球表面 3/4 的面积。其次，地球的大气主要由氮气和氧气组成，它们对于生物活动来说非常重要，而地球的臭氧层和磁场可以保护我们免受太阳高能粒子的伤害。再次，地球外层（地壳和上地幔）的岩石圈分裂成不断移动的板块，并引发地震和火山活动，进而形成高山和海沟。地球有一颗天然卫星，即月球。月球与地球的体积比在太阳系所有卫星与其绕行行星中是最大的。

地球大气

- 氮 78%
- 氧 21%
- 氩 0.9%
- 其他成分（二氧化碳、氖、氦、甲烷）0.1%

内部结构

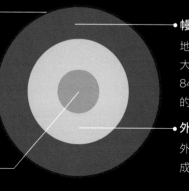

壳
海洋地壳由玄武岩组成，与大陆地壳略有不同。大陆地壳较厚，主要由花岗岩组成。地壳与地幔一起，构成岩石圈。岩石圈分裂成构造板块。巨大的岩石板块由于地幔的对流而发生位移。

内核
内核呈固态，由铁镍合金组成。

幔
地幔是地球各结构层中最大的一层，占总体积的 84%。它由富含铁和镁的硅酸盐岩石构成。

外核
外核由熔融的铁和镍构成，并产生了地球的磁场。

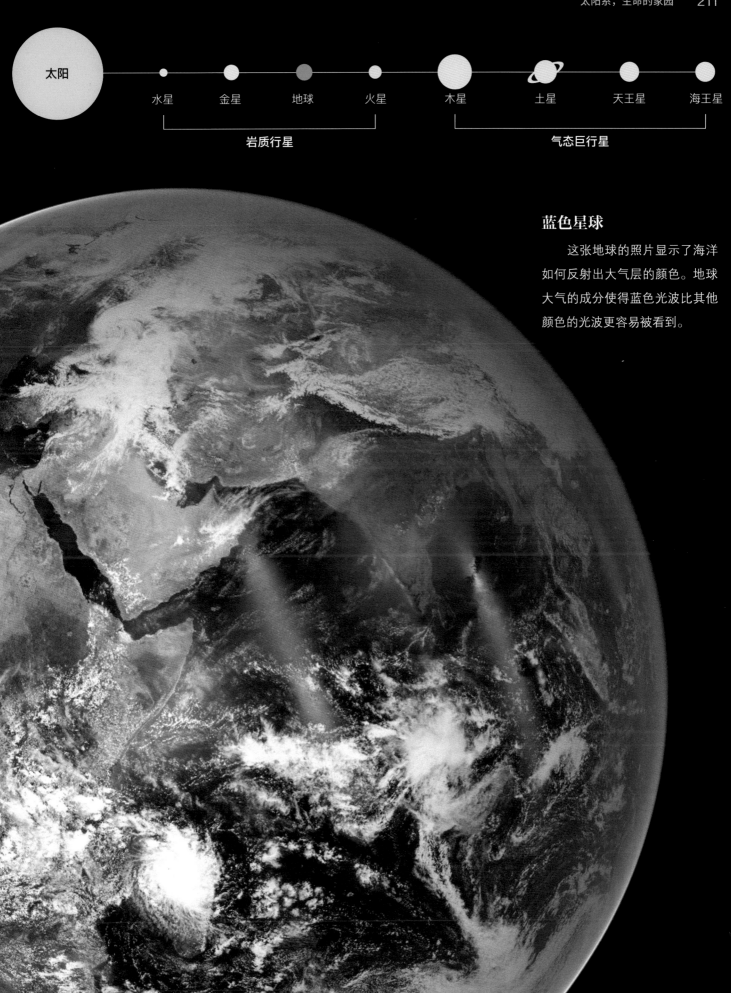

| 太阳 | 水星 | 金星 | 地球 | 火星 | 木星 | 土星 | 天王星 | 海王星 |

岩质行星　　　　　　　　　气态巨行星

蓝色星球

这张地球的照片显示了海洋如何反射出大气层的颜色。地球大气的成分使得蓝色光波比其他颜色的光波更容易被看到。

地球和月球

就自身与绕行行星的体积比来说，月球与地球的比值无疑是太阳系中最大的。我们认为月球诞生于 45 亿年前，是由原始地球与一颗类似火星大小的星子碰撞时产生的碎片形成的。

月球的直径超过地球的 1/4（达 27%），几乎大到可以被认为是地球的孪生行星。月球的可见表面能够覆盖地球大陆面积的 1/4 以上。崎岖不平的月球表面布满了撞击坑，这表明它不具备大气层和板块构造。由于没有气体保护层，月球的表面温度可以从白天的 100 摄氏度降到晚上的 –150 摄氏度。据记录，月球的最高和最低温度分别达到 122.7 摄氏度和 –232 摄氏度，这使它成为太阳系中最冷的地方之一。

共生行星

关于月球的起源，众说纷纭。目前广为接受的观点认为，在地球诞生的最初阶段，原始地球与一颗星子相撞，碰撞抛出的碎片重新融合冷凝形成了月球。这个大碰撞理论的事实依据如下：月球和地球的岩石具有一些相同的同位素成分（如氧），这表明它们可能具有共同的起源；与此同时，月球的密度较低，月核中几乎没有铁元素，因此月球可能是由碰撞后抛射出去的"较轻"的物质积聚形成的。

黑暗的世界

月球看起来很明亮，但与地球大约 30% 的反射率相比，它的太阳光反射率只有 3% ~ 12%，这种反射率的削弱是由于月球缺少过渡金属元素。

互相吸引

月球的自转周期约为 27 天，与绕地球的公转周期相等，这种对称性使月球被潮汐锁定，我们因此永远只能看到它的同一面。月球的体积以及它与地球之间的距离使得两个天体之间的引力相互影响。这种推力和拉力是地球海洋潮汐和月球地震的原因。

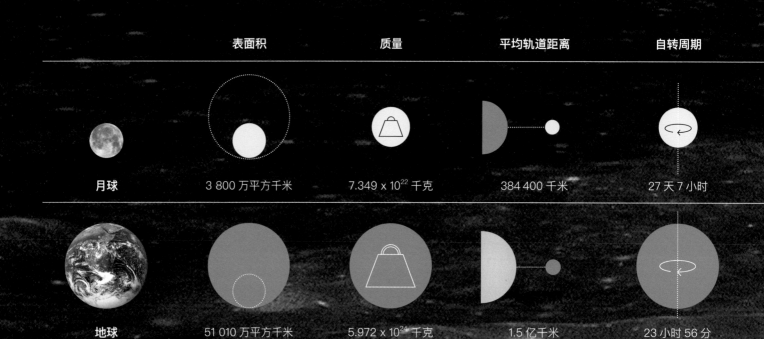

	表面积	质量	平均轨道距离	自转周期
月球	3 800 万平方千米	7.349×10^{22} 千克	384 400 千米	27 天 7 小时
地球	51 010 万平方千米	5.972×10^{24} 千克	1.5 亿千米	23 小时 56 分

月球景观

　　1969 年，阿波罗 11 号飞船在执行任务时拍摄下了这张照片，从荒凉的布满撞击坑的月球表面上看，地球周身遍布着像大理石一般的明亮蓝色条纹。

自转轴倾角	轨道周期	表面平均温度	轨道偏心率	表面重力加速度
	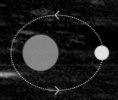		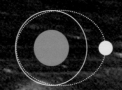	
5.145 4 度	27.32 个地球日	−110 摄氏度	0.054 9	1.62 米每二次方秒
	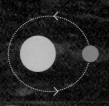			
23.44 度	365.25 个地球日	14 摄氏度	0.017	9.8 米每二次方秒

火星，最后一颗岩质行星

火星的直径只有地球的一半多一点，但它的内部结构与我们的地球相似，它的表面与地球上一些最干燥的地方也没有差别。

火星是距离太阳第四远的岩质行星。小行星带位于火星之外，即火星和木星之间的区域，那里聚集着太阳系的绝大多数小行星。这颗离地球第二近的行星，有一些与地球相同的特征，科学家们因此想要进一步地探索它。火星，又被称为红色星球，它的红色来自其表面丰富的氧化铁。它的大气层很稀薄，主要由二氧化碳构成，其表面大气压只有 700 帕斯卡（比地球上的 1% 还小）。稀薄的大气层和全球磁场的缺乏意味着火星没有能有效抵御辐射和太阳风的防护屏障。火星温度变化范围从 −87 摄氏度到 20 摄氏度。

火星表面

火星有极冠、高耸的火山和巨大的峡谷，除此之外，它的表面看起来几乎跟月球一样。火星表面主要是由来自火星幔的岩浆（熔融岩石）形成的。在火星演化的最初阶段，现在的幔层是火星内部的一些液体。火星上某些地方的地质活动仍然活跃。它的极冠显示出季节性的变化，沙丘随风移动，小溪流的出现似乎也随季节变化。事实上，欧洲空间局的火星快车（Mars Express，于 2003 年发射，期望服役至 2020 年）已在火星的南极冰盖下发现了一个咸水湖。火星的一些环境条件和地貌特征可以与地球相对照。大约 38 亿年前，火星有密度较高的大气层、通过内核自转产生的磁场、更温暖的气候和由液态水形成的大片海洋，因此这颗行星上很可能曾存在某种形式的生命。但是，随着环境的变化，火星变成了我们今天所认识的极为干燥、寒冷的星球。

内部结构

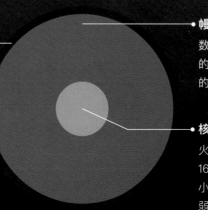

壳

火星壳的主要成分是玄武岩以及风化产物氧化铁。火星独特的红色便源自氧化铁。

幔

数百万年前，火星幔是液态的，它的岩浆塑造了火星壳的表面。

核

火星核由固态的铁、镍和占 16% 的硫构成。由于体积小、自转慢，它只能产生微弱的磁场。

火星大气

- 二氧化碳 95.3%
- 氮 2.7%
- 氩 1.6%
- 其他成分（氧、水、一氧化碳）0.4%

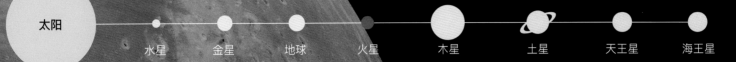

太阳　　水星　金星　地球　火星　　木星　土星　天王星　海王星

岩质行星　　　　　　　　　　气态巨行星

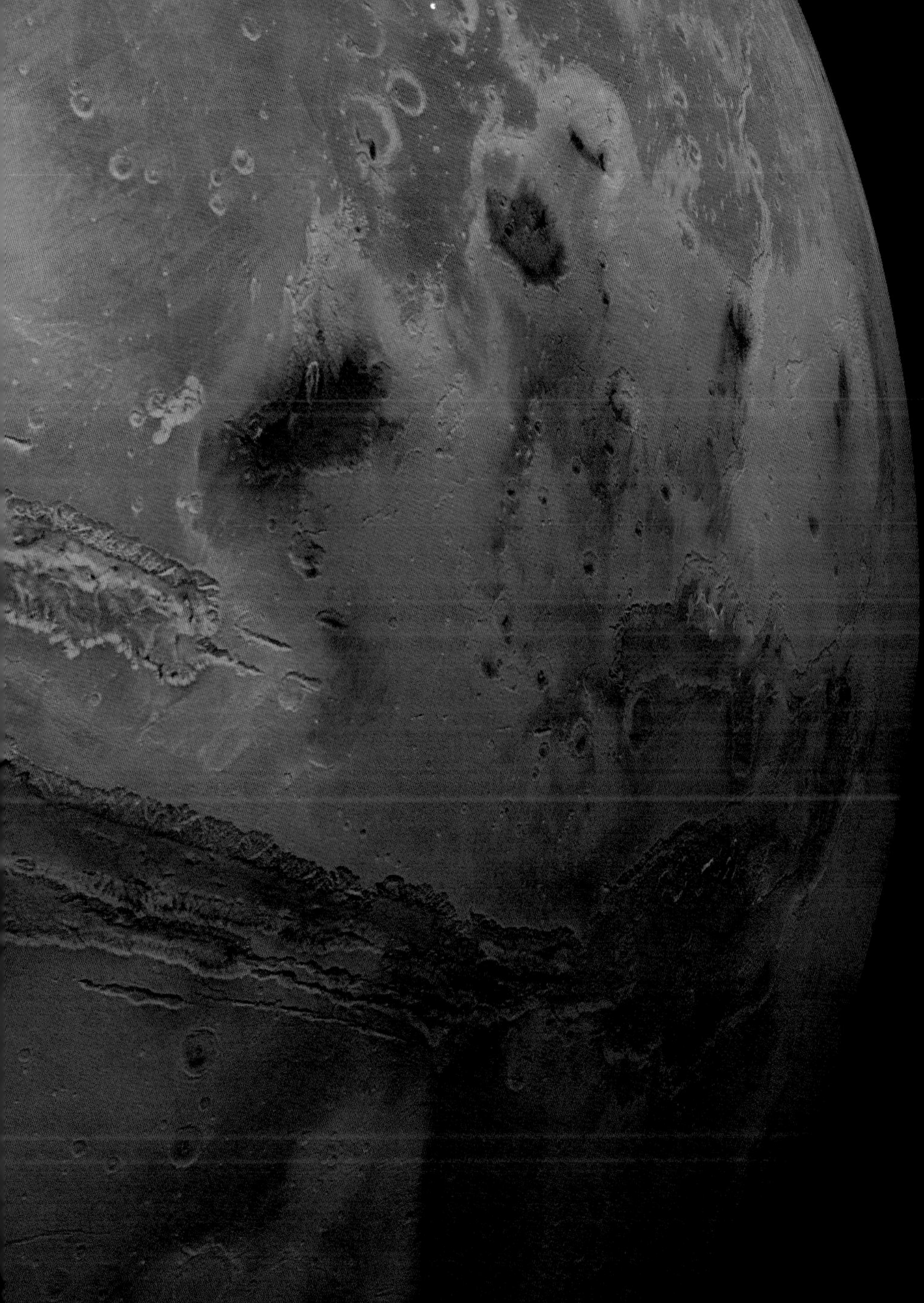

神秘的甲烷

在地球上，甲烷是生物制造出的气体，因此当 2004 年火星快车任务在火星大气中发现甲烷时，人们感到很惊讶。多亏了夏威夷莫纳克亚望远镜（Mauna Kea telescopes）的光谱仪，科学家们才绘制出了第一张火星上的甲烷分布图（见下图）。据估计，火星每年可以产生大约 150 吨甲烷，尽管我们仍然不知道这些气体是如何形成和消失的。2020 年，欧洲空间局和俄罗斯联邦航天局（Roscosmos）的联合任务火星生命探测计划（ExoMars）将绘制出一幅更精确的火星甲烷分布图，以期确定甲烷的来源并解开这一谜团。

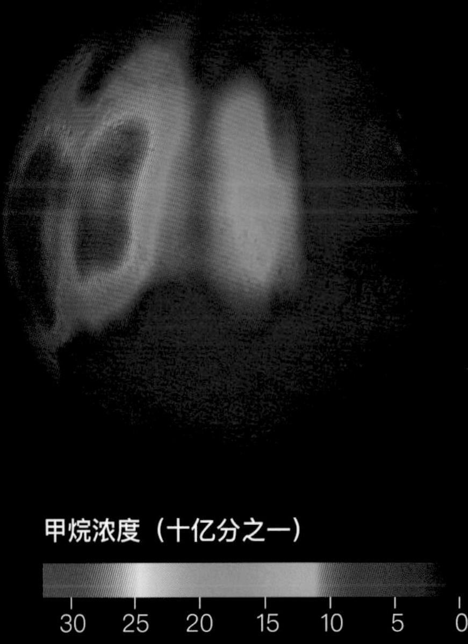

水手峡谷

这张火星图片由海盗 1 号轨道飞行器于 1980 年 2 月 22 日拍摄的 102 张照片拼接而成。图片中心所展示的是火星上宏伟壮观的水手峡谷，该峡谷长 4 000 千米，深 7 千米。

甲烷浓度（十亿分之一）

30　25　20　15　10　5　0

火星和地球

尽管火星比地球更小、更轻，甚至不是我们最近的邻居，但它被认为是地球的一颗姊妹行星，有可能成为人类未来的殖民地。

火星是太阳系中与地球最相似的行星。它的白昼长度和自转轴的倾角几乎与地球相同，火星上的季节、极冠和云层也与地球大致相同。两者的主要区别在于火星的表面平均温度更低。这颗红色星球上没有液态水，且大气层更稀薄。

一个类似地球的地貌

博勒拉峡谷（Chasma Boreale），位于火星北极，冰盖的季节性消融让风将沙子积聚成沙丘。

	表面积	质量	平均轨道距离	自转周期
火星	14 480 万平方千米	6.417×10^{23} 千克	22 800 万千米	24 小时 37 分
地球	51 010 万平方千米	5.972×10^{24} 千克	15 000 万千米	23 小时 56 分

四季循环

　　右图以太阳的北极为中心，采用的是俯视太阳系的视角。在火星和地球轨道上，外环显示北半球的季节，而内环显示南半球的季节。火星和地球有相似的自转轴倾角，这意味着它们的季节几乎是相互对应的。不过，火星年大约是地球年的两倍，这意味着它的季节的长度也是地球季节的两倍。考虑到火星轨道具有更大的偏心率，它的某些季节要比其他季节更长，北半球的春季和夏季比南半球更长，而南半球的秋季和冬季比北半球更长。

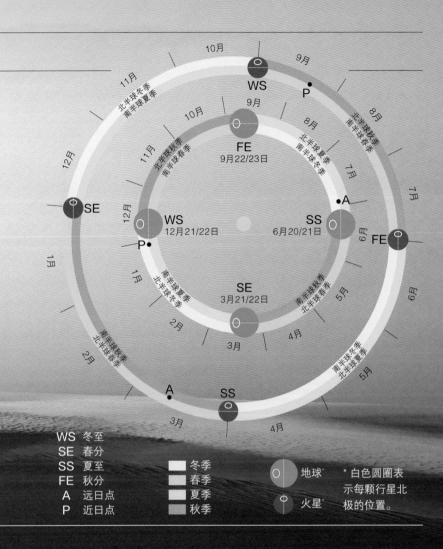

北半球的季节	季节长度（地球日）	
	地球	火星
春季	93	194
夏季	93	178
秋季	90	142
冬季	89	154

WS　冬至
SE　春分
SS　夏至
FE　秋分
A　远日点
P　近日点

冬季
春季
夏季
秋季

地球
火星

* 白色圆圈表示每颗行星北极的位置。

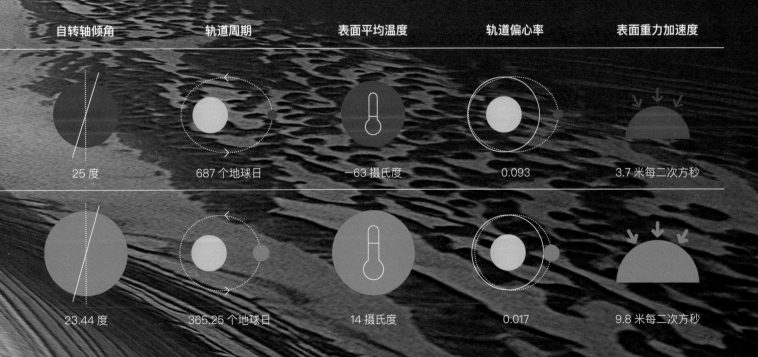

自转轴倾角	轨道周期	表面平均温度	轨道偏心率	表面重力加速度
25 度	687 个地球日	−63 摄氏度	0.093	3.7 米每二次方秒
23.44 度	365.25 个地球日	14 摄氏度	0.017	9.8 米每二次方秒

火星地图

火星有着许多引人注目和引人入胜的地质特征，蜿蜒的地形线将火星表面分成了古老的崎岖不平的地区（以暖色表示）和年轻的平坦的地区（以冷色表示）。

关于火星南北分界的起源，也被称为火星的二分性，一直是争论不休的话题。科学家们对于这一现象的形成提出过多种理论，如一次大撞击、灾难性的内部过程，以及火星的构造板块等等。我们所知道的一件事是，火星靠近南极的 2/3 的表面有大量的撞击坑，而靠近北极的 1/3 的表面则大多是平坦的平原，地势也不那么崎岖不平。

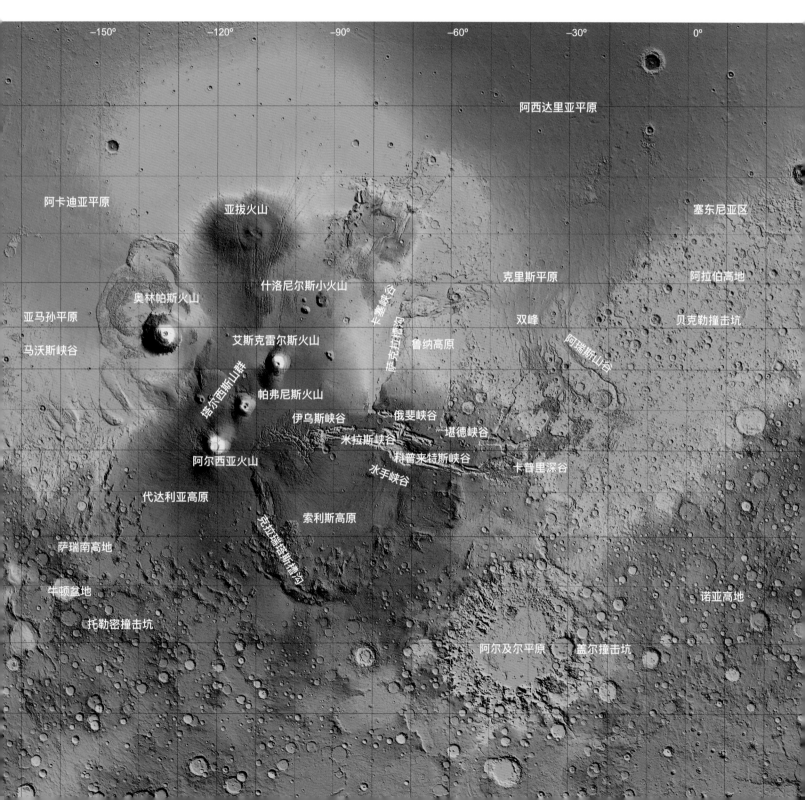

高耸的火山

火星上的火山非
常巨大，位于太阳系
中最高的山峰之列。

● 奥林帕斯火山　22 千米

● 艾斯克雷尔斯火山　18 千米
◗ 阿尔西亚火山　16 千米
● 帕弗尼斯火山　14 千米

火星地形图

火星轨道激光测高仪收集了这
颗红色星球全球的地形数据，并用
不同的颜色标示地表高度。

高度（千米）

-8　-4　0　4　8　12

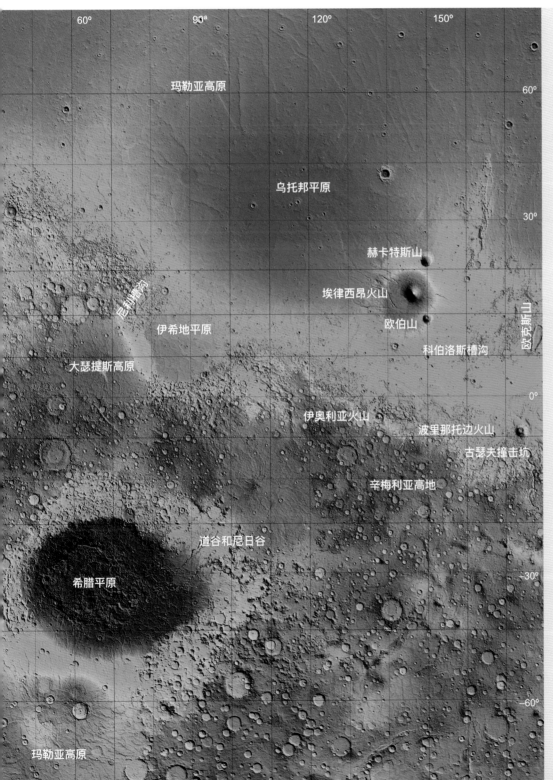

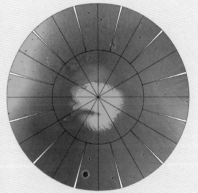

纬度：北纬 60 度～ 90 度

北半球

这个半球是最近几亿年的
火山活动形成的，相对平坦，很
少有撞击坑。这里的火星壳最大
厚度达 32 千米。

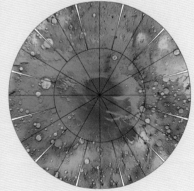

纬度：南纬 60 度～ 90 度

南半球

南部较早形成的区域占据
了火星表面的 2/3，它的形成时
间可能要追溯到一次巨大的流星
撞击事件。这一区域的火星壳厚
度最高可达 58 千米。

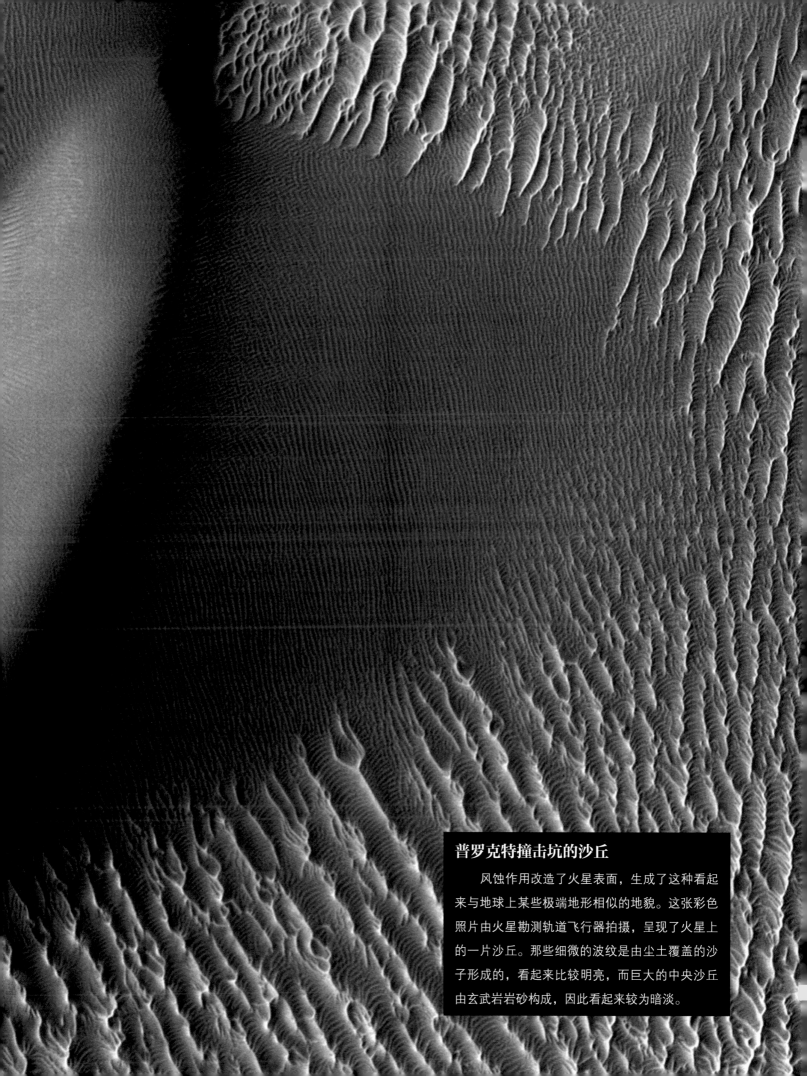

普罗克特撞击坑的沙丘

　　风蚀作用改造了火星表面，生成了这种看起来与地球上某些极端地形相似的地貌。这张彩色照片由火星勘测轨道飞行器拍摄，呈现了火星上的一片沙丘。那些细微的波纹是由尘土覆盖的沙子形成的，看起来比较明亮，而巨大的中央沙丘由玄武岩岩砂构成，因此看起来较为暗淡。

太阳系的火山

所有的岩质行星，包括地球在内，都显示出火山活动的迹象，不管它们是正在进行还是发生在很久以前。我们在外太阳系通常看不到这类活动，只有一个例外，那就是木星的卫星——木卫一。

大多数岩质行星的表面都覆盖着火山，地下岩浆将从这里喷出。目前，绝大多数火山都处于休眠状态。火山活动的特征因行星而异。

火星的火山

火星的引力较弱，因此它的火山具有巨大的喷发威力。它们的熔岩流持续时间长，规模大，并造就了一些已知的大型火山。其中最大的是塔尔西斯火山区的奥林帕斯火山，高 22 千米。与火星上大多数火山一样，它目前并不活跃。

地球的火山

在地球上，火山活动一般发生在构造板块相互挤压的边缘处。这类喷发活动不仅局限于火山。事实上，大量的熔岩和气体释放是沿着大洋中脊发生的。

太阳系其他天体上的火山

金星上有 1 600 多座火山，但是由于金星致密的大气层，所以它们很难被观测到。金星没有构造板块，而且它的壳也不滑动，只会上升和下沉。2015 年，金星快车探测器发现了火山活动的迹象。

外太阳系的火山

在木星最大的几颗卫星中，木卫一是离它最近的。二者的距离是引发木卫一上地质活动的主要原因，它们可以说是太阳系中最强烈的地质运动。来自气态巨行星和近邻卫星之间持续的引力推拉，使木卫一产生了巨大的潮汐力。由此产生的摩擦使木卫一升温，并引起火山活动。木卫一有 400 多座活火山，其中一些火山产生的硫黄和二氧化硫云可上升至数百千米的高空。

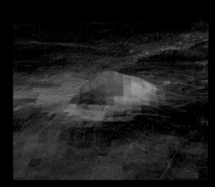

金星的热区

这张金星表面的伊登蒙斯火山（Idunn Mons volcano）的照片经过颜色编码，用红色表示最热的区域。火山顶部明显比周围温度高，这表明最近有过熔岩喷发。

诸神的居所

奥林帕斯火山高达 22 千米，俯瞰着火星上的塔尔西斯地区，山顶有一个令人印象深刻的破火山口（因火山坍陷而形成的碗状圆坑）。由于它是如此高耸巍峨，人们便用古希腊众神之家为它命名。

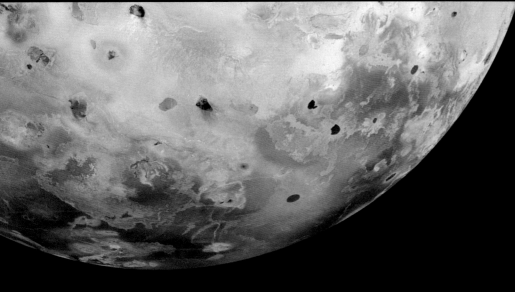

硫黄的世界

硫黄、二氧化硫、熔岩和来自数百座活火山的喷发物结合在一起，形成了木卫一特有的棕黄色外观，而且其中布满黑色和红色的斑点。

沉睡的巨人

奥林帕斯火山比珠穆朗玛峰高出近两倍，面积与美国亚利桑那州相当，是太阳系的火山之王。这个有着 3 000 万年历史的庞然大物最大直径为 648 千米。但是，火星上另外一些火山也非常引人注目。例如，巨大的亚拔火山是火星上面积最大的火山，它的表面积与美国的国土面积相当。

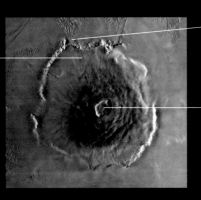

陡坡
这道陡坡环绕着光晕，高达 6 千米。

光晕
这片广阔的平原在火山峰顶的北侧和西侧绵延数百千米。

火山喷口
奥林帕斯火山喷口的最大宽度可达 52 千米。

火星上的奥林帕斯火山　　　　珠穆朗玛峰

木卫一上的火山爆发

这张照片由伽利略号探测器于 1997 年拍摄，记录下了木卫一上的火山柱（蓝色）。它高约 100 千米，喷向太空。由于木卫一缺少大气层并且具有低重力，它呈现出独特的伞状外观。

木卫一的火山

  从图中可以看到，木卫一持续不断的喷发活动让它的表面布满了锥状火山、破火山口和熔岩流。硫黄将地表染成黄色，而地平线上方的红色光环是悬浮的火山灰反射光线的结果。这颗卫星没有大气层，再加上它的重力加速度不及地球的 1/5，因此火山柱向上喷射的气体和火山灰可以高达数百千米。

气态行星，太阳系的庞然大物

气体的世界

　　带外行星的内核被巨大的气体和液体外层包裹，因此它们的体积和质量远远大于太阳系内的其他同伴。

1 木星

巨大的木星的质量相当于 318 个地球。像所有的气态巨行星一样，木星有一个强大的磁场和非常厚的大气层，基本上可以说是一个有着固体内核的氢气球。木星主要由氢构成，氢的形态随着它与内核的距离而变化。在行星深处，它可能呈现为液态氢，甚至液态金属氢，而在表面则以气体氢的形式存在。木星的旋转表面的颜色取决于温度和成分的变化，以及气体是在下沉还是上升。木星表面的风暴频繁而剧烈，著名的大红斑正是这类风暴之一。它

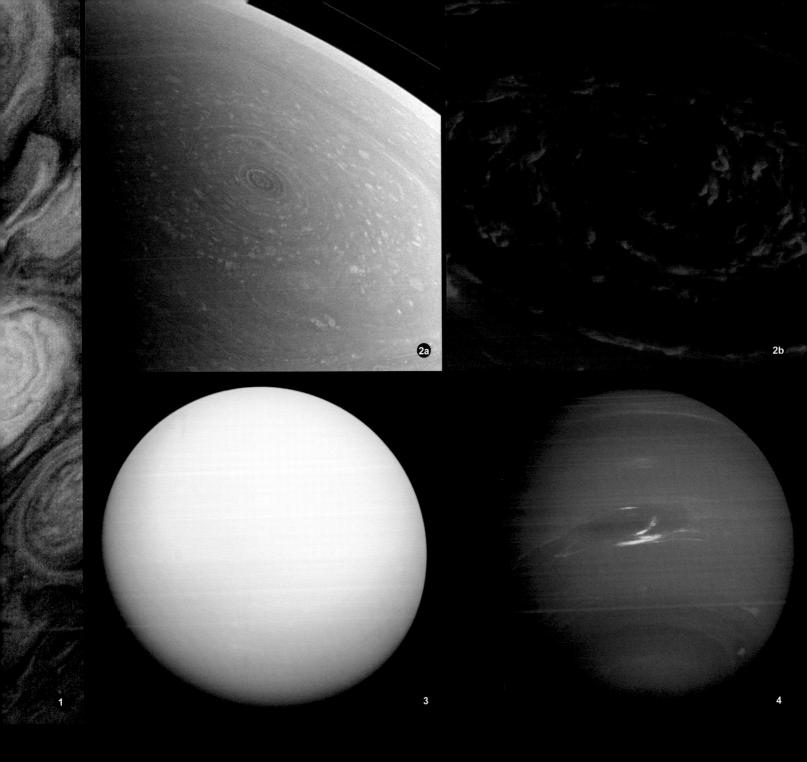

2a

2b

1

3

4

2 土星

土星的密度是所有行星中最低的，只有 0.7 克每立方厘米。它的内部结构、强大的磁层和两极都与邻居木星非常相似，但由于土星的质量和内部压力更小，它的外部气体层可能更厚。与木星一样，它的气体层有高压带和低压带，而那里的风暴可以持续数百天（如图 2b 所示）。土星北极的中心有一个暴风旋涡，其附近巨大的六边形（如图 2a 所示）是由大气中的喷流造成的。

3 天王星

天王星的内核非常小——只有地球质量的一半，由金属和岩石组成。它的幔非常致密，由水、甲烷和高导电率的氨冰构成，而外层气体则由氢和氦组成。这颗行星特有的淡蓝色可能是甲烷造成的。虽然旅行者 2 号没有在天王星上探测到太多气象活动，但最近的观测记录表明，它有比木星烈度更强的风带。天王星最显著的特征是它的自转轴异常倾斜，倾角达 97.77 度。也就是说，它几乎是在躺着旋转。

4 海王星

海王星的结构与天王星非常类似，但海王星的幔略大，气体层则较薄。作为离太阳最远的行星，它接收到的太阳辐射最少，不到天王星的一半。尽管如此，它的大气温度与天王星是相近的，因此它应该有来自内部的热源，这个热源很可能是其形成时残留的物质。这一推断足以解释海王星的大气层为什么如此活跃。这里的风是太阳系中最强劲的，高达 2 000 千米每小时。

稠密的大气

由于木星、土星、天王星和海王星巨大的质量，它们的引力可以捕获氢、氦等气体。与我们在地球上所经历的相比，它们的大气层蕴藏着惊人强度的风暴和电暴。

气态巨行星的大气主要由氢和氦构成。在伽利略号探测器的帮助下，我们对木星的大气有了最为透彻的研究。鉴于气态巨行星不具有固体表面，科学家们为了估算其大气厚度，使用压强等于地球表面压强（10^5 帕斯卡）的地方作为参考表面。由此一来，气态巨行星中的特征云层大都在这个表面以下。

风暴之神

木星大气中有强烈的对流，云层因此被分成不同颜色、温度和高度的带状区域。对流产生的动力引发了电暴和时速超过 500 千米的风暴。

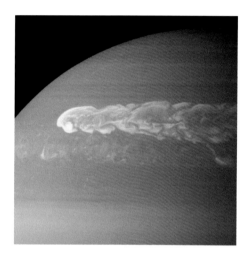

土星上的风暴

2010 年至 2011 年，一场能量空前的风暴席卷土星全球。

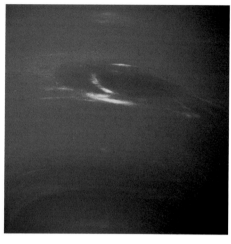

大蓝斑

和木星一样，海王星表面也有巨大的斑点，这是强劲的反气旋的标志。

极区

虽然不太明显，但红云（带）和白云（区）的交替几乎一直延伸到两极。

红带

组成这些带的云层又热又低。在白色区域的边缘，风从西向东吹。

白区

这些冷云层处在比红色云层高的位置上，并被西风所包围。

土星上的极光

　　太阳的带电粒子与土星的磁层相撞，这时壮观的极光出现在土星南极上空。

大气成分

木星

整个大气层基本上是由氢气构成的。根据云层中氨、硫化氢铵或水的成分，云层分布在不同的高度。对流层的厚度约为 50 千米，这里非常动荡，对流风暴可以垂直覆盖 150 千米的距离。

土星

土星的大气层和云层分布与木星相似，但由于密度较低，它的云层的分布位置较高。卡西尼号探测器于 2004 年至 2017 年环绕土星运行时，探测到了太阳系中最大的风暴，其闪电的强度是地球上的数千倍。

天王星和海王星

天王星和海王星拥有太阳系中最冷的大气层，因此又被称为"冰巨星"。这两颗行星的一个显著特征是拥有甲烷云层，它们因此呈现为蓝色。海王星上的风是太阳系中最猛烈的，最高风速可达 2 000 千米每小时。

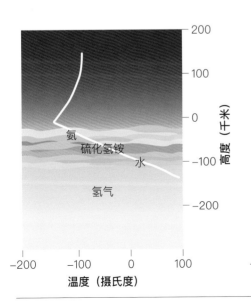

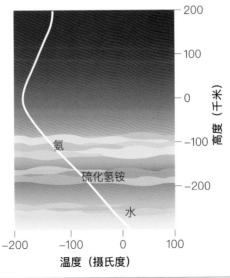

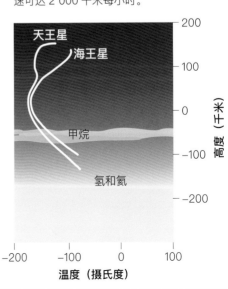

木星，太阳系的庞然大物

自古以来，人们就知道木星是太阳系中最大的行星。它的质量比其余行星的总和还要大，但与太阳的质量相比却是微不足道的。

木星是地球夜空中最亮的天体之一，早在古代美索不达米亚，天文学家就展开了对它的研究。木星非常巨大，它的质量是另外 7 颗行星质量总和的 2.5 倍。

大气和磁层

木星的大气主要由氢和氦构成。木星的外观很有特点，像是有许多不同颜色的彩色条带分布在不同纬度上。大红斑也是木星的特征之一，它是人类在 300 多年前首次观测到的一场巨大风暴，至今仍在持续。木星赤道的自转速度比两极略快，这意味着它不是一个完美的球体，而是一个稍微扁平的球体。它的内部可能有一个由不同元素混合而成的致密内核，周围环绕着一层氦和金属氢（在非常高的压力下，氢可以以液态金属的形态存在）。这一层的电流产生了木星的强磁场。木星的磁层是太阳系中最大最强的，朝着太阳延伸出大约 700 万千米，几乎接近土星的轨道。

卫星和环

木星周围至少有 79 颗卫星，其中包括一些被称为伽利略卫星的卫星——木卫一、木卫二、木卫三（太阳系中最大的卫星）和木卫四。这颗气态巨行星也有自己的环状系统，尽管它们是由尘埃而不是冰构成的，而且不如土星环那样壮观。

内部结构

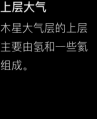

上层大气
木星大气层的上层主要由氢和一些氦组成。

核区
岩石、金属和氢化物构成了木星的固体核心。

下层大气
由于外部云层的压力，下层大气中有液态氢出现。

核心周围的层
高温高压将该区域的氢原子压缩成液态金属氢。

木星大气

- 氢 89%
- 氦 10%
- 甲烷 0.3%
- 其他成分（氨、氘、乙烷、水）0.7%

太阳　　水星　金星　地球　　火星　　　木星　　　土星　　天王星　海王星

岩质行星　　　　　　　　　气态巨行星

木星上的风暴

科学家们正在研究木星内部
的热量如何影响风暴的形成。

大红斑

卫星	直径 （千米）	质量 （千克）	轨道周期 （天）	表面重力加速度 （米／秒^2）	与木星的距离 （千米）
木卫三	5 268	1.5×10^{23}	7.15	1.428	1 070 400
木卫四	4 821	1.1×10^{23}	16.68	1.235	1 883 000
木卫一	3 642	8.9×10^{22}	1.76	1.796	421 700
木卫二	3 122	4.8×10^{22}	3.55	1.314	607 900

木星和地球

与我们的蓝色小星球相比，木星的尺寸是惊人的。它的质量是地球的 318 倍，半径是地球的 11 倍。

木星的直径为 142 984 千米，是地球的 11 倍，体积为 1.4313×10^{15} 立方千米，是地球的 1 321 倍。它的重力加速度超过 24.79 米每二次方秒，是地球上重力加速度（9.8 米每二次方秒）的 2.5 倍，这意味着要摆脱它的引力，需要更大的逃逸速度（59.5 千米每秒），相比而言，地球的逃逸速度仅为 11.2 千米每秒。但是地球在某些方面却超过了木星。例如，尽管木星在所有气态巨行星中密度排名第二（1.326 克每立方厘米），但它的密度却远远低于地球（5.514 克每立方厘米）。木星离太阳的距离较远，意味着它的轨道周期（11.86 年）比地球长。此外，它的轨道速度为 13.07 千米每秒，也远低于地球的轨道速度（29.78 千米每秒）。

两个截然不同的世界

总的来说，尽管木星和地球都位于太阳系，但也很难对它们进行比较。木星的巨大体积，以及它的位置和内部组成，使它成为一个奇特而不适宜居住的地方，其表面条件与地球完全不同。

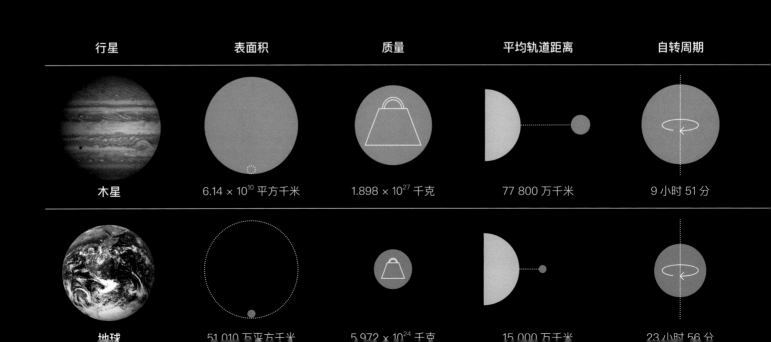

行星	表面积	质量	平均轨道距离	自转周期
木星	6.14×10^{10} 平方千米	1.898×10^{27} 千克	77 800 万千米	9 小时 51 分
地球	51 010 万平方千米	5.972×10^{24} 千克	15 000 万千米	23 小时 56 分

发现木星

在智利帕拉纳尔天文台的超大望远镜拍摄到的这组天体中，木星闪耀着明亮的光芒。它的亮度可以达到 −2.94 级（如图所示，只有月球和金星比它更亮）。它的亮度如此之高，以至于可以将阴影投射到地球表面。不过跟月球阴影不一样，这些阴影只有在非常特殊的条件下才能看到。

金星
木星
月球

巨大的行星

木星上的一切都是超大的，包括被称为"大红斑"的巨大风暴，在图中看到它呈现自然的红褐色。这场风暴如此之大，完全可以吞噬地球，而且过去一度比现在更大。

自转轴倾角	轨道周期	表面平均温度	轨道偏心率	表面重力加速度
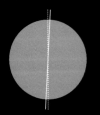	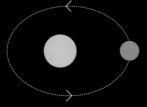		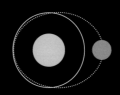	
3.13 度	4 332.59 个地球日	−108 摄氏度	0.0489	24.79 米每二次方秒
	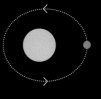			
23.44 度	365.25 个地球日	14 摄氏度	0.017	9.8 米每二次方秒

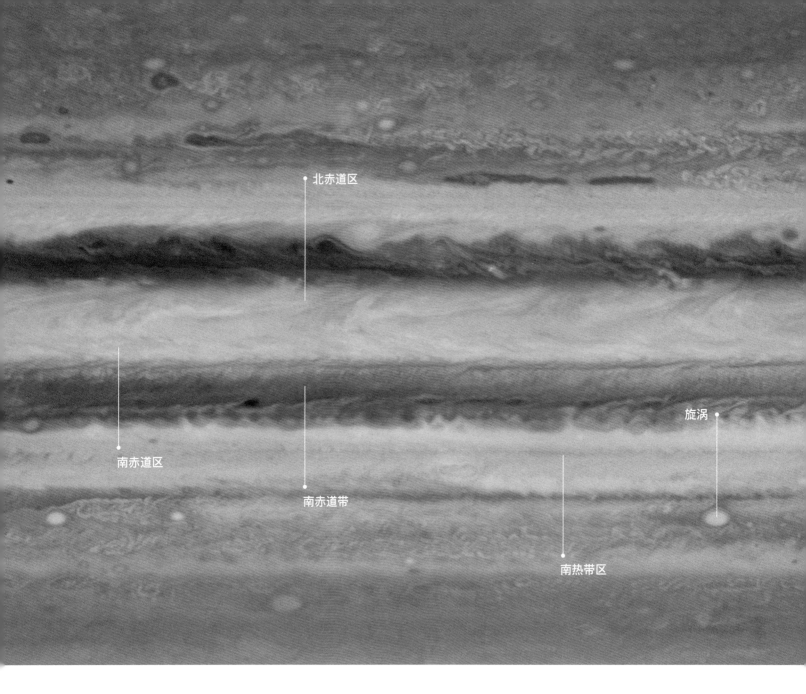

北赤道区

南赤道区

南赤道带

旋涡

南热带区

绘制巨行星的地图

通过对木星进行圆柱投影，我们可以一眼看到这颗行星的全貌，以及大红斑、赤道带和两极等局部呈现。

这张投影图将木星的整个表面呈现在一个矩形影像中。这种视角在观察如大红斑等中心要素时是有用的，但是当接近两极时，一个令制图者长期感到困惑的问题出现了。因为不可能完美地将一个球的表面体现在一个矩形平面上，靠近两极的影像存在一定的扭曲。为了克服这一缺点，我们另外增设了两个极区投影图（见右页图），以便读者能够更精确地看到木星的两个半球。

投影上无法显示的现象

木星表面的动态特性使静态图无法展示它的一些重要的细节。例如，定义行星上的气流和大旋涡（气旋和反气旋）的氨云带一直在移动，因此很难将它们锁定在静态图中。

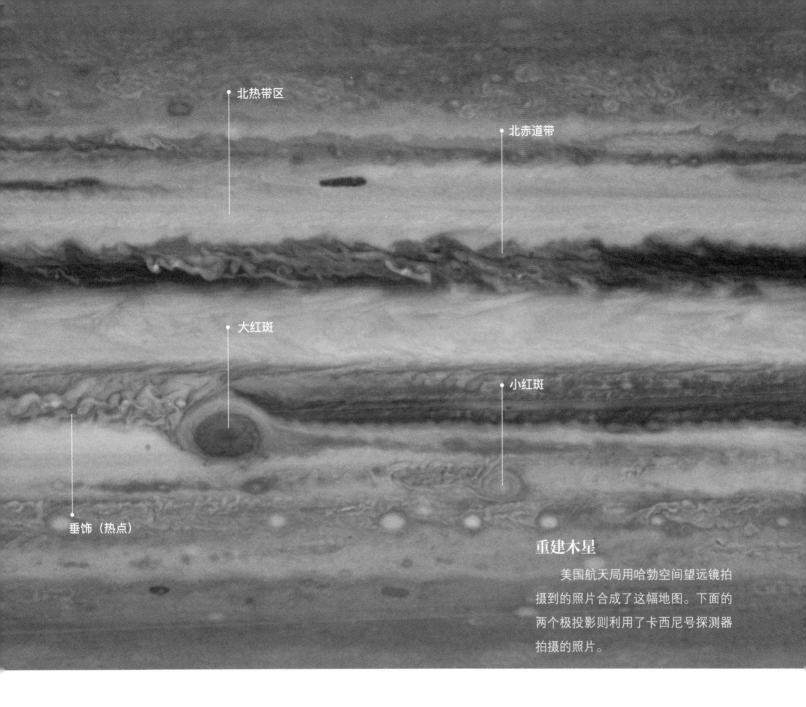

北热带区

北赤道带

大红斑

小红斑

垂饰（热点）

重建木星

美国航天局用哈勃空间望远镜拍摄到的照片合成了这幅地图。下面的两个极投影则利用了卡西尼号探测器拍摄的照片。

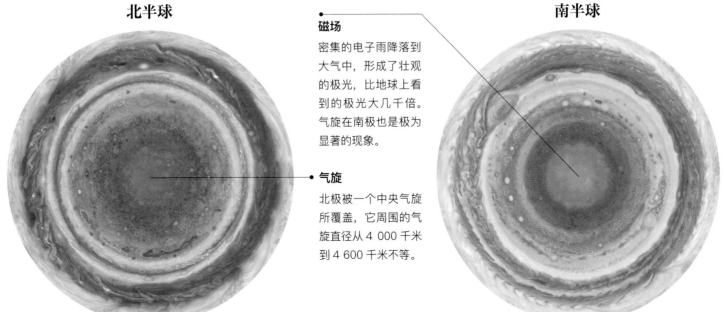

北半球

南半球

磁场

密集的电子雨降落到大气中，形成了壮观的极光，比地球上看到的极光大几千倍。气旋在南极也是极为显著的现象。

气旋

北极被一个中央气旋所覆盖，它周围的气旋直径从 4 000 千米到 4 600 千米不等。

土星，光环之王

土星有着与其他气态巨行星相同的特征：体积很大，主要由氢和氦组成，且自转非常快。和其他气态巨行星一样，土星有一个环状系统，它是迄今为止太阳系中最令人惊奇的环状系统。

土星是离太阳第六近的行星，离地球非常远，在我们的夜空中它不是很明亮。赤道附近的转速为 35 000 千米每小时，上层大气的风速可达 1 500 千米每小时。由此产生的表层压力比地球海洋深处 1 千米的压力还要高。只有木星在质量和大小上都比土星更大。土星的密度在整个太阳系中是最低的，为 0.7 克每立方厘米，甚至比水的密度还要低。土星的磁层由它的磁场和旋转核心产生，不像木星那样强大。它的磁层比地球赤道附近的磁层略弱，但覆盖面积是后者的 20 倍左右。

土星环和它的卫星系统

土星以它的环状系统而著称，那是由冰和岩石碎片组成的 700 万个光环，根据各自的发现顺序分别用字母表中的字母命名。它所确认的 62 颗卫星中的每一颗都是一个非常独特的世界。其中 7 颗最大的卫星，根据大小排列在对页的表格中，始终以自身的同一面面向土星。最大的卫星土卫六（Titan）表面的地貌与地球惊人地相似，河流、海洋和云层一应俱全，但其中流动的只有甲烷而没有水。土卫一的大气密度是地球的 4 倍。土卫二（Enceladus）的冰壳下有海洋，南极则有热液喷口，为生命的存在提供了必要的条件。

内部结构

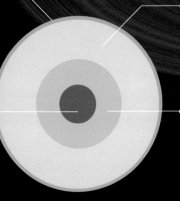

上层大气
氢和氦是它的主要成分，云是由氨、水和其他元素凝结而成的。

核
由岩石和金属构成，温度可以达到 12 000 摄氏度。

下层大气
氢在这一层占主导地位，并根据高度和相应的压力，分别以气体和液体的形式存在。

核心周围的层
构成这一层的金属氢处于极压之下，并由此形成土星的强磁场。

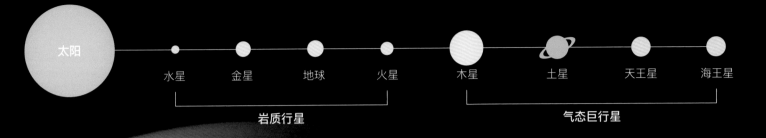

岩质行星　　　　　　　　　　　气态巨行星

巨行星的特写

　　这张土星的特写由卡西尼号探测器在 2004 年 10 月拍摄的 102 张照片合成，我们可以清晰地看到土星的北半球及其环状系统。

土星大气

- 氢 96.3%
- 氦 3.3%
- 其他成分（主要是甲烷和氨）0.4%

卫星	直径 （千米）	质量 （千克）	轨道周期 （天）	表面重力加速度 （米/秒²）	与土星的距离 （千米）
土卫六	5 150	1.3×10^{23}	16	1.352	120 万
土卫五	1 528	2.3×10^{21}	4.5	0.264	527 000
土卫八	1 472	1.8×10^{21}	79	0.223	350 万
土卫四	1 124	1.1×10^{21}	2.7	0.232	377 400
土卫三	1 066	6.2×10^{20}	1.9	0.145	295 000
土卫二	504	1.1×10^{20}	1.4	0.113	238 000
土卫一	396	3.7×10^{19}	0.9	0.064	186 000

土星和地球

这两颗行星相距甚远。它们有许多的不同点，譬如成分、大小和自转周期。

地球的大气层很稀薄，而土星的大气层却是这颗气态巨行星相当重要的构成部分。从另一个角度来看，土星核的大小与地球相当，只占其总体积很小的一部分。土星云层中的大气现象与地球相似，包括风、雷暴和极光。两颗行星的表面重力加速度也非常接近，而大气压和温度则有较大的不同。土星上有不同的季节，但由于它距离太阳比较远，气候条件变化较少，夏季仅意味着大气温度的略微上升。土星的一年相当于地球的 30 年，而每个土星年都要发生一次季节性的风暴。它的自转速度比地球更快，土星上的一天只有不到 11 个小时。在晚上，土星环反射出的太阳光将照亮土星黑暗的一面，其亮度远远胜过照亮地球的月光。

土星环和卫星

地球只有一颗卫星，而土星有一个完整的环和卫星系统。如果让土星的主环围绕着我们的行星，它们将填满地月距离的 1/3；至于土星系统的总直径，它是地月距离的 30 倍。目前人类观测到有 200 多个天体在环绕土星运行，但我们只能确认其中 62 个天体的轨道。

	表面积	质量	平均轨道距离	自转周期
土星	4.27×10^{10} 平方千米	5.688×10^{26} 千克	143 300 万千米	10 小时 39 分
地球	51 010 万平方千米	5.972×10^{24} 千克	15 000 万千米	23 小时 56 分

土星最大的卫星

土卫六是土星已知的 62 颗卫星中最大的一颗，也是太阳系中质量排名第二的卫星。从图中可以看到，土卫六正在围绕土星和土星环运行。有证据表明土星可能有 200 多颗卫星。

自转轴倾角	轨道周期	表面平均温度	轨道偏心率	表面重力加速度
26.73 度	29 年 167 个地球日	−139 摄氏度	0.056	10.4 米每二次方秒
23.44 度	365.25 个地球日	14 摄氏度	0.017	9.8 米每二次方秒

环中的回响

轨道共振可以影响土星环的形状。当天体之间相互施加有规律的周期性影响，而轨道周期是彼此的倍数（这意味着它们偶尔会排成一行）时，轨道共振就形成了。卫星是否具有相互的吸引力取决于它们之间的距离，而这个距离是随时间变化的。与卫星发生共振的粒子会定期受到最大引力的牵引。

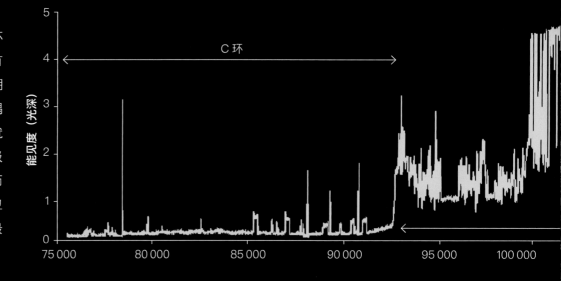

分界线

我们在这张图像中可以鸟瞰土星的环状系统，它们依各自与土星赤道的距离有序地排列着。较暗的区域看上去具有较低的粒子密度，成为环与环之间的分界线。

按照土星环的发现顺序，人们用不同的字母来标记它们：A、B 和 C 对应其中最亮的环，D 环离土星最近，F 环和 G 环是最薄的，E 环是最暗的但分布最宽的，宽达 80 万千米。构成土星环的粒子分布在土星的赤道面，这些粒子的密度决定了各个环的亮度。

辐射结构

　　卫星的引力效应形成了各环之间的环缝，A 环内的环缝被称为恩克（Encke）环缝，A 环和 B 环之间有一个卡西尼（Cassini）环缝。卡西尼环缝是由于土卫一（Mimas）的影响而形成的，密度与 D 环相似，但与 A 环和 B 环相比，它几乎可以说是真空的。空间探测器能够接近这些构造，并观测到了奇异的现象，比如 B 环上在几小时内忽隐忽现、宽达 1.6 万千米的轮辐结构。

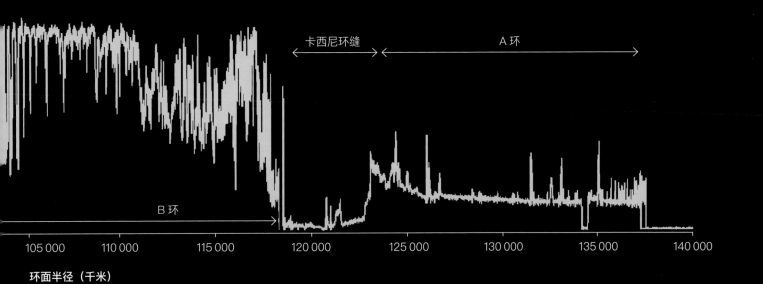

环面半径（千米）

阴影中的土星

　　卡西尼号探测器在 2006 年捕捉到这张土星挡住太阳的图像，太阳从这一位置（土星距太阳约 14 亿千米）来看，它的表观直径远小于真实直径。从照片中可以看到土星的外环，外环中的粒子散射阳光而发出暗淡的光辉。

外太阳系的生命

一些气态巨行星的卫星表面附近有液态水，因此可能存在某种形式的生命。最有可能蕴含生命的天体是土卫二、木卫二和土卫六。

除了木卫一，外太阳系的大多数卫星都覆盖着厚厚的冰壳。科学家们认为，在木卫二、土卫二和土卫六的冰层下，有大量的液态水，可以形成类似于地球南极沃斯托克湖（Lake Vostok）那样的地质环境，也就是说，有微生物的存在。

冰冷的火山

这些卫星上可以存在生命的关键在于冰火山或地下沉积物中水蒸气的向外喷发，在这些地方，引力产生的热量可以使冰层融化。冰火山的结构几乎与熔融岩石相同。在它们内部，液态水的活动类似于岩浆或熔岩，而冰扮演着岩石的角色。以土星最大的卫星——土卫六为例，水可能和甲烷一起从火山口或地下沉积物中喷出。

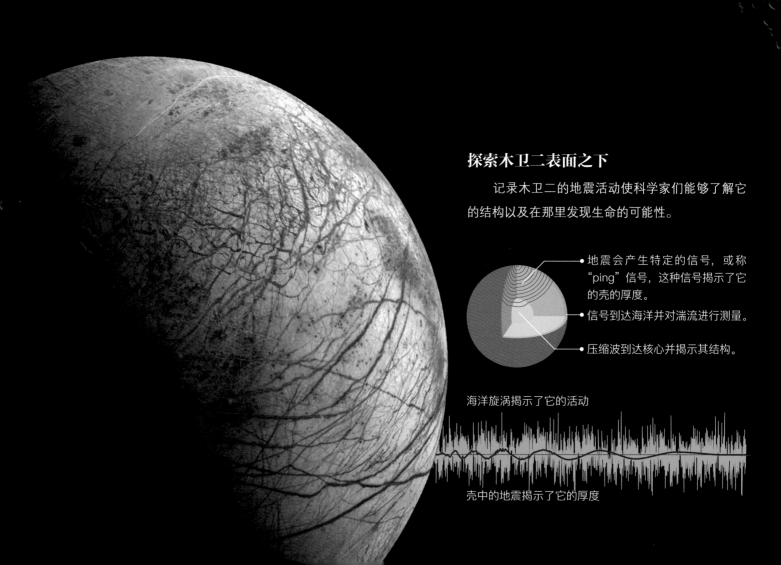

探索木卫二表面之下

记录木卫二的地震活动使科学家们能够了解它的结构以及在那里发现生命的可能性。

- 地震会产生特定的信号，或称"ping"信号，这种信号揭示了它的壳的厚度。
- 信号到达海洋并对湍流进行测量。
- 压缩波到达核心并揭示其结构。

海洋旋涡揭示了它的活动

壳中的地震揭示了它的厚度

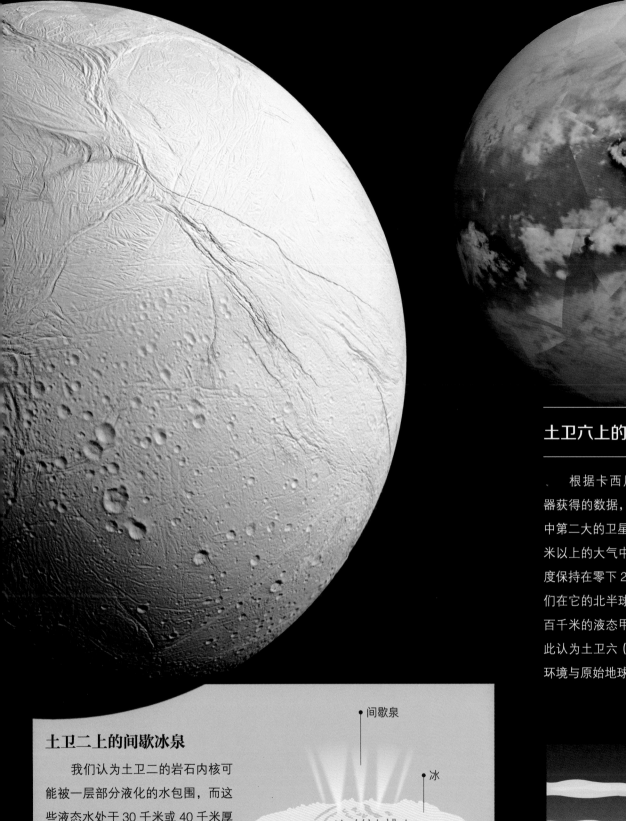

土卫六上的甲烷湖

　　根据卡西尼－惠更斯号探测器获得的数据，土卫六——太阳系中第二大的卫星，在其高度100千米以上的大气中有大量的甲烷，温度保持在零下200摄氏度以上。我们在它的北半球，也发现了绵延数百千米的液态甲烷湖。科学家们因此认为土卫六（泰坦）表面以下的环境与原始地球相类似。

土卫二上的间歇冰泉

　　我们认为土卫二的岩石内核可能被一层部分液化的水包围，而这些液态水处于30千米或40千米厚的冰层之下。南极周围的平原上有4条平行的裂缝，这些裂缝被称为"虎斑"。它们大约100千米长，2千米宽，深达500米，其中有间歇泉喷出大量的水粒子。水流可能来自地下海洋，被靠近卫星核的热液喷泉部分液化。

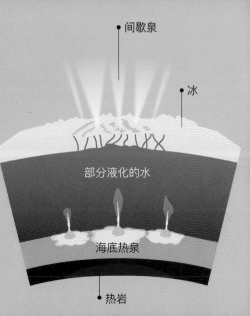

间歇泉

冰

部分液化的水

海底热泉

热岩

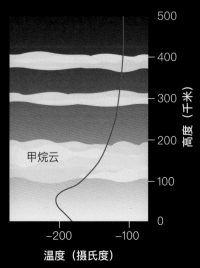

甲烷云

温度（摄氏度）

高度（千米）

天王星，一颗冰巨星

天王星是太阳系由内向外的第七颗行星，也是太阳系体积第三大的行星，非常寒冷且多风。它是由冰构成的巨行星。它最独有的特征是自转轴的倾角，使它看起来像是在作侧转。

天王星与海王星相似，主要由冰和岩石组成。这两颗行星更多地被称为冰巨星，而不是气态巨行星，因为它们还含有水、氨和甲烷结成的冰。天王星距离太阳 28.72 亿千米，是太阳系中质量第四大的行星，绕太阳一圈需要 84 年。它有 13 个环和 27 个已知的卫星。在现代天文仪器出现之前，人们只发现了下表中列出的 5 颗卫星。天王星的自转轴和围绕太阳的公转轴之间的夹角接近 98 度，所以我们看到它几乎完全向一侧倾斜，即行星的赤道位于通常两极所在的位置。尽管我们可以用肉眼看到天王星（虽然很难），但直到 1781 年它才被威廉·赫歇尔（William Herschel）描述为一颗行星。在此之前，人们曾观察到它，但将它误认为一颗恒星。

冰冷的大气

天王星是太阳系中最冷的大行星，最低温度为 –224 摄氏度。它并没有真正的表面，因为它主要由与大气相连的旋转流体和复杂的云层结构组成。

卫星	直径（千米）	质量（千克）	轨道周期（天）	表面重力加速度（米/秒²）
天卫三	1 577	3.527×10^{21}	8.71	0.38
天卫四	1 523	3.014×10^{21}	13.46	0.348
天卫二	1 172	11.72×10^{20}	4.14	0.23
天卫一	1 158	1.35×10^{21}	2.52	0.27
天卫五	472	6.59×10^{19}	1.41	0.079

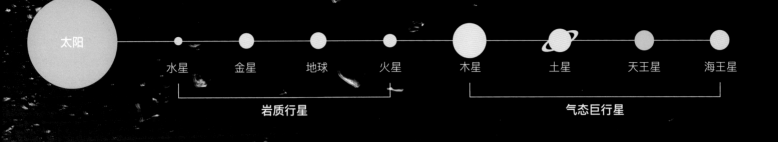

太阳　　水星　金星　地球　火星　　木星　　土星　天王星　海王星

岩质行星　　　　　　　　　　气态巨行星

一颗蓝色的行星

这幅天王星的艺术效果图是从天王星最亮的 ε 环向下的俯视图。大气中的甲烷吸收红光，使这颗行星呈现出特有的蓝色。

天王星大气

- 氢 82.5%
- 氦 15.2%
- 甲烷 2.3%
- 其他成分（氘、硫化氢，以及液态和气态的氨）微量

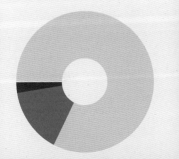

内部结构

上层大气
它含有氨云和冰冻的水滴。

核
内核中含有硅酸盐、固态的铁和镍。

下层大气
主要由氢、氦、甲烷和微量的其他气体构成。

幔
水、氨和甲烷混合产生稠密的流体，它们的流动生成了天王星的磁场。

海王星，太阳系外缘

黑暗，寒冷，并被超音速风所纠缠，这个密度最大的巨行星是离太阳最远的已知行星。没有望远镜，它是无法被看到的。

海王星离太阳很远，与太阳的距离是地日距离的 30 倍。它的直径是地球的 4 倍，质量是地球的 17 倍。海王星有 5 个环和 14 颗卫星，其中最大的是海卫一（Triton）、海卫八（Proteus）和海卫二（Nereid）。像天王星一样，它没有一个真正的表面；它的大气层下沉得相当远，与水和其他液体混合着包裹在一个非常重的固体核心之外。它是太阳系中唯一一颗用肉眼无法观察到的行星，直到 1846 年，人们才用一些复杂的演算推算出了它，一年后才用望远镜证实了它的存在。从那以后，海王星只绕太阳旋转了一周，因为它需要 165 年才能完成一次公转。

超强飓风

海王星是太阳系中风力最强劲的行星。相比于木星上的风，这里的风的强度是前者的 4 倍，可达到 2 000 千米每小时，比土星上的风速还要快。海王星内部一些行星形成时期的剩余物质正在慢慢向外渗漏，它们产生的热量是形成这些飓风的主因。1989 年，旅行者 2 号探测器掠过海王星时，拍摄到了一场名为"大黑斑"的风暴，其大小足以容纳我们的地球。这场风暴现在已经结束了，但在其他地方又出现了新的斑点。

内部结构

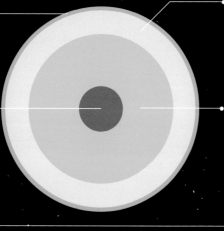

下层大气
这层由氢、氦、甲烷和微量的其他气体组成。甲烷的存在是海王星呈现深蓝色的部分原因。

上层大气
氨和水的云层在这一层变得致密。

核
它是由硅酸盐、铁和镍组成的实心球体，压力是地核的两倍。

幔
幔由水、氨和甲烷组成，海王星的大部分质量都集中在这一层。

大黑斑

　　这幅艺术图再现了海王星上于1989年被探测到的大黑斑。海王星呈现出比天王星更明亮灵动的蓝色，这可能是因为海王星大气中某种未知的成分吸收了更多偏红色的光波，使得海王星大气反射的蓝色更加浓烈。

卫星	直径（千米）	质量（千克）	轨道周期（天）
海卫一	2 705	2.14×10^{22}	−5.87（逆行）
海卫八	420	5×10^{19}	1.122
海卫二	340	3.1×10^{19}	360

海王星大气

- 氢 80%
- 氦 19%
- 甲烷 1%
- 其他成分（氖、乙烷）微量

海尔 – 波普彗星在 1997 年靠近了太阳。这颗异常明亮的彗星于 1996 年首次被发现，当时人们在南北半球均能用肉眼看到它，无须使用仪器的可观测时间长达 18 个月之久。

小天体
和行星际空间

小行星带

从小颗的尘埃到谷神星一类的矮行星，太阳系中的大多数小行星都位于火星和木星之间的小行星带。

最初，小行星带只是原行星盘上的另一片星子。在正常情况下，它们会相互碰撞并吸积形成原行星，但附近木星的引力影响加速了它们的运行，使它们碰撞得更加猛烈并处于相互分离的状态。一些小天体保持在原来的位置，而另一些则以大规模的流星雨的形式向带内行星坠落。所以，大多数小行星具有偏心轨道，并且目前小行星带的总质量只有月球质量的 4%。

根据结构划分小行星的类型

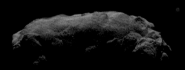

致密岩石
这类天体由密度均匀的岩石和致密的尘埃组成。

岩石团
几块小岩石通过压实的尘埃不太紧密地连在一起。

岩石群
岩石群通过引力平衡而聚集在一起。岩石群中 2/3 的岩石之间存在空隙。

实心核
小行星一般由中心的岩石碎块及其周围环绕的尘埃构成。

丽神星的轨迹

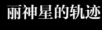

2010 年 5 月 17 日，美国航天局的广域红外巡天探测者（WISE）空间望远镜为小行星带质量第五大的小行星丽神星（Euphrosyne）拍摄了一系列的图像。这些图像交叠在一起，显示出丽神星在恒星背景下的宇宙轨迹。

同步小行星

太阳系的大多数小行星集中在小行星带中。不过，木星轨道附近有 5 个点，在那里来自木星的引力（B）和来自太阳的引力（A）处于平衡状态，小天体因此可以在附近逗留，与木星轨道保持同步。这些点就是所谓的拉格朗日点，编号从 L_1 到 L_5，这些点附近有希尔达型（Hilda）、特洛伊型（Trojans）和希腊型（Greeks）等类型的小天体。

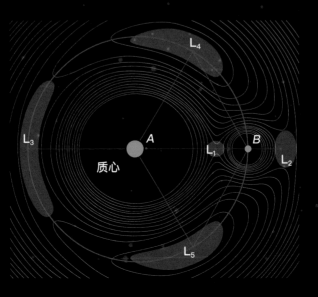

太空中的岩石

小行星带的两侧各有一颗较大的天体，左侧是灶神星，右侧是谷神星。它们的质量占到小行星带总质量的 40% 以上。这张图只显示了小行星带的一小部分。

$L_1 \sim L_5$ 分别为：拉格朗日点 1 至拉格朗日点 5

柯伊伯带和奥尔特云

当冥王星首次被发现的时候，人们猜测在它的轨道之外可能存在两
个孵化彗星的区域：一个类似于小行星带，另一个是覆盖整个太阳系的
巨大星云。

这一假说源于对彗星起源的解释。柯伊伯带在 1992 年得到证实，被认为是短周期彗星的孵化地。它的覆盖范围是自海王星的轨道至距离太阳 30~50 个天文单位（au）的地带，一些较大天体如冥王星、妊神星（Haumea）、鸟神星（Makemake）和其他较小的不规则天体聚集在这里。柯伊伯带

的总质量据估计是小行星带的 20 ~ 200 倍。奥尔特云的存在仍然是推测性的，因为它尚未被观测到，但我们认为它可能是长周期彗星的发源地。据天文学家估计，可能有 10 亿 ~ 1 000 亿个天体栖居在这个理论推测的球形区域，它的总质量大约是地球的 5 倍，距离太阳 1.5 光年远。

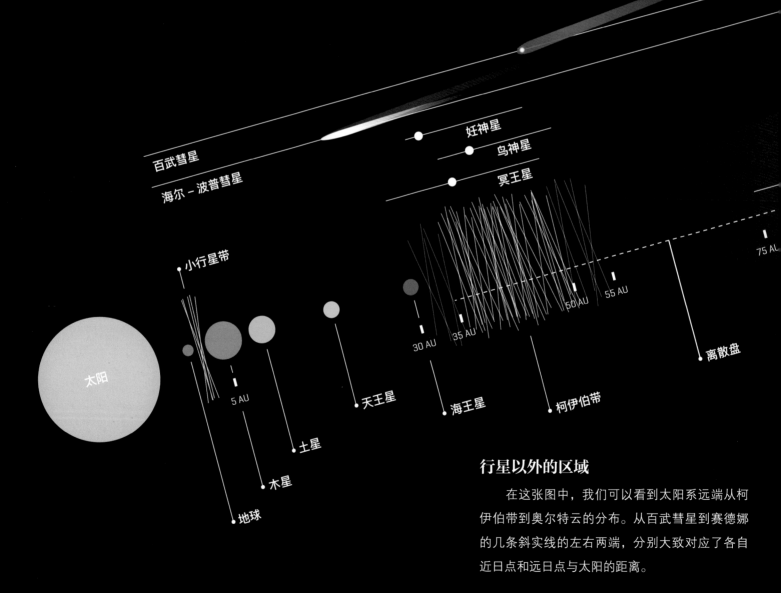

百武彗星

海尔 - 波普彗星

妊神星

鸟神星

冥王星

小行星带

太阳

5 AU

30 AU

35 AU

50 AU

55 AU

75 AU

离散盘

天王星

海王星

柯伊伯带

土星

木星

地球

行星以外的区域

在这张图中，我们可以看到太阳系远端从柯伊伯带到奥尔特云的分布。从百武彗星到赛德娜的几条斜实线的左右两端，分别大致对应了各自近日点和远日点与太阳的距离。

来自奥尔特云的访客

科学家们推测，在距离太阳460个天文单位以外，有一个离散的圆盘状结构——奥尔特云。大部分彗星，比如遥远的百武彗星，便可能来自这里。这些彗星在太阳系引力的作用下绕日运行。①

① 随着观测技术的提升，近几年科学家们开始探测到进入太阳系的星际天体。奥陌陌（Oumuamua）是 2017 年 10 月 18 日被泛星 1 号望远镜发现的第一颗进入太阳系的星际天体，它既不是彗星，也不是小行星。2019 年 8 月 30 日，第二个星际天体又被发现，与奥陌陌不同，它是一颗星际彗星，被称为鲍里索夫彗星（Comet Borisov）。

奥尔特云

100 000 au

赛德娜

900 au

460 au

巨大的球体

就理论上而言，奥尔特云是一个圆盘，在离太阳越远的地方就趋近于球形，也就是说，它是一个包裹着我们太阳系的巨大气泡。这个巨型外壳的最远端大约在 10 万个天文单位之外，这意味着它无法被直接观测。

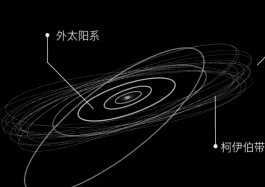

外太阳系

柯伊伯带

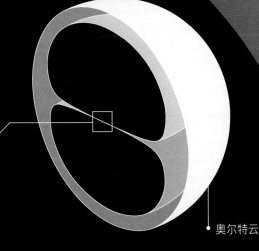

奥尔特云

① ② ③

矮行星

这些行星体体积巨大，但是没有轨道优势，所以未能获得列入八大行星的资格。

1 冥王星和卡戎（冥卫一）

冥王星于 1930 年首次被人们发现，在 2006 年被降级为矮行星之前，人们一直将其看作太阳系的第九颗行星。它距离太阳 39 个天文单位，和它的卫星卡戎（Charon）一起旋转。冥王星的质量相当于水星的 5%，据推测它有一个致密的岩石内核，内核外面包裹着一层水。它的表面和大气包括氮、甲烷和碳等组分。

2 谷神星

谷神星在 1801 年被朱塞佩·皮亚扎（Giuseppe Piazza）发现，几十年后失去了行星的地位，并在 2006 年被重新归类为矮行星。它是小行星带中最大的天体，直径约 950 千米，质量约占小行星带总质量的 30%，但是只是地球质量的几千分之一。谷神星离太阳的距离大约是 2.77 个天文单位。

3 赛德娜

赛德娜得名于因纽特人的海洋之神，它的正式名称为 2003 VB12。它被登记为类冥天体或冰矮星，是与海王星轨道共振的小天体之一。人们对它所知甚少，只知道它的轨道是偏心的，而且它离太阳的最近距离超过 75 个天文单位。由于它的直径只比谷神星略大，我们可以判断它是一颗矮行星。赛德娜是我们目前所知最远的一颗矮行星。

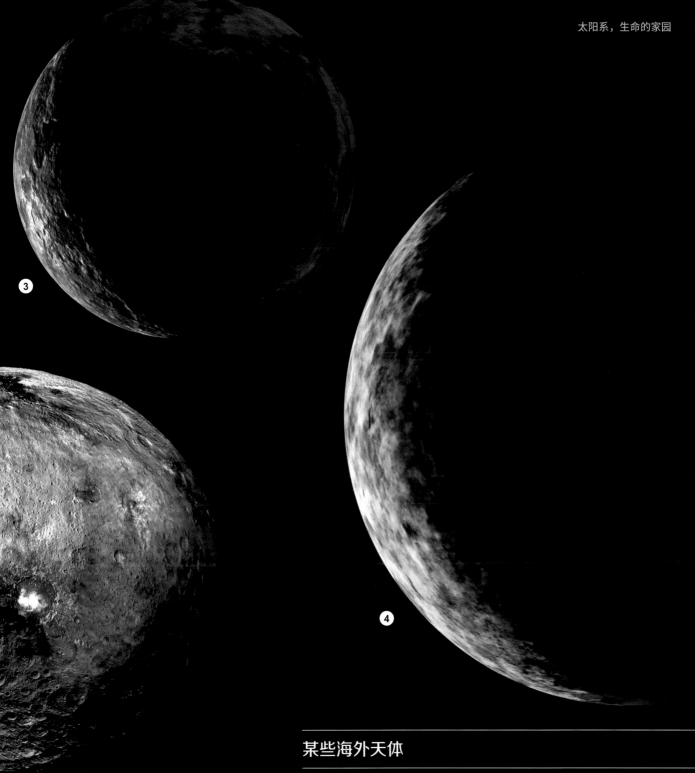

4 阅神星

阅神星于 2005 年被发现，最初被认为是太阳系的第十颗行星。作为太阳系内质量最大的矮行星，它的质量比冥王星大 27%。它的卫星阅卫一（Dysnomia）距离太阳约 96.3 个天文单位。

某些海外天体

冥王星是海外天体中体积最大的一个，直径为 2 380 千米。接下来，由大到小依次为阅神星（2 326 千米）、妊神星（1 632 千米）、2007 OR10（1 535 千米）、鸟神星（1 430 千米）、创神星（1 110 千米）和赛德娜（995 千米）。它们可能都是矮行星。

彗星

彗星是太阳系中最遥远的天体之一，主要由岩石和冰组成。当彗星靠近太阳时，冰就会融化，形成壮观而独特的"彗尾"。

彗星是根据它们的轨道周期来分类的。轨道周期小于 200 年的彗星被称为短周期或周期彗星，超过 200 年的则被称为长周期或非周期彗星。一些非周期彗星可能处于需要数千年甚至数百万年才能进入太阳系的轨道上。受木星引力影响轨道的短周期彗星被称为木星族彗星，而另外一些短周期彗星称为大彗星。大彗星异常明亮，肉眼可见，轨道周期约为 10 年。这些彗星有巨大的活动核（被称为彗核）、接近太阳的近日点，以及类似地球的公转轨道。1705 年，英国天文学家埃德蒙德·哈雷（Edmond Halley）第一个计算出一颗彗星的轨道周期为 76 年。那颗彗星（哈雷彗星）后来就是以他的名字命名的。

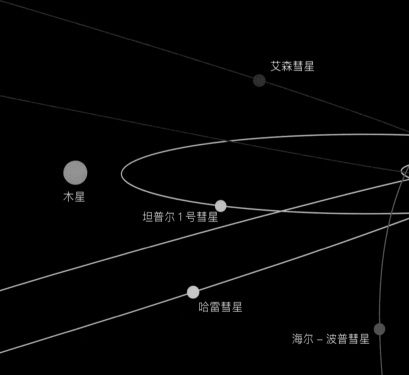

艾森彗星

木星

坦普尔 1 号彗星

哈雷彗星

海尔 – 波普彗星

登陆彗星

欧洲空间局 2004 年发射的罗塞塔（Rosetta）任务的主探测器围绕太阳转了 4 圈，并于 2014 年到达了 67P/ 丘留莫夫 – 格拉西缅科（Churyumov – Gerasimenko）彗星。它携带的登陆器"菲莱"成功登陆彗星，但那里有限的太阳能影响了它的电池，数据收集未能充分进行。随着彗星开始远离，任务专家选择在 2016 年让"菲莱"在地面控制下撞向彗星表面。

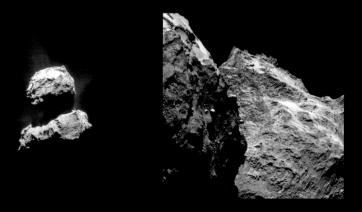

从头到尾

当彗星接近太阳时，它的冰核会升温并开始融化，形成某种类似大气层的气体。太阳风推动电离气体，形成特有的彗尾。彗尾并不总是被拖曳在彗星身后。由于太阳风决定着它的方向，彗尾总是指向远离太阳的方向。

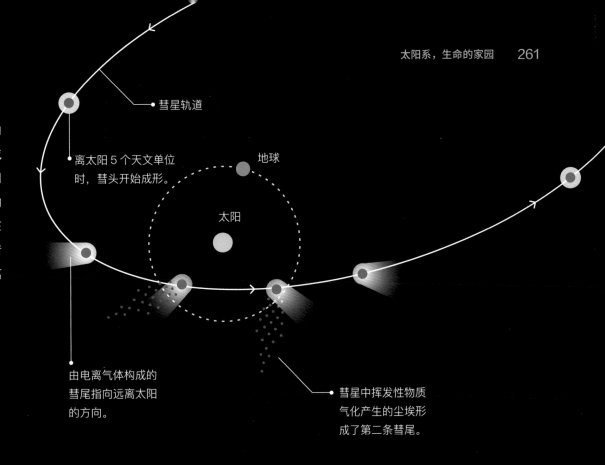

彗星轨道

离太阳 5 个天文单位时，彗头开始成形。

地球

太阳

由电离气体构成的彗尾指向远离太阳的方向。

彗星中挥发性物质气化产生的尘埃形成了第二条彗尾。

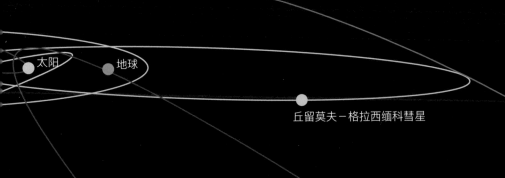

太阳

地球

丘留莫夫－格拉西缅科彗星

百武彗星

最近的彗星

在 20 世纪末，百武彗星（1996 年）和海尔－波普彗星（1997 年）结束了非周期／长周期彗星的干涸期，渐渐飞向了外太阳系。2005 年，美国航天局的深度撞击号空间探测器向坦普尔 1 号（Tempel 1）彗星释放了一个撞击器。坦普尔 1 号是一颗木星族彗星，每 5.56 年绕太阳运行一周。这是人类第一次利用探测器撞击彗星表面，使其喷射物质。

- 非周期彗星
- 木星族彗星
- 长周期彗星
- 短周期彗星

日球层

太阳风的影响范围就像一个球体，它的半径超过 100 个天文单位，包裹着我们的行星系统。这个范围以外就是星际空间。

太阳不断地以太阳风的形式释放出质子流和其他带电粒子。如果不会遇到星际氢气和氦气流，太阳风将从太阳向四面八方延伸，形成一个巨大的球体。我们可以将自己想象成太阳风中的一个粒子，在离太阳 80 ~ 100 天文单位的地方，我们会突然减速到亚音速的速度（那里又被称为终端激波）。在最终进入日球层鞘后，我们的速度会逐渐降为零。根据太阳围绕银心旋转的方向，如果我们处于日球层鞘的"前端"（正面），温度将会升高。在距离太阳 121 天文单位处，我们将穿过日球层顶或日球层的外限，进入星际介质并在太空中被蒸发。

珍贵的探测记录

旅行者 1 号和旅行者 2 号探测器分别在 2004 年 12 月和 2007 年 12 月穿越了终端激波，多亏了这两个探测器，我们才得以了解太阳风的这些情况。旅行者 1 号是第一艘进入星际空间的人类探测器，它于 2012 年 8 月 25 日穿越了日球层顶。

星际流

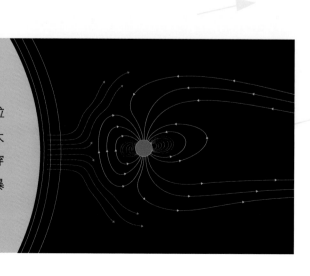

磁层，一道抵御太阳风的屏障

太阳风是由与磁场相互作用的带电粒子组成的。地球的磁场（或磁层）使得大部分粒子绕过地球，但也有一些粒子会穿越磁极，与大气相撞形成极光。太阳风暴会产生最剧烈的太阳风扰动。

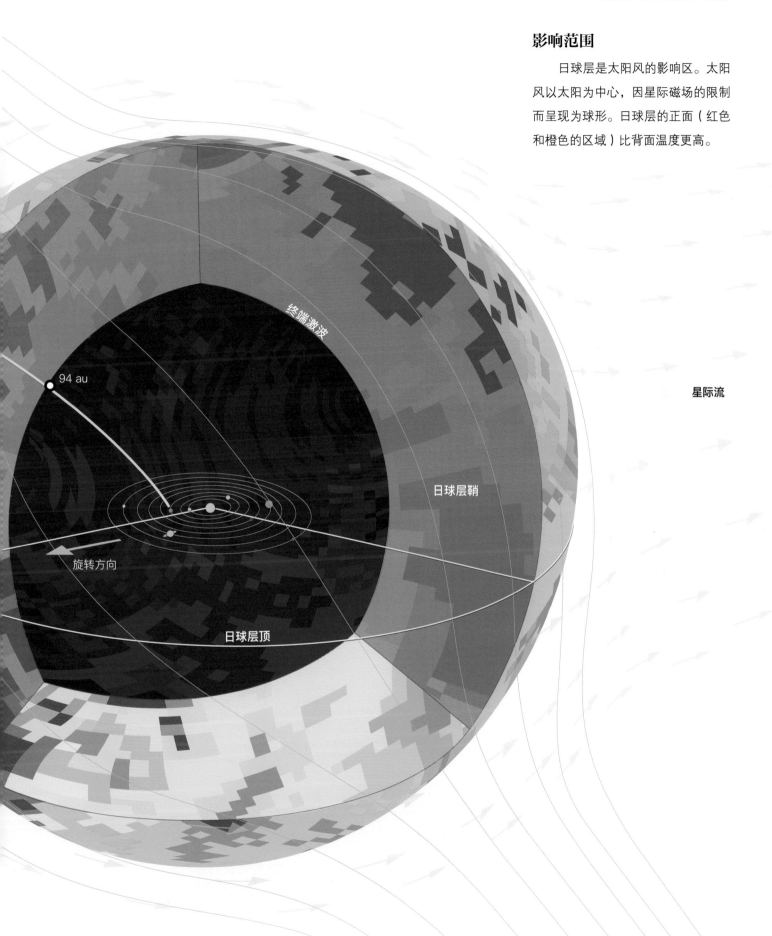

影响范围

日球层是太阳风的影响区。太阳
风以太阳为中心，因星际磁场的限制
而呈现为球形。日球层的正面（红色
和橙色的区域）比背面温度更高。

星际流

日球层鞘

终端激波

94 au

旋转方向

日球层顶

OTHER EARTHS,
OTHER SUNS

其他的
"地球"和"太阳"

行星系统

直到几十年前，太阳系还是人类唯一略有所知的行星系统。但今天，我们知道有成千上万个这样的系统，虽然它们仍只是宇宙中极小的一部分。正如太阳系一样，其他星系的恒星和围绕它们运行的行星都来自分子云。

银河系中有成百上千亿颗系外行星，据计算，大约100亿颗应该具有与地球相似的轨道特征，绕着像太阳一样的恒星旋转。因此，其中的一些或许孕育出了某种形式的生命。但是考虑到星际空间是如此广袤无垠，人类很难与他们有所接触或交流。即使有某种文明栖居在离我们最近的行星上，我们也要花几十年的时间来彼此传递信息。

分子云的起源

银河系的恒星，以及围绕它们运行的行星，都源于相同的分子云。超新星爆发引起的冲击波可能是触发它们形成天体的原因。当冲击波到达时，分子云逐渐变得扁平，并提高旋转速度以保持角动量。

为什么是圆盘形的？

分子云是原行星盘的种子，分子云围绕一个轴旋转，而尘埃粒子绕着分子云的质心旋转。数量如此庞大的粒子在运动时，碰撞在所难免。碰撞使分子云减速，同时它们相对于轨道面的角度也越来越小，于是粒子聚集到一起，最终形成一个圆盘。

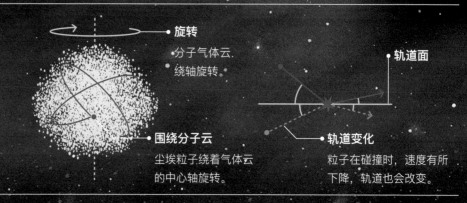

旋转
分子气体云绕轴旋转。

围绕分子云
尘埃粒子绕着气体云的中心轴旋转。

轨道面

轨道变化
粒子在碰撞时，速度有所下降，轨道也会改变。

原行星盘

吸积盘围绕着一颗年轻恒星旋转，而且将形成行星。这幅图描绘了距地球约 60 光年的绘架座 β 原行星盘。它的行星系统正处于一个类似于太阳系初生阶段的时期，有迹象表明有一颗巨大的行星正在围绕着它运行，而岩质行星和彗星正在圆盘中形成。

特拉比斯特 -1 系统

这个距离地球约 40 光年的行星系统是 2017 年被发现的。特拉比斯特 -1 是一颗红矮星，在小于水星和太阳之间的距离内，至少有 7 颗行星围绕它运行。这颗恒星的体积很小，有 3 颗行星位于该系统的宜居带内，并且它们的大小与地球相仿。

另一个世界

　　这幅艺术渲染图以一颗太阳系外的、被双星系统照亮的行星为主题，采取了从它的卫星望向它的视角。尽管人类直到 20 世纪末才发现第一颗系外行星，但探测技术的进步使得我们至今已经发现数千颗围绕恒星旋转的天体。

星周宜居带

没有人确切地知道其他行星上的生命是什么样子的，但
有一件事是肯定的：它必须遵守化学定律。

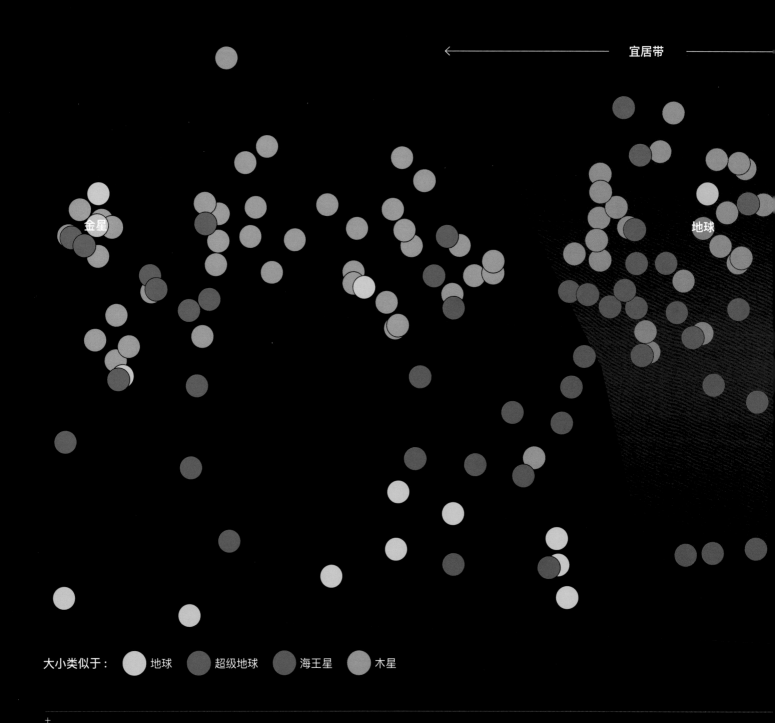

恒星的电磁辐射

当溶解在液体中时，那些有可能转变成生命的分子更容易相互反应。由于水可以溶解非常多的化合物，因此它是形成生命的一个理想条件。鉴于这一原因，天文学家认为我们可能会在恒星所谓的宜居带或者是一颗表面温度允许液态水存在（0~100 摄氏度）的行星上发现生命。

既不能太热，也不能太冷

适宜的温度范围对于生命来说是必不可少的，因为尽管有些物质在较高和较低的温度下能够变成液体，但许多有机分子在较热的环境中会失去它们的稳定性。此外，在非常寒冷的条件下，化学反应往往会减慢，这也使得生命难以形成。下图标示了大量的根据其在各自恒星宜居带中的位置进行划分的系外行星。所谓"超级地球"是指比地球大得多、但比海王星小得多的系外行星。

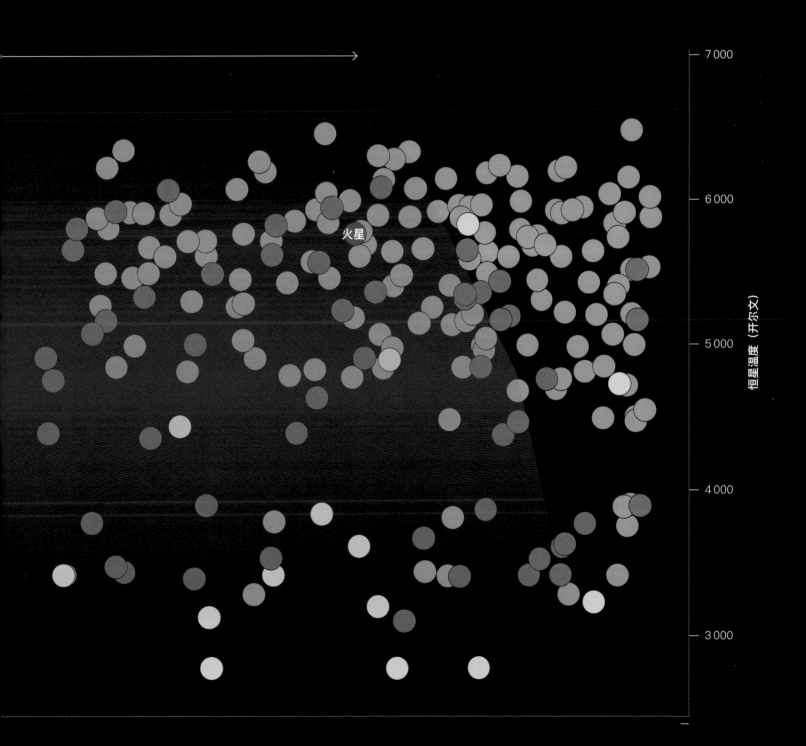

火星

恒星温度（开尔文）

7 000

6 000

5 000

4 000

3 000

星系宜居带

一颗行星上是否能产生生命，不仅取决于它在恒星系统中的位置，还取决于它在星系中的位置。

最近的研究表明，银河系有 2 000 亿 ~ 4 000 亿颗恒星。虽然不是所有的恒星都有围绕它运行的轨道行星，但即使是最保守的估计也表明，在我们的星系中至少有 1 亿颗这样的行星。不过，并不是所有的行星都具有潜在的宜居性。宜居与否取决于它们是否位于恒星的宜居带，以及行星系统在星系中的位置。科学家们认为，靠近银河系核球或球状星团的行星系统几乎没有可能形成生命，因为它们要承受强烈的辐射轰击，而且它们与潜在的超新星过于接近的位置将会抹杀掉所有生命存在的可能性。

不能太早形成，也不能离银心太近

下图显示了银河系从诞生到现在的状况，以及天体与星系核心的距离。在星系形成初期以及离中心非常近的地方，金属含量太少，超新星太多，这些都阻碍了行星的形成。另一方面，在离星系中心太远的地方不会有足够的重金属形成岩质行星。所以，最佳宜居带不可能在银河系的早期就存在，也不可能太靠近它的中心。

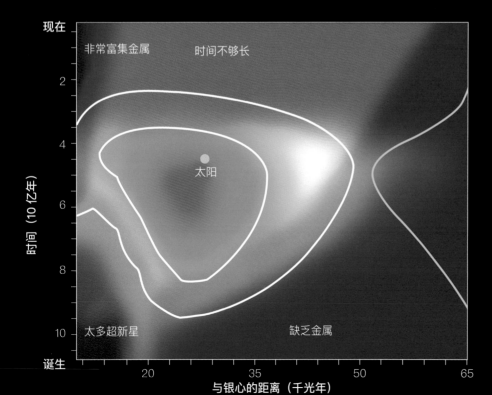

最优区域

在这张表示银河系中天体的位置和诞生时间的示意图里，绿色区域代表了与宜居带相对应的条件，而以其他颜色标注的部分则显示了在哪些条件下不太可能存在生命，以及各自的原因。

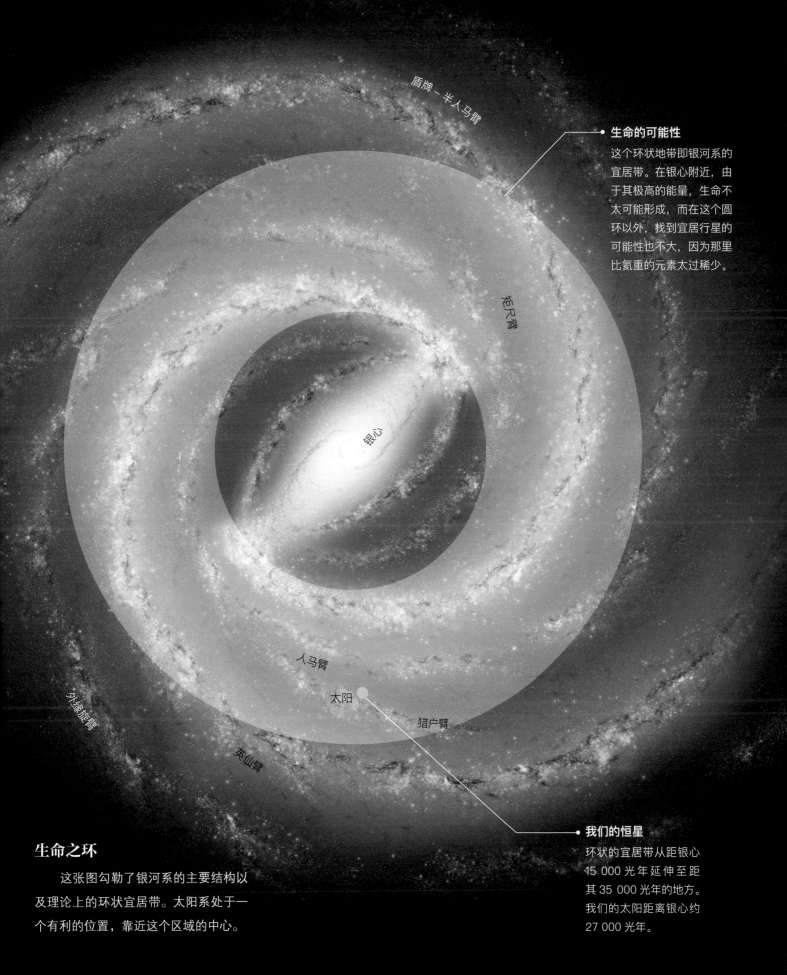

盾牌 – 半人马臂

矩尺臂

银心

人马臂

太阳

猎户臂

外缘旋臂

英仙臂

生命的可能性

这个环状地带即银河系的宜居带。在银心附近，由于其极高的能量，生命不太可能形成，而在这个圆环以外，找到宜居行星的可能性也不大，因为那里比氦重的元素太过稀少。

我们的恒星

环状的宜居带从距银心15 000 光年延伸至距其 35 000 光年的地方。我们的太阳距离银心约27 000 光年。

生命之环

这张图勾勒了银河系的主要结构以及理论上的环状宜居带。太阳系处于一个有利的位置，靠近这个区域的中心。

间接探测方法

直接观察太阳系外的行星是很困难的，所以我们不得不依靠间接的探测方法。

发现太阳系外的行星，即系外行星，是一项极其复杂的任务。它们自身微弱的光线几乎不可能穿越如此遥远的距离而被我们看到；它们的外形尺寸太小，很难被望远镜捕捉到；而且恒星的光线太强，遮蔽了所有环绕其运行的行星的痕迹。尽管如此，一些体积较大的年轻的系外行星亮度较大，这会令它们比较容易被发现。

直接观测的难度

系外行星是围绕恒星的小光点(以可见光或红外线的形式)。因此，我们通常不可能直接观测到它们的反射光或红外辐射。我们需要应用如下图所示的间接探测方法。

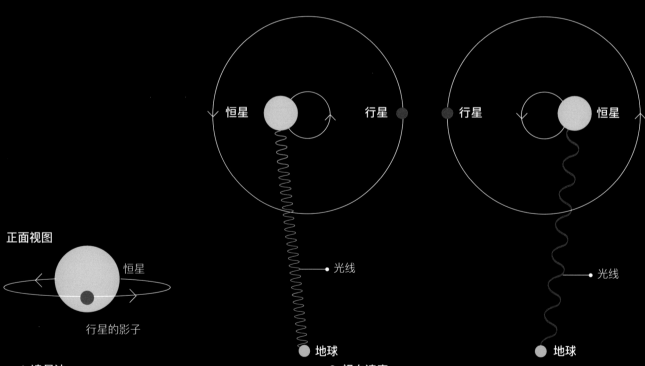

正面视图

恒星

行星的影子

光线

地球

光线

地球

恒星

行星

行星

恒星

1. 凌星法
我们观察恒星的亮度，看它是否会变暗，因为这可能是一颗绕其轨道运行的行星遮挡住它的一部分的信号。

2. 视向速度
当光源向我们靠近时，它发出的光变得更蓝；反之，当光源远离我们时，它发出的光就变得更红。如果一颗恒星拥有环绕其运行的行星，我们可以通过光线的变化，获知恒星围绕系统质心的运动。

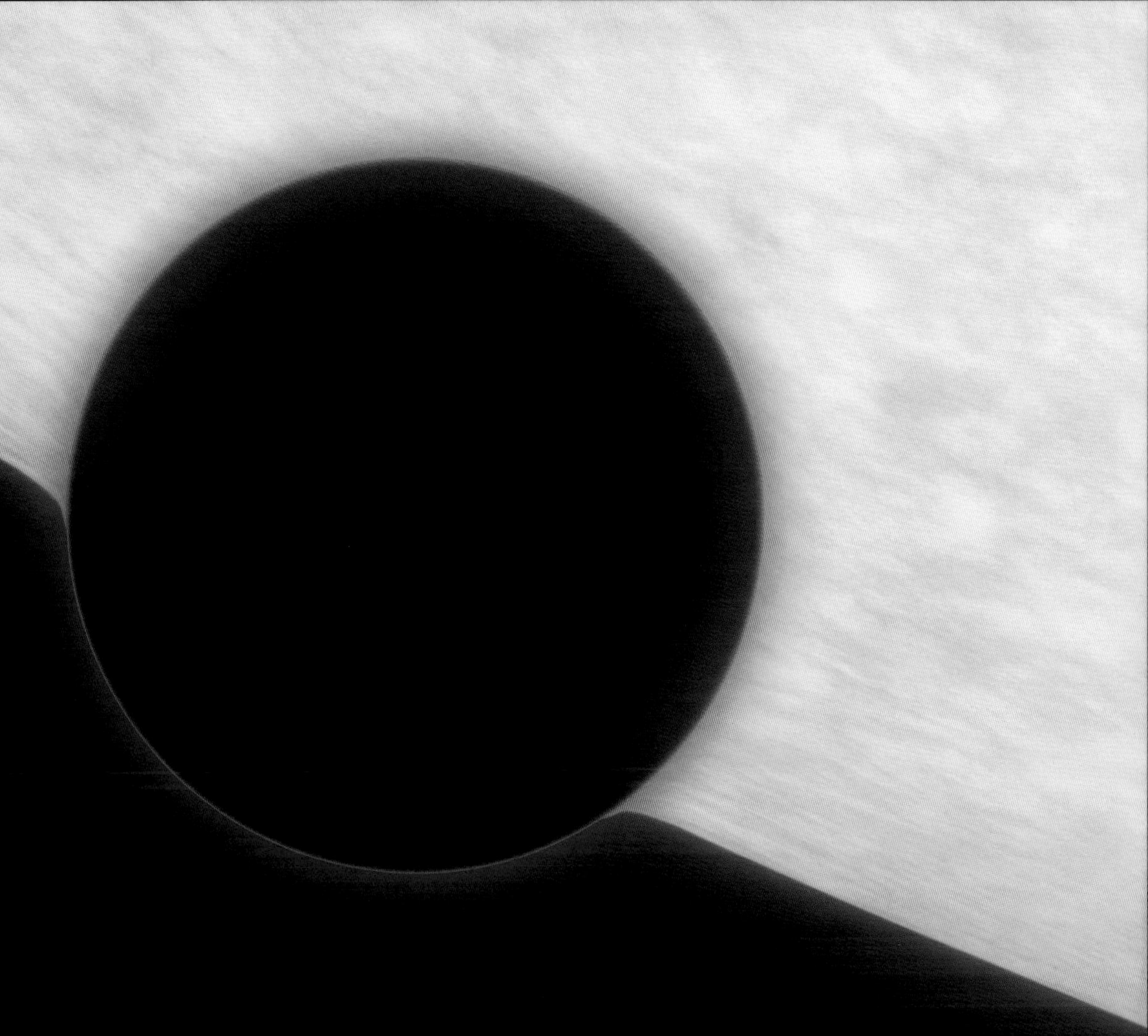

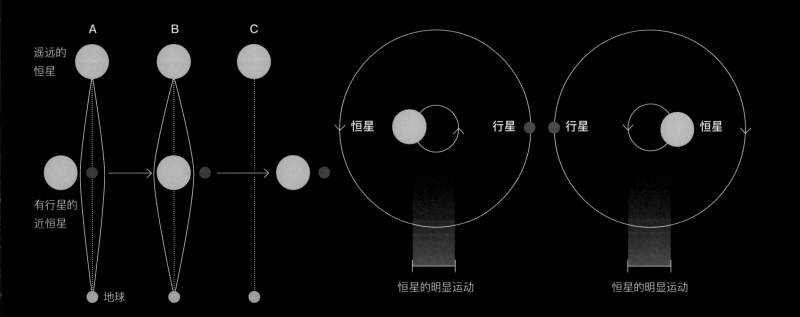

光的影响

系外行星的轮廓无法被直接观测，但是如右图所示，我们可以根据穿过其大气层的、它所绕行的恒星发出的光了解行星的大小和大气。

A   B   C

遥远的恒星

有行星的近恒星

地球

恒星   行星   行星   恒星

恒星的明显运动   恒星的明显运动

3. 微引力透镜

当一颗恒星从另一颗恒星前面经过时（从地球的角度来看），距离较近的恒星的引力会使较远恒星发出的光线变得弯曲并且提升它的亮度。如果这颗恒星有一颗行星，亮度上就会产生一个强烈的变化。

4. 天体测量学

当恒星离整个行星系统的质心足够远时，通过精确测量恒星位置的微小变化，我们便可以侦测到行星的存在。

具有系外行星的恒星

探测系外行星是一项艰巨的任务，因此该领域偶尔会出现假阳性。尽管如此，在过去的几十年里，我们已经发现了数千个行星系统。

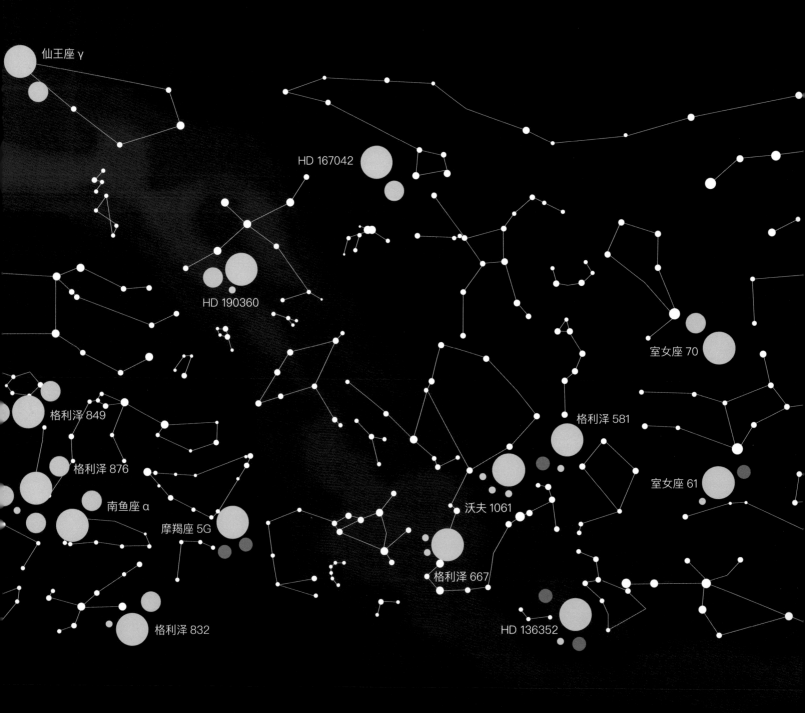

仙王座 γ

HD 167042

HD 190360

室女座 70

格利泽 849

格利泽 581

格利泽 876

南鱼座 α

室女座 61

摩羯座 5G

沃夫 1061

格利泽 667

格利泽 832

HD 136352

● 地球型
● 海王星型
● 木星型
● 中心恒星

比邻星

　　一颗系外行星在被发现之后，还要等待进一步的观测证实，才能正式跻身已知宇宙的一部分。近几十年来，人类发现了太阳系外的数千颗行星，但由仪器检测到的信号最终往往被证明是假阳性的。例如，一颗恒星暂时的亮度降低可能是由于其表面的一个简单变化或双星系统的日食现象。对格利泽 667C（Gliese 667C）的观测就是一个典型的案例。过去人们认为这颗恒星有 7 颗绕其轨道运行的行星，但后来的观测表明，其中 5 颗实际上是测量过程中被记录下来的干扰信号。

近距恒星

　　即便如此，我们仍在发现附近的一些具有系外行星的恒星，如肉眼可见的巨蟹座 55（55 Cancri）和大熊座 47（47 Ursae Majoris）。

天空中的系外行星

　　在这张夜空星座图中，我们可以看到附近的行星系统及其中已获证实的系外行星。

系外行星的类型

　　一般来说，基于与太阳系中已知天体质量的比较，系外行星被划分为 5 种类型。

　　除了质量、大小和轨道之外，我们很难获得更多关于系外行星的信息，但这些信息仍然可以告诉我们很多关于它们的特征。天文学家可以根据一颗系外行星的质量，推测它是像地球一样小的岩质行星，还是像木星一样大的气态巨行星。

按质量分类

　　虽然每个类型的边界并不清晰，但系外行星大体上可以根据它们的质量分为 5 类："类木行星"——质量最大的系外行星，大小类似于木星，甚至更大；"类海王行星"——与海王星大小相似的系外行星；"超级地球"——大于地球小于海王星的系外行星；"类地球"——与地球质量相近的系外行星；"亚地球"——质量小于地球的系外行星。

质量和成分

　　系外行星的性质可能因其组成而有很大差异。天文学家在将一颗行星划分为一种或另一种类型时要格外小心，尤其是那些质量介于超级地球和类海王行星之间的天体。

类木行星

这些气态巨行星的质量是地球的 60 ～ 4 000 倍，直径是地球的 5 ～ 7 倍。由于可观的质量和大小，这类系外行星很容易识别。

类海王行星

类海王行星的质量是地球质量的 10 多倍，但比木星小，接近气态巨行星质量的下限。

超级地球

超级地球比地球大，但不超过 10 倍地球质量。

类地球

它们也被称为系外地球，这些系外行星与我们的地球质量相似。

亚地球

亚地球行星的质量比地球或金星的质量更小。水星和火星就属于这一类。

潜在的宜居行星

要评估系外行星是否具备生命存在的必要条件，我们需要掌握有关其成分、轨道，尤其是大气层的精确数据。

在我们发现的数千颗系外行星中，有一些与地球相似，可能适合居住。鉴于我们对它们的成分和大气层所知不多，我们通常根据它们是否属于岩质行星，以及其与中心恒星的距离是否允许有液态水在其表面存在，来评估它们的宜居性。然而，这两个因素并不能保证这些系外行星能提供对生命有利的环境。例如，金星位于宜居带，但其成分不利于生命形成，而一颗位于一个相当寒冷的区域的行星，却可能由于大气层的温室效应，达到较高的表面温度。科学家们认为，有相当数量的系外行星是适合居住的，但一旦我们测量它们的大气层，宜居的系外行星数目就会减少。

宜居行星系统

在可能存在生命条件的行星系统中，特拉比斯特–1（TRAPPIST–1）是特别有希望的一个。这个系统共有 7 颗岩质行星，其中 3 颗位于其恒星的宜居带上。不久以前，人们一度认为格利泽 667C（Gliese 667C）系统有 7 颗行星位于它的宜居带，但是进一步的探测把这个数字减少到了 2 颗。开普勒 62（Kepler–62）系统中有一颗行星位于其宜居带内。

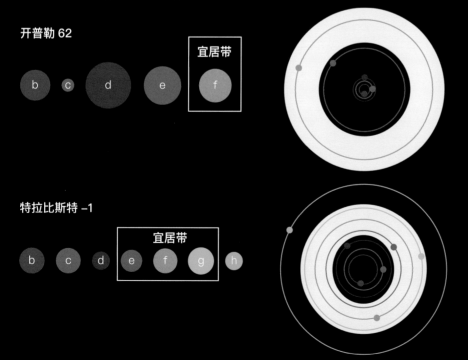

开普勒 62

b c d e | 宜居带 f |

特拉比斯特 –1

b c d | 宜居带 e f g | h

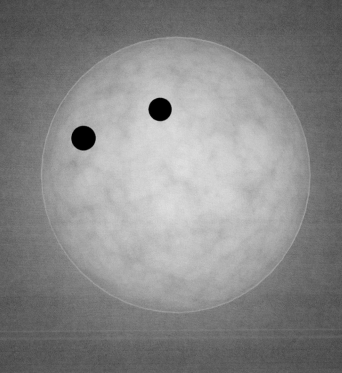

地球和系外行星上的黄昏

在这幅艺术渲染图中,我们可以看到地球上的落日(图 1)与存在生命的可能性很高的系外行星上的落日之间的对比。在格利泽 667Cc(Gliese 667Cc,图 2)和格利泽 581d(Gliese 581d,图 5)上,落日看上去似乎更红,这是因为二者围绕红矮星旋转。开普勒 22b(Kepler-22b,图 3)上的落日与地球上的落日相似,因为它绕行的恒星与我们太阳十分相似。至于系外行星 HD 85512b 上(图 4),尽管它所绕行的恒星是一颗温度更低的 K 型矮星,但因为距离中心恒星最近,所以它的落日与其他几颗行星相比可能是最明亮的。

1	2	3	4	5

极其贴近

在特拉比斯特 -1 系统中,行星之间的距离相当近。因此,如果你从其中一颗行星的表面向外看,其他行星看上去是我们在地球上看到的太阳的两倍大。

寻找地外生命

生命往往会在其周围环境中留下痕迹，因此我们可以在行星的大气中寻找生命的踪迹。

只有在另一颗行星上发现生物体或化石，是否存在地外生命这一迫切的科学问题才将获得最终的解答。但是，在我们能够访问其他行星系统之前，科学家只能用间接的方法来寻找宇宙他处的生命。

化学失衡

一颗惰性行星迟早会在其大气层中达到化学失衡，像氧这样的非常活跃的元素会与其他物质结合，直到它们被耗尽。也就是说，当一颗系外行星上存在大量的氧气时，它可能是简单的化学反应的产物，而不是由于有生命存在。

超级地球

系外行星格利泽667Cc是一颗位于其星系宜居带内的超级地球。它围绕红矮星格利泽667C运行，后者隶属于天蝎座中距地球近24光年的一个三星系统。

电磁波谱中的生命迹象

我们可以通过分析系外行星的电磁波谱来推断其大气层的组成。氧和甲烷，以及氯甲烷和二甲基硫醚等化合物，均是存在生命可能性的重要线索。下图比较了地球以及火星和金星的发射光谱，前者的大气层中既有氧分子也有水分子。

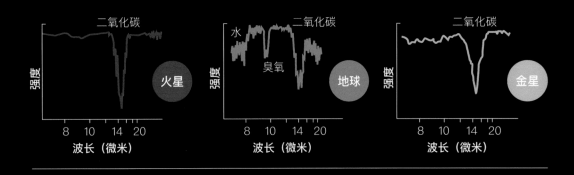

地球上的生命极限

地球上的有机体展示了生命如何适应各种各样的环境，甚至是非常极端的环境。黄石国家公园大棱镜温泉中的微生物，可以在温度高达 70 摄氏度的环境里生活。一些细菌可以在高剂量的辐射环境或真空环境中生存。下表列出了地球上生物体能够生存的极端条件。

	最小	最大
温度	–20 摄氏度	121 摄氏度
压强	700 帕斯卡	1.1 亿帕斯卡
pH 值	–0.06	11
电离辐射	—	6 000 戈瑞
盐度	2%	30%

异常顽强的有机体（嗜极微生物）

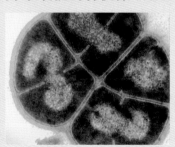

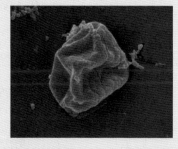

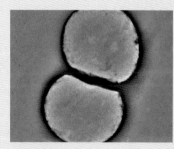

耐辐射奇球菌

这种细菌有一种修复自身 DNA 的方法，因此它不但是最耐辐射的生物体之一，而且基本上不受酸、寒冷、脱水和真空的影响。

烟孔火叶菌

烟孔火叶菌生活在海底火山口附近，在温度高达 113 摄氏度的地方仍可以繁殖，而更加顽强的单细胞微生物芽孢菌（Geogemma barossii）甚至可以在 121 摄氏度的高温环境中存活。

嗜酸菌属

该类别中的两种嗜酸微生物，均生长在酸性环境中，能够在 pH 值为 – 0.06（理论上生命存在的最低 pH 值）的环境中存活。

寻找新的地球

自从发现第一颗系外行星以来，科学家们一直在
四处寻找有可能存在生命的星球。

1 比邻星 b

这颗行星也被称为半人马座比邻星 b，
围绕着离太阳最近的恒星运行，即距地
球 4 光年多一点的、被称为比邻星的
红矮星。比邻星 b 于 2016 年被发现，
其质量略高于地球，平衡温度约为 –38
摄氏度。

2 格利泽 667Cc

这颗系外行星围绕恒星格利泽 667C 运
行，后者是一颗距离太阳系 23.6 光年
的红矮星。格利泽 667Cc 是一个超级
地球（3.8 倍地球质量），半径可能比
地球大得多，但比外太阳系的天体则小
得多，其平衡温度大约是 4 摄氏度。

3 特拉比斯特 –1f

距离地球约 39 光年的超冷红矮星特拉
比斯特 –1，周围环绕着 7 颗岩质行星，
其中 3 颗位于宜居带。特拉比斯特 –1f
比地球大，但质量却小得多（只有 0.68
倍地球质量），具有非常低的平衡温度，
略低于 –50 摄氏度。

气足够致密,可以保留住来自其恒星的
热量,否则它的表面温度估计只在 –65
摄氏度上下。如果这是真的,那么它的
气候更像火星,而不是地球。

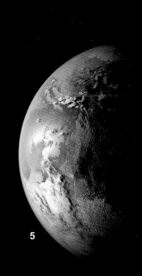

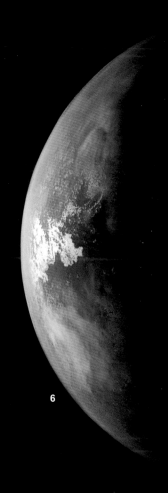

4 开普勒 62f

在构成开普勒 62 系统的 5 颗岩质行星
中,开普勒 62f 的轨道离其恒星最远,
距离我们约 1 200 光年。除非它的大
气足够致密,可以保留住来自其恒星的
热量,否则它的表面温度估计只在 –65
摄氏度上下。如果这是真的,那么它的
气候更像火星,而不是地球。

5 开普勒 186f

这颗行星距离地球约 558 光年,其半
径仅比地球大 17%。我们完全不知道
它的质量或成分,但是它有可能像开
普勒 62f 一样是一个非常寒冷的世界
(–85 摄氏度),除非它拥有一个致密
的大气层。

6 罗斯 128b

这颗系外行星位于离太阳系非常近(仅
11 光年之远)的一颗红矮星的宜居带上。
它的质量是地球的 1.4 倍,表面温度处
于 –60 ~ 21 摄氏度的范围内。这颗系
外行星 2017 年由智利拉西拉天文台发
现,是搜寻地外生命的首选。

第一颗系外行星

系外行星飞马座 51b（51 Pegasi b）[1]于 1995 年被发现。这颗比地球大得多的行星围绕着 50 光年之外的小恒星飞马座 51 运行。

HD 114762b 于 1989 年被发现。它是第一颗被发现的系外行星，但直到 3 年后才被确认。1995 年 10 月 6 日，随着一颗系外巨行星被发现，对系外行星的搜寻开始升温。这颗系外巨行星围绕飞马座 51（飞马座中一颗类似太阳的恒星）运行，被命名为飞马座 51b。科学家认为它的质量大约是木星的一半。

---

[1] 瑞士日内瓦大学教授米歇尔·麦耶（Michel Mayor）和日内瓦大学、剑桥大学教授迪迪埃·奎洛兹（Didier Queloz），于 1995 年 10 月 6 日发现了一颗环绕主序星飞马座 51 的系外行星——飞马座 51b，从此为人类打开了一扇通往太阳系外世界的窗户。他们为此在 2019 年获得了诺贝尔物理学奖这一殊荣。

	直径	质量	与中心恒星的平均距离
 地球	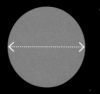 12 756 千米	 5.972×10^{24} 千克	 15 000 万千米
 飞马座 51b	 ≥ 140 000 千米	 8.9215×10^{26} 千克（最小）	 790 万千米

与木星类似

　　系外行星飞马座51b 的质量至少是木星的一半，体积可能与太阳系中的巨行星相似，甚至更大。

飞马座中的小恒星

　　恒星飞马座 51 位于飞马座之中，飞马座51b 绕其运行。这个系外行星系统似乎很适宜孕育一个类似于我们太阳系的宜居地带。

轨道周期	表面平均温度	轨道偏心率	轨道速度
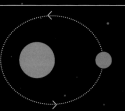			
365.25 个地球日	14 摄氏度	0.017	29.78 千米每秒
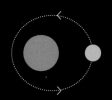			
4.23 个地球日	1 000 摄氏度	0	136 千米每秒

HD 189733b，一颗蓝巨星

HD 189733b 是目前已知的最大的系外行星之一，它的质量略大于木星，离其中心恒星较近。

HD 189733b 是被研究得最多的巨行星之一，它于 2005 年首次被观测到，当时它正从它的中心恒星前面经过。HD 189733b 不是一颗普通的气态巨行星，因为它的质量比木星大 13%，而距离它的中心恒星只有 450 万千米。HD 189733b 的运行速度为 152 千米每秒，因此轨道周期只有 2.2 天。HD 189733b 以及另外一些类木行星与它们的中心恒星相当接近（相比之下，地球距离太阳 1.5 亿千米），这使得科学家们重新审视了行星形成理论。在 HD 189733b 之前，科学界的共识是，气态巨行星是在远离恒星的地方形成的，那里的低温导致了环绕着岩石内核的大量气体的压缩。

近还是远

只有两种理论可以解释 HD 189733b 以及其他气态巨行星绕着它们的中心恒星近距离运行。这些气态巨行星要么形成于距中心恒星非常近的地方，这与最初的行星形成理论相悖；要么形成于较远的地方，但随着时间向着中心恒星迁移。目前，第二种理论更为人们所接受。

水的世界

2007 年，斯皮策空间望远镜在 HD 189733b 的大气中探测到水蒸气，一年后哈勃空间望远镜再次证实了这一点。当系外行星从其中心恒星前面经过，即"凌星"时，行星的外层大气会过滤中心恒星的光线，从而影响恒星光谱，通过分析光谱数据便可得知行星大气的成分。天文学家们注意到，如果透过红外滤光片观察，HD 189733b 在每一个波段都会以不同的程度吸收光。这种现象只能用某一种分子的存在来解释：水分子。

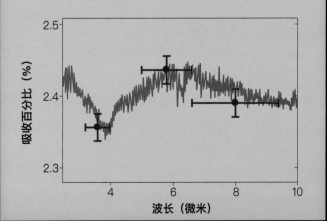

浓烈的蓝色

通过测量 HD 189733b 从其中心恒星后面经过时的光线，科学家们认定 HD 189733b 是人类发现的第一颗具有生命颜色的系外行星。他们推断，它的大气中含有微小的硅酸盐颗粒，呼啸的风将它们四处散播。这颗行星的钴蓝色源于如雨点般飘落的玻璃体，以及散射蓝光的雾一般的云层。

勾勒大气温度分布

鉴于 HD 189733b 的体积，以及它距我们只有 63.4 光年这一事实，相比其他的系外天体，天文学家可以了解到有关 HD 189733b 大气的更多细节。他们通过连续 33 小时的观测确定了这颗行星的大气层温度剖面，绘制了第一幅系外行星的大气地图。图中显示了大气的温度变化，较浅的颜色对应温度较高的区域。

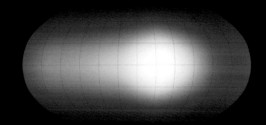

两面的温度分布

HD 189733b 与它的中心恒星被潮汐锁定，这意味着这颗系外行星永远只向它的中心恒星显示自己的一面。持续暴露在恒星照射下的那一面的表面温度介于 700 摄氏度和 940 摄氏度之间，而上层大气的温度则可以达到数千摄氏度。这两面的温差意味着大气层风速高达 8 700 千米每小时。

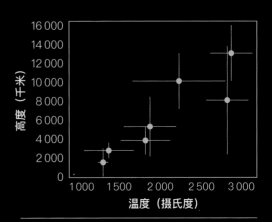

THE MILKY WAY

IN THE COSMOS

宇宙中
的银河系

宇宙距离

没有计算遥远距离的能力，我们就不可能认识宇宙中的无数恒星。由于无法直接观测到这些恒星，科学家们转而采用间接的方法来测量它们和我们之间的距离。

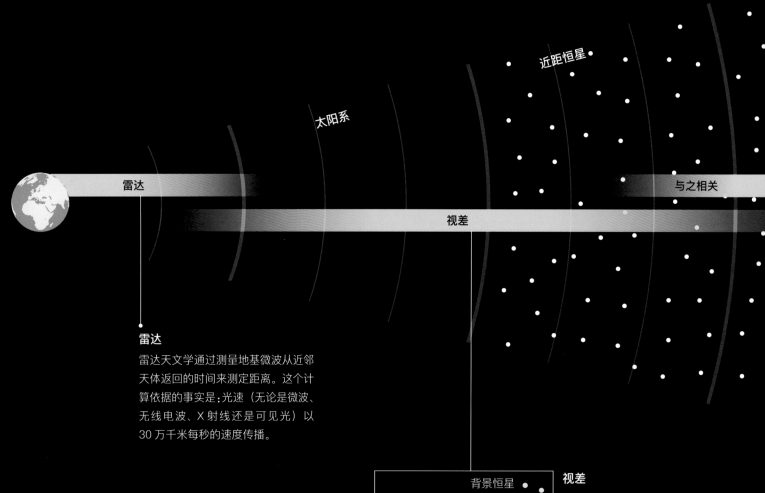

雷达

雷达天文学通过测量地基微波从近邻天体返回的时间来测定距离。这个计算依据的事实是：光速（无论是微波、无线电波、X射线还是可见光）以30万千米每秒的速度传播。

完整的尺度

宇宙学距离尺度是指所有用来估计恒星之间距离的方法。上图介绍了其中一些最重要的方法。

视差

天文学家利用恒星视差或三角视差来估算近距恒星的距离。基本上，它是指在地球运动时，测量某颗恒星在更遥远的恒星背景下的视运动。这种相对变化在以6个月为间隔时最为明显——地球在其轨道的一侧，然后6个月后在另一侧，这样可以给出一个基准测量，从而对该星进行三角测量。

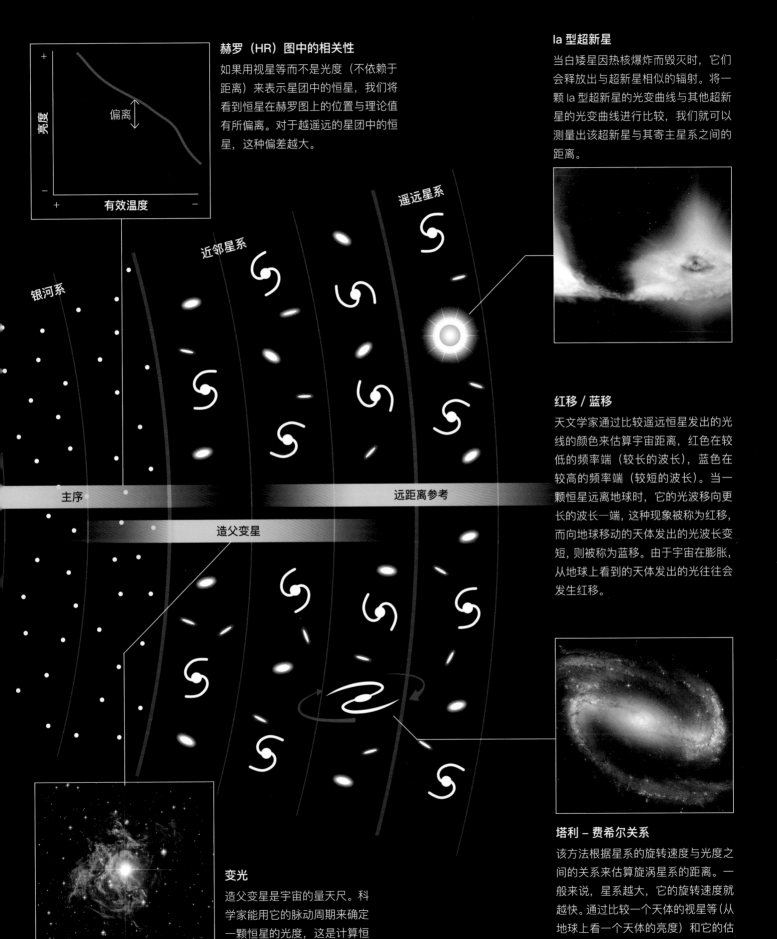

赫罗（HR）图中的相关性

如果用视星等而不是光度（不依赖于距离）来表示星团中的恒星，我们将看到恒星在赫罗图上的位置与理论值有所偏离。对于越遥远的星团中的恒星，这种偏差越大。

Ia 型超新星

当白矮星因热核爆炸而毁灭时，它们会释放出与超新星相似的辐射。将一颗 Ia 型超新星的光变曲线与其他超新星的光变曲线进行比较，我们就可以测量出该超新星与其寄主星系之间的距离。

红移 / 蓝移

天文学家通过比较遥远恒星发出的光线的颜色来估算宇宙距离，红色在较低的频率端（较长的波长），蓝色在较高的频率端（较短的波长）。当一颗恒星远离地球时，它的光波移向更长的波长一端，这种现象被称为红移，而向地球移动的天体发出的光波长变短，则被称为蓝移。由于宇宙在膨胀，从地球上看到的天体发出的光往往会发生红移。

塔利－费希尔关系

该方法根据星系的旋转速度与光度之间的关系来估算旋涡星系的距离。一般来说，星系越大，它的旋转速度就越快。通过比较一个天体的视星等（从地球上看一个天体的亮度）和它的估计光度，我们可以估算出它的距离。

变光

造父变星是宇宙的量天尺。科学家能用它的脉动周期来确定一颗恒星的光度，这是计算恒星与地球距离的基础。

已知宇宙中的银河系

我们过去认为银河系是宇宙的中心，但随着我们了解得越多，它离宇宙中心已越来越远。根据以下这张可观测宇宙的示意图，银河系不过是星系网络中一个小点。

直到 20 世纪初，天文学家才确定了银河系之外其他星系的存在。如今，可见星系的数量预计在 1 万亿之上。它们的分布表明，如果以数亿光年作为尺度，宇宙正如普通物质一样是均匀的。然而，如果以较小的尺度来衡量，可以看到星系聚集为星系团和超星系团，所有星系团均位于由低密度气体纤维组成的网络中。

星系群、星系团和超星系团

星系的巨大引力意味着它们倾向于以某种结构聚集在一起，从只有几十个星系，比如包括银河系在内的本星系群，到包含数百个星系的星系团。无论包含多少星系，这些结构都是球形的，直径约为 1 000 万光年。所有的星系都围绕着一个大质量的核心运行。星系与星系之间并非空无一物，而是被来自星系的炽热气体所占据。这些气体可以逃离一个星系团的引力场，被吸引到另一个星系团。星系团同样可以围绕其他超大质量的超星系团运行，星系团之间通过纤维结构连接，组建了一个三维网络。我们所在的本星系群是室女超星系团的一部分，后者又被称为本星超星系团，其内部具有一个大的质量中心——室女星系团。

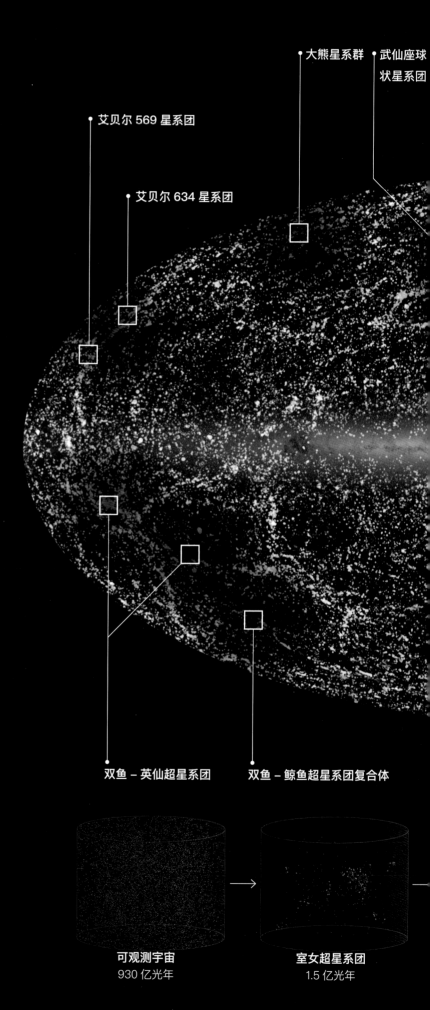

艾贝尔 569 星系团

艾贝尔 634 星系团

大熊星系群

武仙座球状星系团

双鱼 – 英仙超星系团

双鱼 – 鲸鱼超星系团复合体

可观测宇宙
930 亿光年

室女超星系团
1.5 亿光年

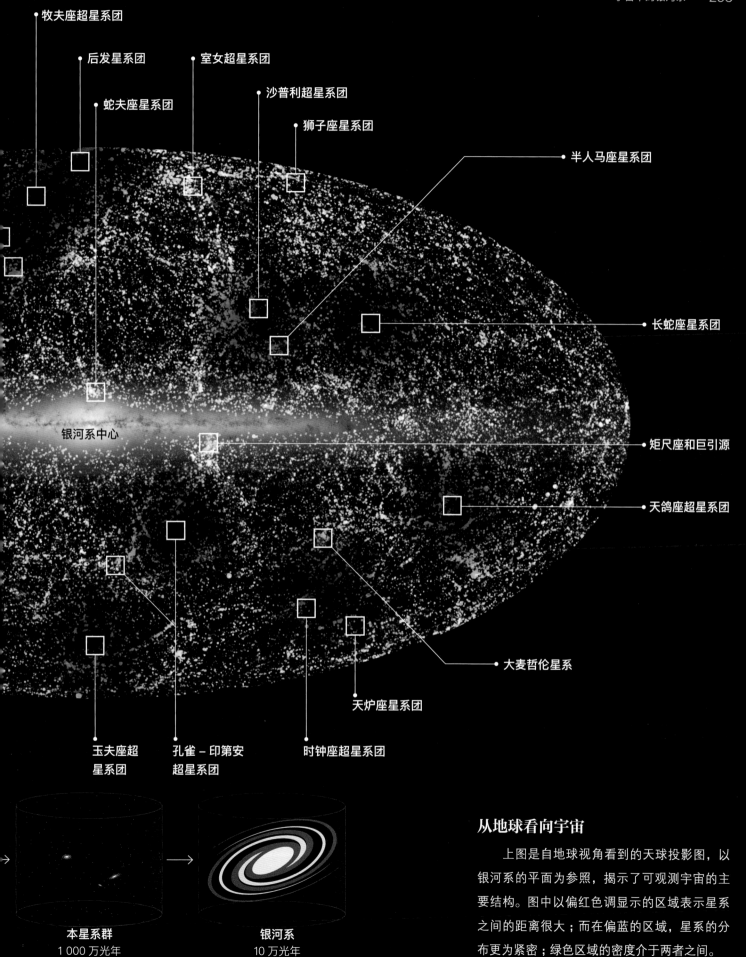

北冕星系团

牧夫座超星系团

后发星系团

室女超星系团

蛇夫座星系团

沙普利超星系团

狮子座星系团

半人马座星系团

长蛇座星系团

银河系中心

矩尺座和巨引源

天鸽座超星系团

大麦哲伦星系

天炉座星系团

玉夫座超
星系团

孔雀 – 印第安
超星系团

时钟座超星系团

本星系群
1 000 万光年

银河系
10 万光年

从地球看向宇宙

上图是自地球视角看到的天球投影图，以银河系的平面为参照，揭示了可观测宇宙的主要结构。图中以偏红色调显示的区域表示星系之间的距离很大；而在偏蓝的区域，星系的分布更为紧密；绿色区域的密度介于两者之间。

室女超星系团

　　室女超星系团包含了许多星系群，我们的银河系也在其中。下图显示了其中一些星系相对于银河系平面的位置，以及垂直银河系平面方向上的相对距离。

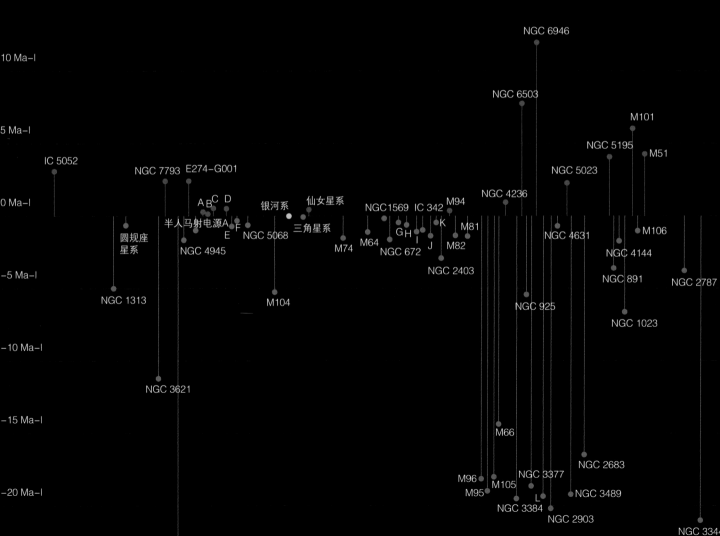

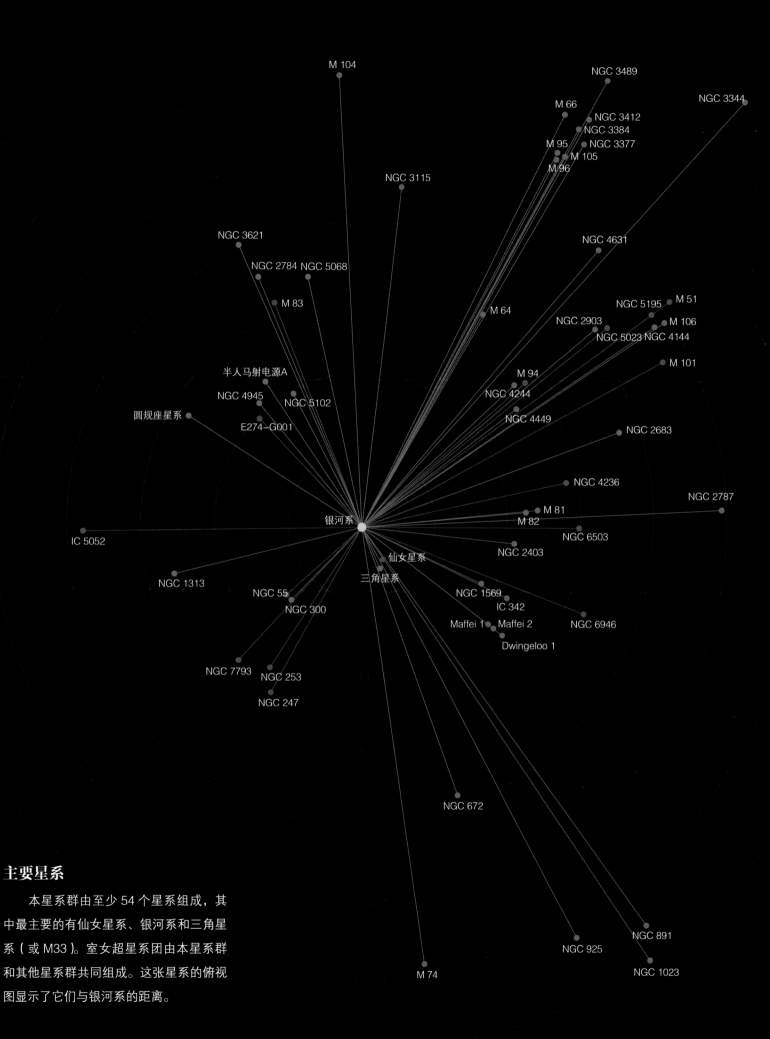

M 104

NGC 3489

M 66

NGC 3412

NGC 3384

NGC 3344

M 95 NGC 3377

M 105

M 96

NGC 3115

NGC 4631

NGC 3621

NGC 2784 NGC 5068

M 83

M 64

NGC 5195 M 51

NGC 2903 M 106

NGC 5023 NGC 4144

半人马射电源A

NGC 4945 NGC 5102

M 101

圆规座星系

E274-G001

M 94

NGC 4244

NGC 4449

NGC 2683

NGC 4236

NGC 2787

银河系

M 81

M 82

IC 5052

NGC 6503

NGC 2403

NGC 1313

仙女星系

三角星系

NGC 55

NGC 1569

IC 342

NGC 300

Maffei 1 Maffei 2

NGC 6946

Dwingeloo 1

NGC 7793

NGC 253

NGC 247

NGC 672

主要星系

　　本星系群由至少 54 个星系组成，其
中最主要的有仙女星系、银河系和三角星
系（或 M33）。室女超星系团由本星系群
和其他星系群共同组成。这张星系的俯视
图显示了它们与银河系的距离。

NGC 925

NGC 891

M 74

NGC 1023

银河系的邻居

　　大犬座矮星系一般被认为是离银河系最近的星系。但是，有一些专家认为它是被银河系吸收的星系的残骸，若是如此，距离我们约 7 万光年的人马座矮椭圆星系才是距离我们最近的星系。最引人注目的近邻星系是在地球的南半球可以看到的、非常明亮的麦哲伦星系。银河系对它的近邻施加的强大引力，使它能够从它们那里吸走物质。

拉尼亚凯亚超星系团

　　2014 年，一些天文学家将室女超星系团定义为一个被称为"拉尼亚凯亚"（夏威夷语，意为无量天堂）的巨大超星系团的一部分。然而，这个新发现的超星系团或许仍是一个尚未被定义的更大的结构的一部分。右图显示了聚集的星系形成的纤维结构，这种结构将可观测宇宙织入一张更大的宇宙之网。

银河系

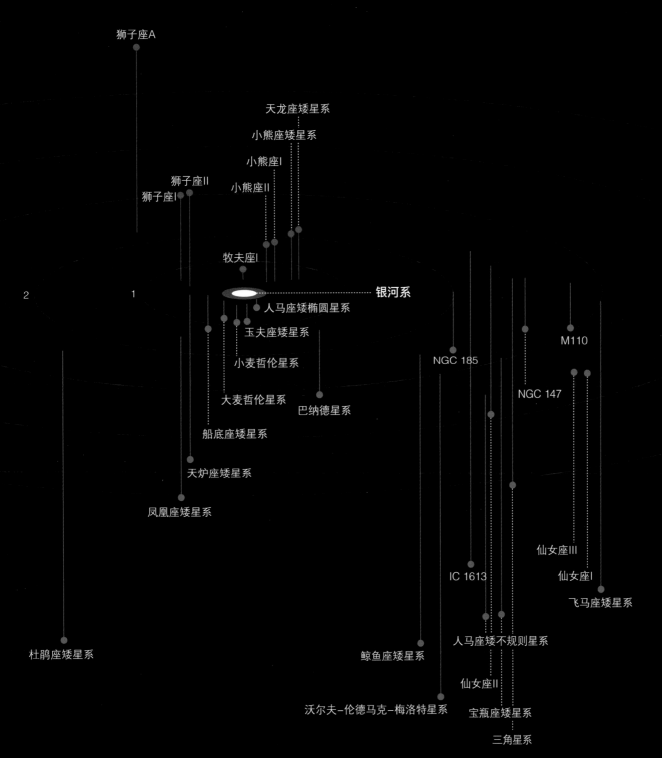

本星系群分布图

这张图显示了本星系群中的各个星系与银河系之间的位置关系，红色表示位于银河系平面之上的星系，蓝色则表示位于银河系平面之下的星系。

发现近邻星系

直到 20 世纪 20 年代，我们一直认为星云（那些由纤维结构组成的微弱天体）是银河系的一部分，但是对仙女星系和其他近邻星系中的造父变星的研究，揭示了它们具有银河系外的特征。

据资料显示，继银河系之后首个被研究的星系是仙女星系，它的首次观测可以追溯到公元 961 年，但是可以确定的是，在南半球的史前人类已经看到了麦哲伦星系。下一个星系直到 17 世纪才被观测到，当时的望远镜达到了相当高的精度和灵敏度。18 世纪的法国天文学家、彗星猎人查尔斯·梅西耶（Charles Messier）编撰了当时的首批天文目录之一，其中包括 110 个天体（有 30 个是星系）。

观测星系

在 19 世纪，天文望远镜的巨大发展使人们发现了数千个星系，而在这之后人们又花了一个世纪的时间，才有能力精确测量它们的波长，并最终确定这些星系位于银河系之外。美国天文学家埃德温·哈勃是对星系研究贡献最大的科学家之一，他通过对造父变星的研究确定了星系之间的距离。

可见光
电磁波谱中的不同频率可以揭示星系的不同信息，这一点也适用于仙女星系。根据光谱中的可见光部分显示，恒星的亮度似乎由于覆盖在臂上的星际尘埃云而变低。

红外线
年轻炽热的恒星加热其周围的尘埃云。在这张红外图像中，尘埃发出红光，揭示了仙女星系的真实结构。

变星测距

造父变星是指温度和直径呈规律变化的一类恒星，温度和直径的变化导致其光度的变化，而脉动周期却保持不变。如果已知一颗造父变星的脉动周期，那么它的绝对光度和距离就能估算出来。

星系的大小

作为本星系群中最大的星系，仙女星系是我们肉眼能看到的最远的天体。然而，如果与室女 A 星系（M87），尤其是已知最大的星系 IC 1101 相比，它的体积就显得十分微小了。这些更大的星系位于星系团的中心，周围被较小的星系所环绕，每当大的星系靠近时，这些小的星系就会不断地被蚕食。

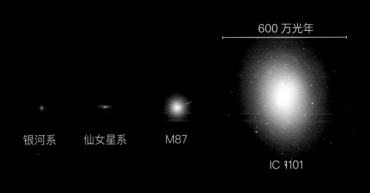

600 万光年

银河系　仙女星系　M87

IC 1101

红外线和 X 射线

这幅图像结合了远红外和 X 射线波段的观测数据。红外波段显示的是气体储库（红色部分），那里是新的恒星诞生的地方，而 X 射线显示的则是集中在星系核球和星系晕中较老的恒星（蓝色部分）。

紫外线

这张仙女星系的图片展示了其中年轻炽热的恒星和密集的恒星群。

麦哲伦星系

麦哲伦星系由银河系附近的两个矮星系组成。三者之间的紧密关系导致引力的相互作用，使得麦哲伦星系和银河系圆盘发生扭曲。

在有利的气象条件下，我们可以用肉眼在南天极附近观察到麦哲伦星系。其中较大的矮星系被称为大麦哲伦星系，较小的则被称为小麦哲伦星系。在过去的几十年里，尽管有迹象表明较小的星系实际上在围绕着较大的星系运行，但天文学家一直想知道二者是否都在围绕着银河系运行。麦哲伦星系的高视向速度（或者它们在沿观察者视线方向上的速度）表明它们正在接近我们的星系，而我们的星系正明显地使它们变形。科学家们不确定麦哲伦星系的质量，但推测

大麦哲伦星系

它距地球约16万光年，是距离银河系第三近的星系，包含约300亿颗恒星。

超新星 1987A
1987年在蜘蛛星云附近发现的这些超新星遗迹可以说是过去400年中亮度最高的可观测事件之一。

蜘蛛星云
该星云是本星系群中活跃的恒星形成区域。它的光度极高，如果它位于距离银河系最近的星云的附近，那么它将会在地球表面投下阴影。

NGC 1783
大麦哲伦星系中最明亮的球状星团之一，其最显著的特征是年轻，只有15亿年的历史。

NGC 2014 和 NGC 2020
它们的形态是由最近形成的极热恒星的强风作用造成的。红色的 NGC 2014 几乎完全由氢元素构成，蓝色的 NGC 2020 则由氧元素构成。

那里可能存在很大的暗物质晕。

气体云

　　麦哲伦星系，尤其是大麦哲伦星系，是活跃的恒星工厂，大量的星团和星云证明了这一点。相对来说，这些星团和星云中显著的引力是新近形成的。如果没有引力作用，该星系中的大部分星际气体在很久之前就会被银河系所吞噬。

麦哲伦流

　　科学家们在麦哲伦星系和银河系之间发现了一股气体流，其中大部分是 20 亿年前从小麦哲伦星系流失的。在这张结合了射电波和可见光的图像中，气体流显示为粉红色。

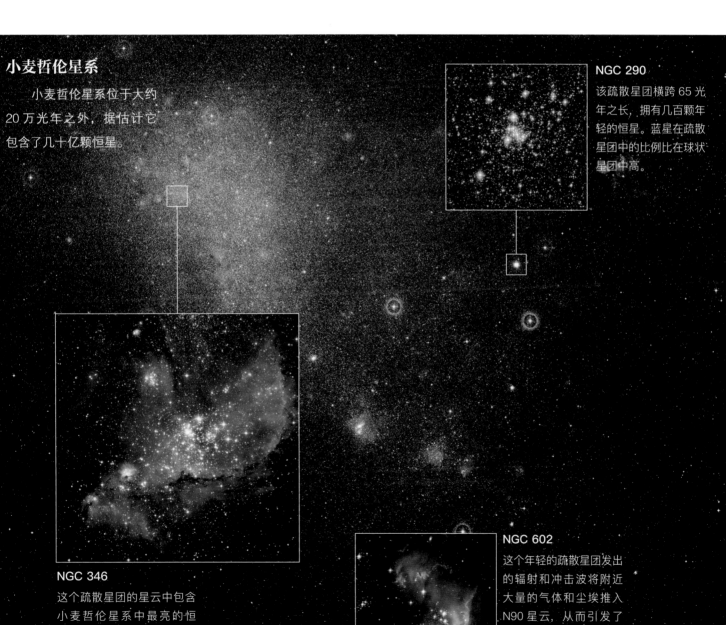

小麦哲伦星系

　　小麦哲伦星系位于大约 20 万光年之外，据估计它包含了几十亿颗恒星。

NGC 290

该疏散星团横跨 65 光年之长，拥有几百颗年轻的恒星。蓝星在疏散星团中的比例比在球状星团中高。

NGC 346

这个疏散星团的星云中包含小麦哲伦星系中最亮的恒星——HD 5980。

NGC 602

这个年轻的疏散星团发出的辐射和冲击波将附近大量的气体和尘埃推入 N90 星云，从而引发了新一批恒星的形成。

其他近邻星系

1 仙女星系（M31）

这个旋涡星系距地球 250 万光年，是本星系群中最大最亮的星系之一。

2 NGC 3109

一些理论认为，这个不规则的矮星系实际上可能是一个小的旋涡星系。它位于 420 万光年之外，超出了本星系群的范围，而且它的移动速度似乎比原先认为的要快。

3 IC10

矮星系 IC10 位于距地球约 180 万光年的本星系群中，它的特征和大小与小麦哲伦星系相接近，不过这里恒星的形成更为活跃。

4 巴纳德星系

巴纳德星系是个不规则星系，距离我们约 160 万光年，是本星系群的一部分。它的结构和组成与小麦哲伦星系相似，但由于离银河系的平面太近，它一直是一个不容易研究的对象。

5 M32 星系

作为仙女星系的卫星星系，M32 星系是一个矮椭圆星系，发现于地球 265 万光年之外。它受到了其巨大邻居的强大引力作用。

6 沃尔夫 – 伦德马克 – 梅洛特星系

这个发现于 300 万光年之外的不规则星系，是本星系群中非常孤立的星系。它有着细长的形状，并比其他矮星系都要大。

7 三角星系

三角星系是本星系群中仅次于仙女星系和银河系的第三大星系。尽管恒星较少，但它也有一个螺旋状的结构，可能与仙女星系有引力关联。

与仙女星系的碰撞

由于观察了许多星系的演化过程，我们知道银河系是一个复杂多变的星系，而且它最终将会与它最大的邻居——仙女星系合并。

近邻星系会相互作用，在交换气体和尘埃时形成扭曲。如果它们距离足够近，它们将在所谓的星系碰撞中交汇。然而，发生碰撞的星系中的恒星通常不会碰撞，相反，它们的星际尘埃会相互作用产生耀斑和各种不同的结构，如棒状物和环状物。如果星系"擦肩而过"但彼此不穿过，它们将会合并成一个更大的结构。

与仙女星系汇合

银河系自诞生以来一直通过与其他星系融合而不断增大，尽管这种融合在过去的 10 亿年里基本上停止了。目前，银河系通过从麦哲伦星系中吸收气体来增大质量。银河系最终将与其巨大的邻居仙女星系平行运行。这两个星系正以 300 千米每秒（不同观测得出的结果有所差别）的速度相互靠近，预计在大约 40 亿年后相撞，并将在经历长期的融合后，最终形成一个巨大的椭圆星系。

星系合并

较大的星系是由一些较小的星系合并形成的。旋涡星系是小星系合并的结果，而椭圆星系则是大星系碰撞的产物。

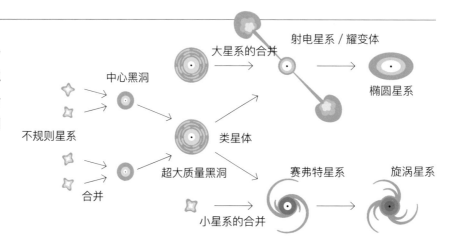

不规则星系　中心黑洞　大星系的合并　射电星系 / 耀变体　椭圆星系　类星体　超大质量黑洞　赛弗特星系　旋涡星系　小星系的合并　合并

1

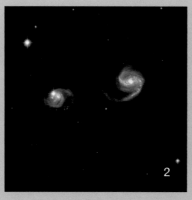

2

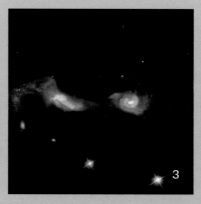

3

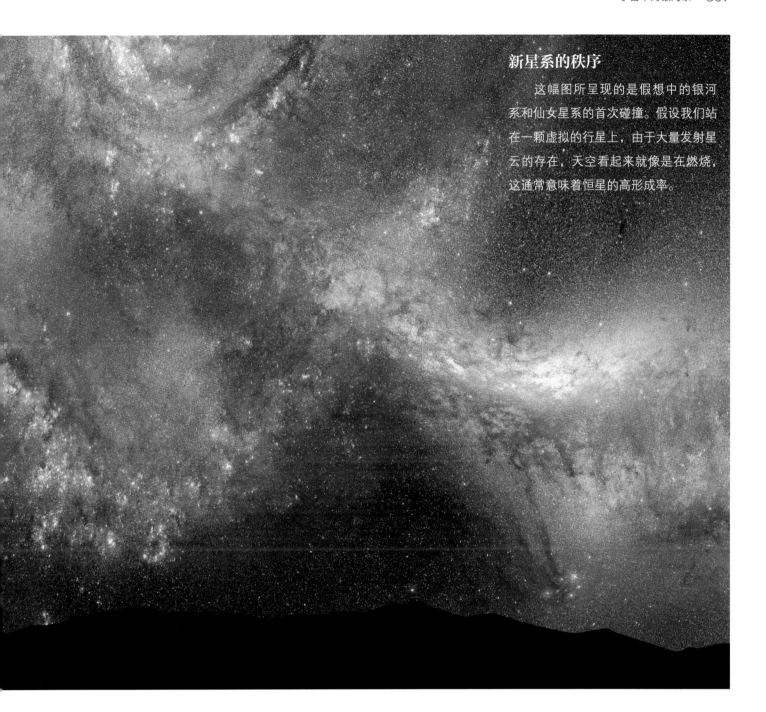

新星系的秩序

这幅图所呈现的是假想中的银河系和仙女星系的首次碰撞。假设我们站在一颗虚拟的行星上，由于大量发射星云的存在，天空看起来就像是在燃烧，这通常意味着恒星的高形成率。

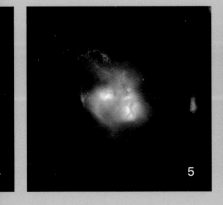

5

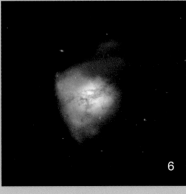

6

椭圆星系的诞生

根据人们最广为接受的理论，大型椭圆星系来自旋涡星系的融合。合并的早期迹象之一是星系物质的交换（图1），这将造成所谓的潮汐尾（图2），这种现象有时候会一直保持到相互作用结束之后（图3）。星系核的靠近会造成巨大的扭曲（图4）并捕获物质流，导致爆发式的恒星形成（图5）。一些星系拥有由这种剧烈爆发形成的明亮恒星群（图6）。

银河系的未来

    在大约 70 亿年内，银河系和仙女星系将合并为一个巨大的椭圆星系。新的银河仙女星系（Milkomeda）将主宰宇宙的这片角落。如图所示，当我们站在一颗假想的行星上，眼前将呈现出由新的星系所布满的夜空。

APPENDIX

附录

术语表

A

矮行星（Dwarf Planet）：它围绕恒星运行，具有行星质量，但不是行星或卫星，由于自身的引力作用呈现球形。矮行星没有自己的专属轨道，只能与其他大小相似的天体（矮行星的卫星除外）共享轨道。

暗物质（Dark Matter）：一种区别于普通物质的物质，据称其质量可占宇宙总质量的95%。暗物质不能被直接观测到，但它的存在使我们能够解释许多天文现象。暗物质既不发射电磁辐射，也不与电磁辐射相互作用。

暗星云（Dark Nebula）：也被称为吸收星云，它有足够高的密度来阻挡来自它后面天体的光线透过，同时又足够冷，所以自身不发射可见光。

奥尔特云（Oort Cloud）：环绕太阳系的星云，但其存在尚未得到确切证实。它的外边界是太阳系的边缘。

B

白矮星（White Dwarf）：恒星的残骸。当一颗类似于太阳的古老恒星在其生命的最后阶段将外层喷射到太空中之后，它的核心将成为白矮星。

棒旋星系（Barred Spiral Galaxy）：一些旋涡星系的核心会有类似于棒状的结构，银河系就是其中一个例子。棒状结构类似于恒星摇篮，可以将星际气体吸引到星系的中心。

变星（Variable Star）：指从地球上看到的亮度可变的恒星。亮度的变化可能是由于恒星发出的光有所变化，也可能是由于某种物质部分地遮挡了进入我们视野的光线。

冰火山（Cryovolcano）：从岩石底部喷出挥发性元素（如水、氨、甲烷等）的火山。

波长（Wavelength）：波的两个对应区域之间的距离，如两个波峰之间的距离。

不变平面（Invariable Plane）：经过太阳系质心并且垂直于太阳系总角动量矢量的平面。

C

差旋层（Tachocline）：指太阳辐射层和对流层之间的过渡区域，位于0.7太阳半径处（从核心测量）。

超大质量黑洞（Supermassive Black Hole）：宇宙中最大的黑洞。尽管形成过程仍然是个谜，不过它很可能是从一个不断累积物质的恒星级黑洞演化而来。

超级地球（Super-Earth）：质量比地球大但比天王星或海王星小的行星。天文学界一般认为上限为10倍地球质量，但是目前尚未达成一致意见。

超巨星（Supergiant Star）：超过8倍太阳质量并已经消耗了核心所有氢的恒星。在进入这一阶段后，它将迅速启动核心内部氦以及其他元素的聚变反应。

超新星（Supernova）：发生在大质量恒星生命末期并导致其全部或部分毁灭的一种极高能现象。

超星系团（Supercluster）：若干星系团聚集在一起形成的宇宙中最大的结构之一。

潮汐力（Tidal Force）：一个天体受另一个天体的引力作用并使得其变形的效应。一个例子是月球对地球的影响：月球的引力"拖曳"地球上的海洋，并导致它们表面向上隆起。

潮汐锁定（Tidal Locking）：由于轨道上两个天体相互作用而导致绕行的天体的自转周期与轨道周期相同的现象。例如，在地月系统中，潮汐锁定使得月球永远以同一面朝向地球。

冲击波（Shock Wave）：以比声波通过介质（如空气、水或固体物质）更快的速度运动而形成的高压区域。在宇宙中，超音速冲击波可以将宇宙射线和超新星粒子加速至接近光速。

磁层（Magnetosphere）：天体周围带电粒子受天体磁场支配的空间区域。

磁极（Magnetic Pole）：即磁力线垂直于天体表面的地方。它通常出现在天体的自转轴上。

D

大爆炸（Big Bang）：一种宇宙起源理论。大爆炸理论认为，宇宙是大约138亿年前由一个无限密度点的快速膨胀产生的。

等离子体（Plasma）：物质的4种状态之一。在等离子体中，所有原子均被电离。

地磁暴（Geomagnetic Storm）：太阳风或与地球相互作用的磁场对地球磁层造成的暂时破坏。

电磁波谱（Electromagnetic Spectrum）：电磁辐射的完整频率范围，从波长最短（小于原子大小）的伽马射线到波长最长的极低频射电波，同时也覆盖可见光范围。

电磁辐射（Electromagnetic Radiation）：由射电波、微波、红外线、可见光、X射线、紫外线和伽马射线等电磁波产生的辐射。

电离（Ionization）：中性原子或分子在热、电、辐射或溶剂分子的作用下产生离子的过程。离子是指由于一个或多个电子的增益或损失而带电荷的单个原子或一组原子。

电离层（Ionosphere）：被太阳辐射而电离化的地球上层大气。

电离辐射（Ionizing Radiation）：有足够能量使得物质电离或将电子从分子和原子中分离出来的辐射。X射线、伽马射线和紫外线均属于电离辐射。

电离氢（Ionized Hydrogen）：处于这种状态的质子缺少电子。在宇宙中，它们可以在电离氢区域（即包含大量电离氢的气体云区域）中发现，在那里刚刚发生过恒星形成。

电子（Electron）：带负电荷的亚原子粒子。

电子是一种基本粒子，也是自然界中许多相互作用（引力、电磁和弱相互作用）的基础。此外，电子也参与核反应，如恒星内部的核聚变过程。

动能（Kinetic Energy）：即物体由于做机械运动而具有的能量。动能的变化量等于合外力对物体所做的功。

对流（Convection）：热量传导的形式之一。在天文学中，对流是恒星内部能量传输的一种方式，它使得热等离子体向外移动，冷等离子体向内移动。

E

二至日（Solstice）：太阳在正午达到天空的最高点或最低点的时间，对应于一年中白天最长（夏至）或最短（冬至）的一天。

F

发射星云（Emission Nebula）：由电离气体组成的星云，根据气体的电离度和成分发出不同颜色的光。

反射星云（Reflection Nebula）：反射附近恒星光线的星云。尽管接收到的能量不足以使气体电离，但它令光线发生散射并照亮构成该星云的粒子。

反物质（Antimatter）：一切反粒子和由反粒子组成的物质的总称。电子的反粒子是正电子，质子的反粒子是反质子。当普通物质和反物质接触时，它们相互湮灭，产生能量。

反照率（Albedo）：物体反射的辐射量与接收到的总辐射量之比。

放射性（Radioactivity）：某些不稳定化学元素的原子核退化成其他稳定的元素原子核时发出电离辐射的物理现象。

分点（Equinox）：一年中白天和黑夜的长度大致相等的时间点。这种情况每年在地球上发生两次，即 3 月 20 日或 21 日和 9 月 22 日或 23 日。它们分别标志着北半球春季和秋季的开始。

分子云（Molecular Cloud）：密度和大小足以形成氢分子（H_2）的星际云。它的内部有更致密的区域，如果引力足够强，它就会触发那里的恒星形成过程。

G

伽马射线（Gamma Ray）：电磁波谱中具有最高能量辐射的部分。它们可以形成于不稳定原子核的放射性过程。伽马射线能够电离其他原子，也能导致生物体的突变。

寡头（Oligarchy）：在一些行星形成理论中使用的术语，用于定义尺寸可能与太阳系行星相似的天体。

光斑（Facula）：在拉丁语中意为"小火炬"，指天体表面非常明亮的一个点。就太阳来说，光斑是它的表面上持续几分钟的对流对应的小区域。

光变曲线（Light Curve）：天体的光度随时间变化的曲线。

光度（Luminosity）：在天文学中，光度是在一定时间间隔内由诸如恒星或星系之类的天体释放的总能量。

光年（Light Year）：光一年走过的距离，约为 9.46 万亿千米。它是天文学领域的标准的距离单位。

光球（Photosphere）：恒星的最外层，光线从这里发出。

光子（Photon）：从伽马射线到射电波等各种形式电磁辐射中的基本粒子。光子没有质量，在太空中以 30 万千米每秒的速度传播。

轨道（Orbit）：受另一天体引力影响而形成的曲线轨迹。

轨道共振（Orbital Resonance）：轨道上的天体因相互施加规则的周期性引力而产生的现象。

轨道面（Orbital Plane）：一个天体围绕另一个天体运行的轨道所在的几何平面。

轨道偏心率（Orbital Eccentricity）：表示天体偏离正圆轨道程度的参数。0 表示一个完美的圆形轨道，0 和 1 之间的数值表示不同的椭圆轨道，1 表示抛物线轨道，大于 1 的数值表示双曲线轨道。

轨道倾角（Orbital Inclination）：天体轨道面与参考面之间的夹角。

H

核聚变（Nuclear Fusion）：几个原子核结合形成一个新原子核的过程。这个过程可以释放或吸收能量，恒星中的能量就是通过这一机制产生的。

赫罗图（HR Diagram）：也即赫茨普龙 – 罗素图。它根据恒星的光度和温度对恒星进行分类，后者也表明了恒星的颜色。

褐矮星（Brown Dwarf）：介于巨大行星和小恒星之间的亚恒星天体。由于在形成过程中没有积累足够的物质来开启氢聚变，所以它也被称为"失败的恒星"。

黑矮星（Black Dwarf）：一种理论上的恒星体。一颗白矮星经历至少 200 亿年的冷却后，将大部分能量释放到太空中，最终将形成这种不发光的天体。

黑洞（Black Hole）：由一个致密天体产生的一片空间区域，它具有强大的引力，使得任何物体都不能从中逃脱。

恒星级黑洞（Stellar Black Hole）：超大质量恒星在其生命末期坍缩而形成的黑洞。

红矮星（Red Dwarf）：相对较小、温度较低的主序星。它是银河系中最常见的恒星类型，以极其长寿而闻名，其寿命可长达数百亿年甚至上万亿年。

红超巨星（Red Supergiant）：宇宙中体积最大的恒星之一。这是恒星生命的最后阶段，红超巨星已经不再处于主序带中。

红巨星（Red Giant）：处于恒星演化最后阶

段的体积巨大的小质量恒星。

红外线（Infrared Ray）：电磁辐射的一种类型，其波长大于可见光，肉眼无法看到。

红移（Redshift）：当发光的光源远离观测者时，光的波长相对于最初发出的光会产生拉伸现象，导致电磁频谱向红色一端偏移。相反，当光源向观察者移动而使光波长变短时，这种现象被称为蓝移。

黄道（Ecliptic）：这个术语涉及两个概念。第一个是描述太阳一年中在天球上走过的圆形轨迹。第二个是指地球绕太阳运行的轨道。黄道可以作为太阳系中其他天体轨道倾角的参考。

彗核（Comet Nucleus）：彗星的固体部分，由冰冻的岩石、尘埃和气体组成。在接近太阳时，这些物质会挥发，形成彗星特有的头部和尾部。

彗头（Comet Head）：指彗星进入内太阳系时环绕着彗星核心的气体和尘埃云。随着温度升高，彗头中的部分物质蒸发，形成稀薄的大气层。

彗尾（Comet Tail）：彗星的特征之一。在彗星离太阳足够近时，彗尾变得清晰可见，这种现象是由彗星核心的物质挥发引起的。

彗星（Comet）：小型的冰冻天体，当它靠近太阳时，它的表面开始有气体挥发。这个过程创造了所谓的彗尾。

活动星系（Active Galaxy）：具有活动星系核的星系。在它的中心或至少其中的一部分，电磁波谱的光度远高于正常值。超大质量黑洞的存在可以解释活动星系的高光度。

J

极光（Aurora）：在行星或卫星的极地地区出现的自然光。它是太阳风携带带电粒子坠入大气层并与磁层相互作用的产物。

简并物质（Degenerate Matter）：在恒星生命结束时形成的物质。

角动量（Angular Momentum）：一种描述旋转物体运动的物理量。角动量又可以被拆分成轨道角动量和自旋角动量。

角速度（Angular Velocity）：用来描述物体绕轴旋转运动的物理量。角速度的大小取决于物体每单位时间内转过的角度。

较差自转（Differential Rotation）：即旋转天体的不同部分以不同的角速度运动的一种现象，它说明该天体不是固体。

金牛 T 型星（T Tauri Star）：处于恒星形成最后阶段的年轻恒星。一旦恒星形成，它就将启动内部的氢聚变，并进入主序带的第一阶段。

金属丰度（Metallicity）：天体和其他宇宙物质中除氢和氦以外的所有元素的原子总数或总质量的相对含量。在天体物理学中，所有比氦重的元素都被称为金属。

金属氢（Metallic Hydrogen）：氢的一种状态，在这种状态下氢可以作为导体。在高温高压下，金属氢以液态而不是固态的形式存在。

近日点（Perihelion）：天体绕太阳的公转轨道上离太阳最近的点。

巨星（Giant Star）：指辐射强度和光度都要比太阳强很多的恒星。它们已经耗尽了核心所有的氢，处于即将或正在离开主序带的阶段。

K

柯伊伯带（Kuiper Belt）：位于海王星轨道之外并环绕太阳运行的物质盘。柯伊伯带看起来与小行星带相类似，不过它的宽度是小行星带的 20 倍，质量则可能达到小行星带的 200 倍。

可见光谱（Visible Spectrum）：肉眼可见的一部分电磁波谱。对应的波长介于 390 纳米和 700 纳米之间，该范围内的电磁波也被称为可见光。

L

拉格朗日点（Lagrange Point）：指两个大型天体间的轨道构成中的一些位置，在这样的位置上，第三个较小的物体可以仅通过引力维持其相对两个大天体的位置不变。

类星体（Quasar）：一种具有极高光度的活动星系，其中包含一个被吸积盘包围的超大质量黑洞。

亮度（Brightness）：根据地球上观察者的角度测量的天体光度。

凌（Transit）：一个较小天体在另一较大天体前方经过的视运动。

流体静力学平衡（Hydrostatic Equilibrium）：在恒星中，引力作用和核反应保持着平衡，引力把物质吸引到恒星的中心，而核反应发生在恒星的中心，沿另一方向（向外）释放出大量能量。二者的平衡使恒星呈现为球形。

M

脉冲星（Pulsar）：以极高的速度发射带电粒子流的中子星。当这一喷流方向指向地球时，它发出的辐射可以被观测到。

幔（Mantle）：岩质行星及其他岩质天体的核和壳之间的层。

密度波（Density Wave）：星系盘中质量聚集度高于其他部分的区域。星系的旋臂是由于密度波的存在而发展起来的。

N

逆行（Retrograde Motion）：指某一天体的运动方向与其系统中其他天体的运动方向相反。

P

喷流（Jet）：一种由电离物质（带有电荷）构成的物质流，它的速度接近光速。

平流层（Stratosphere）：地球大气层的第二厚层，位于对流层之上，中间层（平流层顶到 85 千米之间的大气层）之下。平流层包含 20% 的地球大气。

普通物质（Ordinary Matter）：能够被看到的所有物质。也称为重子物质。

Q

奇点（Singularity）：物理定律失效的一个空间点。例如，黑洞的中心是一个奇点，因为这里具有无限大的引力。

气态行星（Gas Planet）：该类行星主要由气体（如氢和氦）组成，同时具有一个小的岩石内核。在太阳系中，木星、土星、天王星和海王星属于气态行星。

气体（Gas）：4 种物质状态之一，介于液体和等离子体状态之间。物质处于气体状态时，它的组成粒子之间间距较大，与液体和固体状态不同。

钱德拉塞卡极限（Chandrasekhar Limit）：稳定的白矮星的最大质量。目前人们公认的极限值是 1.4 倍太阳质量。白矮星的质量一超过这个极限，就会变成中子星或黑洞。

壳（Crust）：岩质行星最外层的固体。壳不应与幔相混淆，因为幔有着不同的化学成分。就地球而言，它的地壳被分为海洋地壳和大陆地壳。

R

日冕（Solar Corona）：环绕太阳的等离子体区域。它绵延数百万千米，以其超过 100 万摄氏度的高温而闻名。

日球层（Heliosphere）：太阳主导作用下以气泡形式存在的空间区域，一直延伸到冥王星轨道之外。日球层主要由太阳大气中的离子组成，并由太阳风提供能量，使其在星际介质的压力下仍能保持着活跃的锋面。

熔岩流（Lava Stream）：火山喷发时喷出的熔岩层。熔岩流可以沿山坡向下流，如果是从裂缝中被喷射出来的，这些熔岩流就会汇成宽阔的熔岩区。

S

赛弗特星系（Seyfert Galaxy）：具有活动核心的星系，非常类似于类星体，但光度相对较低，具有可观测的星系结构。

三 α 过程（Triple-Alapha Process）：将 3 个氦核转化为 1 个碳核的一系列反应。这个过程只发生在非常古老的恒星中。

色球（Chromosphere）：太阳大气的第二层，介于光球和过渡区之间。

射电波（Radio Wave）：波长比红外线大得多的一种电磁辐射类型。在天文学中，它们是由宇宙中一些高能天体发出的。

射电星系（Radio Galaxy）：射电谱异常明亮的星系。

时空（Time-Space）：将三维空间和时间结合起来形成四个维度的数学模型。

食（Eclipse）：一个天体被另一个天体的影子所遮掩，其视面变暗甚至消失的现象，如日食和月食。

事件视界（Event Horizon）：指其中发生的事件不能影响外部观察者的时空区域。以谈论最多的黑洞为例，它的事件视界是指引力强大到连光都无法逃逸的区域。

视差（Parallax）：从有一定距离的两个点上观察同一个目标所产生的方向差异。在天文学中，这一概念被用于测量遥远天体的距离。

视向速度（Radial Velocity）：被测天体在视线方向上单位时间内的位移。

嗜极微生物（Extremophile）：在物理性或化学性的极端条件下生存的生物体，而其生活的环境对地球上的大多数生命形式都具有伤害性。

双星（Binary Star）：两颗恒星围绕一个共同的质心（重心）运行的系统。用肉眼看来，两颗恒星似乎是同一个光点。

霜线（Frost Line）：霜线位于距年轻的中心恒星一定距离、温度非常低的地带，挥发性元素在这里可以以冰粒的形式存在。

顺行（Prograde Motion）：在天文学中指从特定的视角来看，某一天体与其系统内的其他天体沿同一方向运动。

T

塔利 - 费希尔关系（Tully-Fischer Relation）：旋涡星系的光度与其角速度之间的关系。人们因此可以利用旋涡星系的光度和视亮度来计算它们的距离。

太阳大气（Solar Atmosphere）：太阳最外层的区域，包括光球、色球和日冕。在日食期间，人们从地球上可以用肉眼看到太阳的大气。

太阳风暴（Solar Storm）：泛指强烈的太阳耀斑以及日冕物质抛射。

太阳黑子（Sunspot）：太阳光球中的暗黑斑点。太阳黑子随着太阳磁场的局部增强而出现，对对流（物质的循环）有抑制的作用。

太阳耀斑（Solar Flare）：一种由磁能量释放产生的短时而剧烈的辐射，通常发生在太阳黑子上方的太阳大气中。

碳 氮 氧 循 环 [CNO（Carbon-Nitrogen-Oxygen）Cycle]：恒星将氢转化为氦的两种聚变机制之一，另一种是质子 – 质子链反应。CNO 循环是大质量恒星的主要核反应。

逃逸速度（Escape Velocity）：逃离天体引力影响所需的最小速度。施加引力的天体越大，这一速度要求越高。

特超新星（Hypernova）：也被称为超亮超新星，是一种超过标准超新星 10 倍光度的恒星爆炸。

天体测量学（Astrometry）：天文学的一个分支，致力于精确测量恒星和其他天体的位置和运动。

W

微波（Microwave）：一种波长介于 1 毫米和 1 米之间的电磁辐射形式。射电天文学使我们能够研究来自恒星、行星、星系和其他天体的微波辐射。

X

吸积（Accretion）：由于引力作用，在恒星、行星和其他天体周围发生的物质（通常是气体）聚集。

吸积盘（Accretion Disc）：由围绕大质量天体（通常是恒星）旋转的弥散物质形成的结构。摩擦力使圆盘中的物质落向天体。

吸收星云（Absorption Nebula）：见暗星云。

系外行星（Exoplanet）：也被称为太阳系外行星，即位于太阳系外围绕某颗恒星运行的行星。

小行星（Asteroid）：太阳系中的小天体，它们被认为是古代星子的遗迹。

小行星带（Asteroid Belt）：位于火星和木星轨道之间并环绕太阳运行的物质盘。小行星带包括许多小行星，它的质量相当于月球质量的 4%。

星等（Magnitude）：一种在特定波长下测量天体的亮度的方法。它分为两种类型：视星等和绝对星等。视星等是从地球上观测到的天体亮度。绝对星等是假定把天体放在 10 秒差距（32.6 光年）的地方观测到的视星等，它反映了天体真实的发光本领。星等数值和亮度成反比，星等越低，天体越亮。

星风（Stellar Wind）：来自恒星外层的带电粒子流。它由电子、质子和其他粒子组成。就太阳而言，它又被称为太阳风。

星际尘埃（Interstellar Dust）：古代恒星的残骸，由存在于星系间的微小粒子组成。

星团（Stellar Cluster）：由引力联系在一起的恒星群。它又可分为两大类：球状星团，由非常古老的恒星组成的巨大恒星群；疏散星团，恒星数目从几十颗到数千颗不等。

星系（Galaxy）：由恒星、行星、星云和黑洞等天体通过引力联系在一起的天体系统。星系根据其大小和结构进行分类。

星系臂（Galactic Arm）：从旋涡星系中心延伸出来的由恒星、气体和尘埃组成的结构。星系臂是旋涡星系的主要特征。

星系核（Galactic Core）：星系的中心，位于星系核球中央，通常由一大群恒星组成。如果星系足够大，它就将拥有一个超大质量黑洞。

星系核球（Galactic Bulge）：指位于一个相对紧凑的空间里的巨大的恒星群，也指许多星系中心明显可见的核球。

星系盘（Galactic Disc）：旋涡星系中旋臂和星系棒所在的平面。星系盘中的气体和尘埃是整个星系中浓度最高的，其中年轻恒星的数量也比较多。

星系团（Galactic Cluster）：由成百上千个引力相连的星系组成的结构。它们是宇宙中由引力连接的最大结构，还可以连接形成超星系团。规模较小的星系团称为星系群。

星系晕（Galactic Halo）：超出星系可见部分的近似球形的区域，主要由低密度星际气体、古老恒星和暗物质组成。

星云（Nebula）：拉丁语中"云"或"雾"的意思。太空中由尘埃和气体（氢、氦和其他电离气体）组成的巨大云团。有些星云是垂死恒星的产物，另一些被称为"恒星摇篮"的星云则是新恒星开始形成的地方。

星震学（Asteroseismology）：天文学的一个分支，利用恒星的振荡来研究其内部结构。当这一分支以太阳为研究对象时，它又被称为日震学。

星子（Planetesimal）：由尘埃、岩石和其他物质构成的小型天体。在行星形成理论中，星子相互碰撞、融合，通过引力与其他天体合并，形成了早期的太阳系。

星族I，II，III（Stellar Population I, II, and III）：基于恒星组成中存在的元素种类（比氢和氦重的元素）及其年龄的恒星分类系统。星族I是指拥有最多的重元素的年轻恒星。星族II是指含有较少的重元素的古老恒星。星族III恒星是在大爆炸期间形成的，只由氢和氦组成，目前已经不存在。

行星核（Planetary Core）：行星的最内层。行星核可以由固态层或液态层构成。

行星状星云（Planetary Nebula）：这类星云形成于类似太阳的恒星在到达生命的尽头并将其外层驱逐到周围空间时。恒星残留的核心残骸照亮了行星状星云，使它看起来像一片发射星云。

旋涡（Vortex）：流体围绕直线轴或曲线轴旋转的区域。

旋涡星系（Spiral Galaxy）：因其外形而得名，恒星和气体云聚集在一个或多个紧密缠绕并从星系中心向外伸展的螺旋臂中。大多数旋涡星系由一个扁平的旋转圆盘和一个中心恒星聚集的核球组成。

Y

亚地球（Sub-Earth）：质量比地球或金星小得多的行星。在寻找系外行星的过程中，它们是最难探测到的。

岩浆（Magma）：指在地球和其他岩质行星及卫星的地表以下产生的一种熔化的或半熔化的岩石混合物。它聚集在岩浆房中，有可能在地表以下凝固，也有可能喷发出来形成火山。当暴露于地表时，这种物质也被称为熔岩。

岩质行星（Rocky Planet）：该类行星主要由岩石和金属组成。在太阳系中，水星、金星、地球和火星都是岩质行星。岩质行星也被称为类地行星。

耀变体（Blazar）：位于巨大的椭圆星系的中心且与超大质量黑洞有关的致密类星体。

宜居性（Habitability）：用于衡量一颗行星或卫星所拥有的适宜生命存在的环境潜力，以及推动生物进化的能力。

银道面（Galactic Plane）：银河系大部分质量所在的平面。

引力波（Gravitational Wave）：由一定的引力相互作用引起的时空变形。它们以光速在空间中传播。

引力场（Gravitational Field）：用来描述一个大质量天体对周围空间的影响以及对其他大质量天体产生的作用力的模型。

引力坍缩（Gravitational Collapse）：天体由于自身引力作用而自行收缩的一种机制。

引力透镜（Gravitational Len）：在遥远的光源和假想的观测者之间的一种物质分布，能够使光线在前往观测者的途中发生弯曲。

宇宙射线（Cosmic Ray）：来自太阳系和银河系外的高能辐射。它们在撞击地球大气层时，会引起次级粒子的级联过程。

宇宙学距离尺度（Cosmic Distance Scale）：天文学中用来确定天体之间距离的一系列方法。

原行星（Protoplanet）：起源于原行星盘的大型行星天体。原行星是由星子组合而成的，是行星的前身。

原行星盘（Protoplanetary Disc）：由一层浓密的气体和尘埃组成，并围绕一颗新近形成的恒星运行的圆盘。随着时间的推移，原行星盘将在恒星系统中产生不同的天体。

原恒星（Protostar）：仍然在从分子云中吸收质量的年轻恒星。它处于恒星演化的第一阶段，这一阶段的持续时间决定了未来恒星的大小。

原子（Atom）：普通物质中具有化学元素性质的最小组成部分。

远日点（Aphelion）：天体绕太阳公转的轨道上离太阳最远的点。

陨石（Meteorite）：撞击太阳系中某些天体表面的流星体或小行星未被摧毁的一部分。

Z

造父变星（Cepheid）：一种变星，它定期改变直径和温度，因此其亮度会基于绝对光度在一段稳定的时间内发生有规律的变化。

正电子（Positron）：电子的反粒子（或反物质）。它和电子具有相同的质量，但是带一个正电荷。当正电子和电子碰撞时，它们会互相湮灭，并释放出伽马射线光子。

质量（Mass）：物理对象的一种属性，可用来表示物体在受到作用力时对加速度的阻力。天体质量越大，对周围物体的引力作用越强。

质心（Center of Mass）：也称为重心，它可以用来表示两个或多个天体彼此围绕对方运行的位置关系，是天体绕对方旋转的点。当天体间的质量差异很大时，质心非常接近大质量天体的中心。

质子 (Proton)：带一个正电荷的亚原子粒子。质子是所有原子核的基本组成部分，每个原子核中质子的数量决定了该元素的性质。

质子 – 质子链（Proton–Proton Chain）：恒星将氢转化为氦的两种聚变机制之一，另一种是碳氮氧循环。质子 – 质子链主要发生在接近太阳大小或更小的恒星中。

中微子（Neutrino）：一种不带电的轻子。中微子是组成自然界的最基本粒子之一，只参与非常微弱的弱相互作用和引力相互作用。它可以在没有任何相互作用的情况下穿过普通物质，因此很难被探测到。

中性氢和电离氢区域（HI and HII Regions）：星际介质中由中性氢（HI）或电离氢（HII）组成的星云。

中子（Neutron）：不带电荷的亚原子粒子。它的质量与质子的质量相接近。中子和质子一起形成原子核。

中子星（Neutron Star）：8 ～ 25 倍太阳质量的恒星在生命最后阶段产生的恒星残骸。中子星是宇宙中最致密的天体之一，它的直径通常只有数十千米。

终端激波（Termination Shock）：太阳风与星际介质相互作用使得太阳风的速度突然减慢的地点，又称终止激波。

重元素（Heavy Element）：即大爆炸期间形成的氢和氦以外的其他所有元素。重元素可以通过恒星内部核反应，以及超新星和中子星碰撞等其他机制产生。

主序带（Main Sequence）：恒星生命的主要阶段。恒星质量越大，在主序带中停留的时间越短。

紫外线（Ultraviolet Ray）：电磁波谱上的一种辐射类型。它的波长比可见光短，但比 X 射线长。

自转轴（Rotation Axis）：天体自身旋转的两极点之间的连线，或者说是天体自身旋转时角速度和线速度均为零的那一条直线。

自转轴倾角（Rotational Inclination）：自转轴与穿过行星中心点并垂直轨道面的直线之间的夹角，等价于行星的轨道面和垂直于自转轴的平面所夹的角度。

图片来源

封面
NASA/ESA, and the Hubble Heritage Team (STScI/AURA)-Hubble/Europe Collaboration Acknowledgment: H. Bond (STScI and Penn State University)

文前
4-5: NASA/ESA/The Hubble Heritage Team (STScI/AURA). 6-7: SST/Institute for Solar Physics/Oddbjorn Engvold, Jun Elin Wiik, Luc Rouppe van der Voort. 8-9: NGP/Dana Berry. 10-11: Jordi Busqué. 14: NASA.

巨大的太空旋涡
18-19: Mark A. Garlick. 20-21: Carles Javierre (Infographics). 22: (1) NASA/ESA/CXC/J. Strader (Michigan State University); (2) NASA/ESA/Hubble; (3) ESO; (4) ESA/Hubble & NASA. 23: NASA/ESA & The Hubble Heritage Team (STScI/AURA). 24-25: (上) Juan Venegas; (下) Felipe García Mora. 26-27: ESO/S. Brunier; 26: (右上)Ken Crawford; (下二) Farmakopoulos Antonis; (下三) César Blanco González; (下四) George Jacoby (NOAO) et al. & WIYN, AURA, NOAO, NSF. 27: (左上) NASA, ESA, N. Smith (Univ. California, Berkeley) et al. & The Hubble Heritage Team (STScI/AURA); (右上) NASA/CXC/PSU/K. Getman, E. Feigelson, M. Kuhn & the MYStIX team & NASA/JPL-Caltech; (下) ESO/J. Emerson/VISTA & HLA, Hubble Heritage Team (STScI/AURA) & Robert Gendler. 28-29: Aleksandra Alekseeva/123rf. 30: ESA/NASA/JPL-Caltech. 30-31: (1) Fermi & ROSAT; (2) IRAS/NASA & ESA Planck LFI & HFI Consortia; (3) ESA Planck LFI & HFI Consortia & Haslam et al.; (4) WISE/NASA/JPL-Caltech/UCLA; (5) Haslam et al. (6) ROSAT & Nick Risinger. 32-33: Robert Gendler (robgendlerastropics.com). 34: NASA/JPL-Caltech/R. Hurt (SSC/Caltech). 34-35: NASA/CXC/M. Weiss/Ohio State/A. Gupta et al. 36-37: NASA/ESA/The Hubble SM4 ERO Team. 38: (上) Mark A. Garlick; (下) Leo Blitz/Carl Heiles/Evan Levine-UC Berkeley. 38-39: Mark A. Garlick. 40-41: NASA. 41: (上) ESA& The Hubble Heritage Team (STScI/AURA); (下) PdBI Arcsecond Whirlpool Survey. 42-43: Mark A. Garlick. 42: (上) Felipe García Mora; (下) David Nidever (univ. Michigan & Virginia) & SDSS-III. 43: (左) NASA/ESA& The Hubble Heritage Team STScI/AURA; (中) Hubble Legacy Archive, NASA, ESA & Steve Cooper; (右) Adam Block/Mount Lemmon SkyCenter/University of Arizona. 44-45: David A. Aguilar (CfA); 44: (左) D. D. Dixon (University of California, Riverside) & W. R. Purcell (Northwestern University). 46-47: NASA/CXC/MIT/F. Baganoff, R. Shcherbakov et al. 47: NASA/CXC/Stanford/I. Zhuravleva et al. 48-49: Atlas Image [or Atlas Image mosaic] courtesy of MASS/Umass/IPAC-Caltech/NASA/NSF.

恒星的摇篮和墓地
52-53: ESO/M. Kornmesser. 54: NASA/CXC/PSU/K. Getman et al. & NASA/JPL-Caltech/CfA/J. Wang et al. 54-55: (上) ESO/Digitized Sky Survey 2; (下) ESA/Herschel/PACS, SPIRE/Gould Belt survey Key Programme/Palmeirim et al. 55: (上) FORS Team/8.2-meter VLT Antu/ESO; (下) ESA/SPIRE/PACS/P. André (CEA Saclay). 56-57: NASA/JPL-Caltech/University of Arizona. 58-59: NASA. 58: G. Stinson (MPIA). 59 (1-6): NASA/ESA/C. Papovich (Texas A&M)/H. Ferguson (STScI)/S. Fabe. 60-63: Juan Venegas. 64: NASA/ESA/G. Bacon (STScI). 64-65: Felipe García Mora. 65: ESA/NASA. 68-69: Juan William Borrego Bustamante.

70-71: NASA/ESA/C.R. O'Dell (Vanderbilt University)/M. Meixner, P. McCullough, & G. Bacon (Space Telescope Science Institute). 72-73: Metagràfic. 74: Nick Risinger/Wikimedia Commons. 74-75: NASA/ESA/M. Robberto (Space Telescope Science Institute/ESA)/The Hubble Space Telescope. 76-77: (1) ESO/J. Emerson/VISTA; (2) NASA/ESA; (3) NASA/JPL-Caltech/L. Allen; (4) NASA/ESA/M. Livio/The Hubble 20th Anniversary Team; (5) NASA/ESA/E. Sabbi (STScI); (6) ESO. 78-79: Juan William Borrego Bustamante. 80-81: Marc Reyes. 82-83: NASA/JPL-Caltech/Harvard-Smithsonian CfA. 84-85: ESA/ESO. 84: (左下) Jean-Charles Cuillandre (CFHT)/Giovanni Anselmi (Coelum Astronomia)/Hawaiian Starlight; (右下) NASA. 85 (左下) ESA/Hubble/NASA; (右下) ESO. 86-87: ALMA (ESO/NAOJ/NRAO)/M. Maercker et al. 88-89: Juan Venegas. 90: NASA/ESA/The Hubble Heritage Team (STScI/AURA). 90-91: (上) Carlos Milovic/Hubble Legacy Archive/NASA; (下) NASA/ESA/HEIC/The Hubble Heritage Team (STSCI/AURA). 91: (上) Bill Snyder (BillSnyder Photography); (下) NASA. 92-93: NASA/JPL-Caltech. 94-95: NASA/ESA/J. Hester & A. Loll (Arizona State University). 96-97: Nathan Smith (University of California, Berkeley)/NASA. 97: ESA/NASA. 98: NASA/Don F. Figer (UCLA); (左下) NASA/GSFC/Dana Berry. 99: ALMA (ESO/NAOJ/NRAO)/A. Angelich. 100-101: (1)ALMA (ESO/NAOJ/NRAO)/A. Angelich; NASA/CXC/MIT/L.Lopez et al.; (2) (infrared) Palomar, (radio) NSF/NRAO/VLA, (x-rays) NASA/CXC/University of Amsterdam/N.Rea et al.;(3) (optic) DSS; (4) The Hubble Heritage Team (STScI/AURA)/Y. Chu (UIUC) et al./NASA; (5) NASA/CXC/SAO. 102: NASA/CXC/PSU/G.Pavlov et al. 102-103: Juan Venegas. 104-105: Shutterstock/Anuchit kamsongmueang. 105: (x-rays) NASA/CXC/Caltech/P.Ogle et al (optic) NASA/STScI & R.Gendler (infrared) NASA/JPL-Caltech (radio) NSF/NRAO/VLA; (INSET): Event Horizon Telescope Collaboration. 106-107: Mark A. Garlick. 107: (右下) ESO/L. Calçada. 108-109: Mark A. Garlick. 110: L. Chomiuk/B. Saxton/NRAO/AUI/NSF. 110-111: (x-rays) NASA/CXC/RIKEN/D.Takei et al. (optic) NASA/STScI (radio) NRAO/VLA. 111: NASA. 112: ESO. 112-113: NASA. 113: (上) R. Hurt/Caltech-JPL. 113: (radio) NRAO/AUI/NSF, (infrared) JPL/Caltech, (visible) STScl, (ultraviolet) CXC, (x-rays) NASA/ESA.

一颗叫太阳的普通恒星
116-117: Mark A. Garlick. 117: (上) Felipe García Mora. 118-119: Mark A. Garlick. 119: Carles3Javierre (infographics). 120-121: Juan William Borrego Bustamante. 122-123: Felipe García Mora. 124-125: NASA. 126-127: NASA. 128: (上) infographics. 128-129: SOHO, EIT Consortium, ESA, NASA. 130-131: TRAPPIST. 131: (左一) NASA's Scientific Visualization Studio/SDO Science Team/Virtual Solar Observatory; (左二) NASA/Howard Brown-Greaves; (左三) Luc Viatour. 132-133: N. A. Sharp, NOAO/NSO/Kitt Peak FTS/AURA/NSF. 134-135: (上) Felipe García Mora; (下) Juan William Borrego Bustamante; 135: (上) Felipe García Mora. 136-137: ESA/Hubble. 138-139: ESO/L. Calçada, Nick Risinger. 139: (上) NASA. 140: Carles Javierre (Infographics). 140-141: NASA/JPL-Caltech. 142-143: Mark A. Garlick. 144-145: NASA, ESA, Hubble SM4 ERO Team. 146-147: NASA's Goddard Space Flight Center. 148: (上) Felipe García Mora; (下左) NASA/SDO/AIA/LMSAL; (下右) NASA's Goddard Space Flight Center/Duberstein. 148-149: NASA's Goddard Space Flight Center/SDO AIA Team. 150-151: NASA/IBEX/Adler Planetarium; 152: (下) U.S. Air Force/Shawn Nickel. 152-153: NASA/ISS Expedition 23 crew. 153: (上)

NASA/ESA/Nichols (Univ. of Leicester); (中) NASA/ESA/STScI/A. Schaller; (下) Carles Javierre (Infographics). 154: (上) NASA/GSFC/SDO; (下) NASA/GSFC/SDO. 154-155: NASA's Goddard Space Flight Center/SDO/S. Wiessinger. 155: NASA/SDO. 156-157: NASA's Goddard Space Flight Center. 158-159: ESA. 159: NASA. 160-161: NASA. 161: Joan Pejoan. 162-163: WaterFrame/Alamy Stock Photo. 164-165: Carles Javierre (infographics).

太阳系，生命的家园

168-169: (上) Felipe García Mora; (下) Juan William Borrego Bustamante; 169: (上) Felipe García Mora; 170-171: (Mercury) NASA/Johns Hopkins University Applied Physics Laboratory/Carnegie Institution of Washington; (Venus) NASA/JPL; (Earth) NASA; (Mars) NASA/JPL/Malin Space Science Systems; (Jupiter) Space Telescope Science Institute/NASA; (Saturn) NASA, ESA & Erich Karkoschka (Univ. of Arizona); (Uranus) NASA/JPL-Caltech; (Neptune) NASA/JPL. 172-173: Román García Mora. 174-175: Mark A. Garlick. 178-179: Eckhard Slawik/Science Photo Library. 182-183: NASA/ESA/Cassini Imaging Team. 182: NASA/JHUAPL/SwRI. 183: Felipe García Mora; 184: NASA. 185: (上) NASA/JPL; (下) NASA/JPL. 186-187: NGP/Dana Berry. 188: (1) Archivo RBA; (2) Archivo RBA; (3) NASA; (4) ESA/MPAe, Lindau; (5) NASA/SDO; (6) NASA/JPL-Caltech/MSSS. 189: (1) Archivo RBA; (2) Getty Images; (3) NASA/JPL; (4) NASA/JPL/Univ. of Arizona; (5) NASA, ESA & J. Nichols (Univ. of Leicester); (6) NASA/JPL-Caltech/Space Science Institute; (7) ESA/Rosetta/NAVCAM; (8) NASA/Johns Hopkins University Applied Physics Laboratory/Southwest Research Institute; (9) NASA/JPL-Caltech/SwRI/MSSS/Gerald Eichstädt/Seán Doran.
190-191: Juan Venegas. 192-193: NASA/JPL-Caltech. 194-195: NASA/JPL-Caltech. 196-197: Mark Garlick. 196: Felipe García Mora. 198-199: NASA/JPL-Caltech/MSSS.
200-201: NASA/Johns Hopkins Applied Physics Laboratory/Arizona State University/Carnegie Science. 202-203: (1) Jordi Busqué; (2) NASA/JPL; (3) NASA/JPL/Univ. of Arizona; (4) NASA/Johns Hopkins University Applied Physics Laboratory/Carnegie Institution of Washington. 204-205: Mark A. Garlick. 206-207: NASA/Johns Hopkins University Applied Physics Laboratory/Carnegie Institution of Washington. 207: NASA/JHUAP/Arizona State University. 208-209: NASA/JPL. 208: Mark A. Garlick. 210-211: NASA Earth Observatory/Robert Simmon image from Suomi NPP VIIRS/NOAA's Environmental Visualization Laboratory. 212-213: iStock/Helen Field.
214-215: NASA/JPL/USGS. 215: Trent Schindler/NASA. 216-217: NASA/JPL/Arizona State University, R. Luk; (illustrations) José Saco.
218-219: MOLA Science Team/MSS/JPL/NASA. 220-221: NASA/JPL-Caltech/University of Arizona. 222-223: (Io) NASA/JPL/Univ. of Arizona, (Mars) NASA/Goddard Space Flight Center Scientific Visualization Studio & Virginia Butcher (SSAI). 222 (Idunn): NASA/JPL-Caltech/ESA. 223: (左) NASA; (右): NASA/JPL/Univ. of Arizona. 224-225: Mark A. Garlick. 226-227: NASA/Johns Hopkins University Applied Physics Laboratory/Southwest Research Institute/Goddard Space Flight Center. 228-229: (1) NASA/Goddard Space Flight Center; (2a, 2b) NASA/JPL-Caltech/SSI; (3) NASA/JPL-Caltech; (4) NASA/JPL. 230-231: NASA/ESA. 230: (上) NASA/JPL/TexasA&M/Cornell; 231: Felipe García Mora. 232-233: NASA/ESA/A. Simon (GSFC). 234-235: NASA/JPL-Caltech/SwRI/MSSS/Björn Jonsson. 235: ESO/Y. Beletsky. 236-237: NASA's Goddard Space Flight Center & Space Telescope Science Institute. 237: (下左) NASA/JPL/Space Science Institute; (下右) NASA/JPL/Space Science Institute. 238-239: Mattias Malmer/Cassini Imaging Team (NASA). 240-241: NASA/JPL-Caltech/Space Science Institute. 242-243: NASA/JPL. 244-245: NASA/JPL-Caltech/SSI.
246-247: NASA/JPL-Caltech/SETI Institute. 246 : (右)Felipe García Mora.

247: (Enceladus) NASA/JPL/Space Science Institute, (Titan) NASA/JPL/Univ. of Arizona/Univ. of Idaho; Felipe García Mora.
252-253: ESO/E. Slawik. 254-255: NASA/JPL. 254: NASA. 255 (下): Román García Mora. 257: (下) Román García Mora; 258-259: (1)NASA/JHUAPL/Swri; (2) NASA/JPL-Caltech/UCLA/MPS/DLR/IDA; (3, 4) NASA/JPL-Caltech/R. Hurt (SSC-Caltech). 260-261: Felipe García Mora. 260: (下):ESA/Rosetta/NAVCAM. 262-263: Juan Venegas.

其他的"地球"和"太阳"

266-267: NASA/FUSE/Lynette Cook. 267: NASA/R. Hurt/T. Pyle. 268-269: IAU/L. Calçada. 270-271: Felipe García Mora. 272-273: NASA/JPL-Caltech/R. Hurt (SSC/Caltech). 274-275: (上) NASA/JPL-Caltech; (下) Carles Javierre (infographics). 276-277: Carles Javierre (infographics). 278-279: Danielle Futselaar & Franck Marchis/SETI Institute. 279: (由上至下) NASA/Goddard/Francis Reddy; NASA/JPL-Caltech; The Mars Underground; The Mars Underground. 280-281: NASA/JPL-Caltech/R. Hurt (IPAC). 281: (下) PHL (UPR Arecibo). 282-283: ESO/M. Kornmesser. 283: (下) Archivo RBA; 284-285: (1) PHL/UPR Arecibo/NASA Epic Team; (2) PHL/UPR Arecibo/ESO/S. Brunier; (3) NASA/JPL-Caltech; (4) NASA Ames/JPL-Caltech/T. Pyle; (5) NASA Ames/SETI Institute/JPL-Caltech; (6) ESO/M. Kornmesser. 286-287: ESO/M. Kornmesser/Nick Risinger. 287: Royal Observatory Edinburgh/Anglo-Australian Observatory/AURA. 288-289: ESA. 289: NASA/JPL-Caltech/H. Knutson (Harvard-Smithsonian CfA).

宇宙中的银河系

292-293: Felipe García Mora. 293: (上) NASA/ESA/The Hubble Heritage Team (STScI/AURA)-Hubble/Europe Collaboration. (右上) ESA/ATG medialab/C. Carreau; (下) NASA/ESA/The Hubble Heritage Team (STScI/AURA). 294-295: (上) Sloan Digital Sky Survey (SDSS); (下) Felipe García Mora. 296-297: Felipe García Mora. 298-299: Felipe García Mora.
298: (下) R. Brent Tully et al., Nature Publishing Group. 300: (左下) NASA/Swift & Bill Schoening, Vanessa Harvey/REU program/NOAO/AURA/NSF; (右下) NASA/JPL-Caltech/K. Gordon (Univ. Arizona). 301: (左下) ESA/Herschel/PACS/SPIRE/J.Fritz, U. Gent/XMM-Newton/EPIC/W. Pietsch, MPE; (右下) UV-NASA/Swift/Stefan Immler (GSFC) & Erin Grand (UMCP), Bill Schoening, Vanessa Harvey/REU program/NOAO/AURA/NSF; (左上) NASA, ESA & the Hubble Heritage Team (STScI/AURA)-ESA/Hubble Collaboration; (右上) Fernando de Gorocica. 302: (背景) ESO/R. Gendler; (左上) ESA/Hubble & NASA; (右上) ESO/L. Calçada; (左下) ESO; (右下) NASA, ESA, F. Paresce (INAF-IASF, Bolonia), R. O'Connell (Univ. of Virginia, Charlottesville) & the Wide Field Camera 3 Science Oversight Committee. 303: (背景) ESA/Hubble & Digitized Sky Survey 2.; (上) David L. Nidever, et al., NRAO/AUI/NSF & Mellinger, Leiden/Argentine/Bonn Survey, Parkes Observatory, Westerbork Observatory, Arecibo Observatory; (NGC 290) ESA/NASA; (NGC 346) A. Nota (ESA/STScI) et al., ESA, NASA; (NGC 602) NASA, ESA & the Hubble Heritage Team (STScI/AURA)-ESA/Hubble Collaboration.
304-305: (1) NASA; (2) Astrodon; (3) P. Massey/Lowell Observatory & K. Olsen/NOAO/AURA/NSF; (4) Local Group Galaxies Survey Team/NOAO/AURA/NSF; (5) Fabrizio Francione; (6) ESO; (7) Robert Gendler, Subaru Telescope, National Astronomical Observatory of Japan (NAOJ);
306: Felipe García Mora; 306-307: (上) NASA; (下) (1) NASA; (2) ESA; (3, 4) The Hubble Heritage Team (STScI/AURA)-ESA/Hubble Collaboration & A. Evans (Univ. Virginia, Charlottesville/NRAO/Stony Brook University); (5) K. Noll (STScI); (6) J. Westphal (Caltech). 308-309: NASA/STScI. 310: NASA/CXC/JPL-Caltech/STScI.